数据挖掘与机器学习

徐雪琪　徐蔼婷　编著

清华大学出版社

北　京

内 容 简 介

本书以应用为导向介绍数据挖掘与机器学习相关理论与方法，包括概述、数据与数据平台、数据预处理与特征工程、关联分析、决策树、集成学习、贝叶斯分类、神经网络与深度学习等相关理论及经典算法，以及相关实践案例。本书所有案例均通过 R 或 Python 实现，同时包含详细的分析过程和可视化内容。本书可作为统计学、数据科学与大数据等相关专业高年级本科生和硕士研究生的数据挖掘与机器学习相关课程的教材，也可作为其他数据挖掘与机器学习爱好者的参考用书。

本书封面贴有清华大学出版社防伪标签，无标签者不得销售。
版权所有，侵权必究。举报：010-62782989，beiqinquan@tup.tsinghua.edu.cn。

图书在版编目(CIP)数据

数据挖掘与机器学习 / 徐雪琪，徐蔼婷编著.

北京：清华大学出版社, 2025. 7. -- ISBN 978-7-302
-69658-2

Ⅰ. TP311.131；TP181

中国国家版本馆 CIP 数据核字第 20256TK728 号

责任编辑：高　屾
封面设计：马筱琨
版式设计：思创景点
责任校对：马遥遥
责任印制：刘　菲

出版发行：清华大学出版社
　　　　　网　　　址：https://www.tup.com.cn，https://www.wqxuetang.com
　　　　　地　　　址：北京清华大学学研大厦 A 座　　　　　邮　　编：100084
　　　　　社 总 机：010-83470000　　　　　　　　　　　邮　　购：010-62786544
　　　　　投稿与读者服务：010-62776969，c-service@tup.tsinghua.edu.cn
　　　　　质 量 反 馈：010-62772015，zhiliang@tup.tsinghua.edu.cn
印 装 者：三河市人民印务有限公司
经　　销：全国新华书店
开　　本：185mm×260mm　　印　　张：17.75　　　字　　数：421 千字
版　　次：2025 年 8 月第 1 版　　印　　次：2025 年 8 月第 1 次印刷
定　　价：69.00 元

产品编号：109902-01

前　言

在数字化浪潮席卷全球的今天，数据已成为驱动社会发展的核心要素。我国在"十四五"规划中明确提出加快数字化发展，推动人工智能、大数据等前沿技术与实体经济深度融合。数据挖掘与机器学习作为这一进程的核心技术，其重要性不言而喻。

本教材是浙江省登峰学科(浙江工商大学统计学)、国家一流本科专业建设点(经济统计学)、浙江省大数据专业教材研究基地、浙江省普通本科高校"十四五"重点立项建设教材的建设成果之一，具有以下显著特点。

(1) 编写风格简洁明了，结构清晰。本教材每章的知识导图将教材中的重要概念和关键内容以图形化方式显示，从而更直观地呈现知识结构和逻辑。同时，本教材注重阐述关键概念和算法的基本思想，避免过度的公式推导，使读者更容易理解和掌握。

(2) 注重实践，涵盖全流程知识。实践的观点是马克思主义哲学的核心观点，本教材注重实践，不仅阐述了数据挖掘和机器学习的经典理论与方法，还涵盖了实践全流程所需的知识，包括数据类型与存储环境、大数据平台(采集、存储、处理与分析)、预处理与特征工程常用的方法等。

(3) 强化育人功能，注重个性化发展。本教材在内容安排上将价值性与知识性相统一，每章以与该章知识紧密相联的导读开篇，引导读者从国家需求、行业痛点和社会价值等维度思考问题。在个性化发展方面，本教材安排了 R 与 Python 两类工具的实践案例，包含详细的分析过程和可视化内容；每章末尾的"拓展"部分，提出了可进一步学习的不同方向，便于读者选择性学习。

(4) 数字化资源丰富，便于学习。本教材教学资源丰富，读者可通过扫描右侧的二维码获取教学课件、案例数据、R 与 Python 软件代码、习题答案等数字资源，还可通过扫描文中二维码进行在线测试、观看学习视频。已建设完成的省级精品在线开放课程网址，可通过扫描右侧二维码获取。

教学资源

本教材共分为 8 章。第 1 章为概述，主要介绍数据挖掘的发展历程、过程模型、功能、机器学习、应用领域等；第 2 章主要介绍数据与数据平台；第 3 章介绍数据预处理与特征工程；第 4~8 章介绍各类数据挖掘与机器学习方法的基本概念、经典算法及基于 R 和 Python 的实践案例。

本教材主要针对统计学、数据科学与大数据等相关专业的高年级本科生和硕士研究生编写，以帮助学生领悟数据挖掘与机器学习的精髓，掌握从数据中挖掘知识、从模型中获取决策依据的能力，并为其未来在学术研究或行业实践中应用打下坚实基础。本教材也可作为其他数据挖掘与机器学习爱好者的参考用书。

结合笔者近二十年的教学实践，以 48 学时为例(一学期 16 周，每周 3 学时)，本教材的理论教学内容建议安排 33 学时，第 4～8 章的实践内容建议安排 15 学时。在编写过程中，笔者参考了国内外相关领域许多学者的研究成果，在此深表谢意！

笔者虽已尽心竭力，但限于水平，书中谬误之处在所难免，敬请读者批评指正。

编者

2025 年 7 月于杭州

目　　录

第 *1* 章

概　　述

导　读

　　什么是新质生产力、如何发展新质生产力？我一直在思考，也注意到学术界的一些研究成果。概括地说，新质生产力是创新起主导作用，摆脱传统经济增长方式、生产力发展路径，具有高科技、高效能、高质量特征，符合新发展理念的先进生产力质态。它由技术革命性突破、生产要素创新性配置、产业深度转型升级而催生，以劳动者、劳动资料、劳动对象及其优化组合的跃升为基本内涵，以全要素生产率大幅提升为核心标志，特点是创新，关键在质优，本质是先进生产力。

　　新质生产力的显著特点是创新，既包括技术和业态模式层面的创新，也包括管理和制度层面的创新。必须继续做好创新这篇大文章，推动新质生产力加快发展。

　　——摘自习近平 2024 年 1 月 31 日在二十届中央政治局第十一次集体学习时的讲话

知识导图

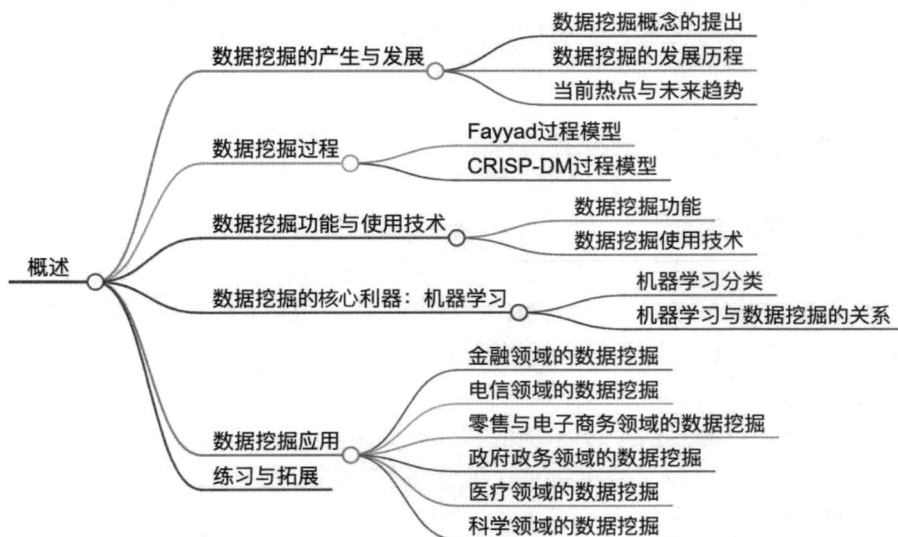

1.1　数据挖掘的产生与发展

自 20 世纪 60 年代以来，随着信息技术的飞速发展，数据库及数据仓库技术被广泛应用，遍及超级销售市场、银行、天文学研究、医学研究及政府部门等各个领域。以全球最大的零售企业沃尔玛为例，其创始人山姆·沃尔顿非常重视信息的沟通和信息系统的建设，早在 1969 年，便购买第一台计算机用来支持公司日常业务。20 世纪 70 年代，沃尔玛建立了物流的管理信息系统(management information system，MIS)。20 世纪 80 年代初，沃尔玛与休斯公司合作发射物流通信卫星，实现了全球联网；1983 年开始使用 POS 机；1985 年建立了电子数据交换系统(electronic data interchange，EDI)，开始无纸化作业，所有信息都在电脑上运作；1986 年建立了快速反应系统(quick response，QR)，用于订货业务和付款通知业务。20 世纪 90 年代，沃尔玛开始采用全球领先的卫星定位系统(GPS)，控制公司物流。由此，沃尔玛成为全球第一个实现集团内部 24 小时计算机物流网络化监控的企业，实现采购、库存、订货、配送和销售一体化。信息化建设使沃尔玛积累了大量的各类业务数据，但是我们知道，数据作为一种资源，本身并没有什么直接的价值，有价值的是从中所能获得的信息和知识。数据挖掘正是基于这种需要而产生、发展起来的，也由此有了广为流传的"啤酒和尿布"的故事。

据说在 20 世纪 90 年代，沃尔玛对其在美国本土超市的销售数据展开研究，结果发现，和尿布一起购买次数最多的商品竟然是啤酒！啤酒和尿布，似乎风马牛不相及，沃尔玛管理层对这个结果产生了疑问：真是这样吗？为什么？于是，沃尔玛决定对同时购买过啤酒和尿布的客户进行电话回访，询问其为什么会同时购买这两种商品。答案是一些年轻的爸爸在下班途中经常会接到妻子的电话，要求其在回家途中购买孩子的尿布，有 30%～40%的爸爸会顺便买点啤酒犒劳自己。证实了这个规律后，管理层就把啤酒和尿布摆放在一起进行销售，不出意料，销售量双双增加。

1.1.1　数据挖掘概念的提出

1. KDD 国际学术会议

1989 年 8 月在美国底特律召开的第 11 届国际联合人工智能学术会议(IJCAI-89)上，Gregory Piatetsky-Shapiro 组织了"数据库中的知识发现"(KDD：Knowledge Discovery in Database)专题讨论会。该讨论会聚焦于"发现的方法"及"发现的知识"两个方面，这是基于数据挖掘概念的首次国际学术会议。

随后在 1991 年、1993 年和 1994 年都举行了 KDD 专题讨论会，来自各个领域的研究人员和应用开发者集中讨论了数据统计、海量数据分析算法、知识表示和知识运用等问题。随着参与科研和开发人员的不断增加，国际 KDD 组委会于 1995 年把专题讨论会发展成为国际年会。在加拿大的蒙特利尔市召开了第 1 届 KDD 国际学术会议，会议全称为

ACM SIGKDD International Conference on Knowledge Discovery and Data Mining，是世界数据挖掘领域的顶级学术会议。在这次会议上，"数据挖掘"(data mining)概念第一次由 Usama M. Fayyad 提出。Fayyad 同时界定了数据挖掘的内涵，指出数据挖掘是从大量的、不完全的、有噪声的、模糊的、随机的数据中，提取隐含在其中的、有效的、新颖的、潜在有用的并且最终可理解的模式的非平凡过程。以后每年召开一次，参加人数由几十人发展到数千人，研究重点也逐渐从发现方法转向系统应用，并且注重多种发现策略和技术的集成，以及多种学科之间的相互渗透。其中，1997 年第 3 届 KDD 国际学术大会上进行的数据挖掘工具的竞赛评奖活动，就是一个生动的证明。1998 年，在美国纽约举行的第 4 届 KDD 国际学术会议上，与会者不仅进行了学术讨论，而且领略了 30 多家软件公司展示的数据挖掘软件产品。第 31 届 ACM SIGKDD 于 2025 年 8 月 3 日至 7 日在加拿大多伦多举行。

2. 其他国际性数据挖掘年会

除了美国人工智能协会主办的 KDD 年会外，还有许多国际性数据挖掘年会，包括 ICDM、SDM、PAKDD、ECML-PKDD 等。ICDM(IEEE International Conference on Data Mining) 是由 IEEE(Institute of Electrical and Electronics Engineers)组织主办的国际数据挖掘会议，会议涉及数据挖掘的所有内容，包括算法、软件、系统及应用，从 2001 年开始，每年召开一次，第 25 届会议于 2025 年 11 月 12 日至 15 日在美国华盛顿举行。SDM(SIAM International Conference on Data Mining)是 SIAM(Society for Industrial and Applied Mathematics)组织召开的数据挖掘讨论会，2001 年 4 月召开第 1 届讨论会，专注于科学数据的数据挖掘，之后每年召开一次，第 25 届会议于 2025 年 5 月 1 日至 3 日在美国弗吉尼亚州的亚历山大市举行。PAKDD(Pacific-Asia Conference on Knowledge Discovery and Data Mining)是亚太地区数据挖掘年会，从 1997 年开始，每年召开一次，第 29 届 PAKDD 于 2025 年 6 月 10 日至 13 日在澳大利亚悉尼举行。PKDD(Principles and Pratice of Knowledge Discovery in Database)是欧洲数据挖掘会议，也是从 1997 年开始，每年召开一次。但是从 2008 年开始，PKDD 已和欧洲机器学习会议(European Conference on Machine Learning，ECML)合并，称为 ECML-PKDD。合并后的 ECML-PKDD 成为欧洲乃至全球范围内机器学习和数据挖掘领域的重要会议，每年吸引大量学术界和工业界的研究人员参与。2025 年 ECML-PKDD 于 9 月 15 日至 19 日在葡萄牙波尔图举行。

1.1.2　数据挖掘的发展历程

数据挖掘技术所表现出的广阔应用前景及其所蕴含的巨大商业价值，吸引了国内外众多研究人员和商业机构从事数据挖掘系统的理论研究和原型开发。

1. 四代数据挖掘系统：基于技术角度的划分

从数据挖掘系统研究的技术角度看，早在 1998 年，Grossman 就提出把数据挖掘系统发展划分为四代的观点，如表 1.1 所示。

表 1.1　四代数据挖掘系统

代	特征	数据挖掘算法	集成	计算模型分布形式	支持的数据类型
第一代	独立应用程序	一个或少数几个算法	独立的系统	单台机器	向量数据
第二代	与数据库和数据仓库集成	多个算法；能够挖掘一次不能放进内存的数据	数据管理系统，包括数据库与数据仓库	同质、局部区域的计算机集群	一些系统支持对象、文本和连续的媒体数据
第三代	与预言模型系统集成	多个算法	数据管理系统和预言模型系统	内部/外部网络计算	半结构化数据和 Web 数据
第四代	与移动设备及各种计算设备结合(普适计算)	多个算法	数据管理系统、预言模型系统、移动系统	移动和各种计算设备(普适计算)	普遍存在的各种类型数据

1) 第一代数据挖掘系统

第一代数据挖掘系统支持一个或少数几个数据挖掘算法，这些算法用来支持挖掘向量数据，作为一个独立的系统在单台机器上运行，数据一般一次性调进内存进行处理。这类工具要求用户对具体的算法和数据挖掘技术有相当的了解，还要预先完成大量的数据预处理工作。典型的系统有 Salford Systems 公司早期推出的 CART 系统等。

2) 第二代数据挖掘系统

如果数据量非常大，需要利用数据库与数据仓库技术进行管理，第一代数据挖掘系统显然不能满足需求。第二代数据挖掘系统的主要特点是能够与数据库管理系统(DBMS)集成，支持数据库和数据仓库系统，与它们具有高性能的接口，具有高的可扩展性，支持多个算法，能够挖掘一次不能放进内存的数据，而且有些系统还能够支持挖掘对象、文本和连续的媒体数据。典型的系统如 DBMiner，能通过 DMQL 挖掘语言进行挖掘操作。

3) 第三代数据挖掘系统

第三代数据挖掘系统除了可以与数据管理系统集成外，一个重要的优点是由数据挖掘系统产生的预言模型能够自动地被操作型系统吸收，从而与操作型系统中的预言模型相联合，提供决策支持的功能。另一个特点是支持半结构化数据和 Web 数据，能够挖掘网络环境下的分布式和高度异质的数据，并且能够有效地与操作型系统集成。典型的系统(如早期被 SPSS 公司收购的 Clementine)以 PMML 格式提供与预言模型系统的接口。Clementine 系统现在被命名为 IBM SPSS Modeler，是 IBM 公司的数据挖掘工具之一。

PMML(predictive model markup language)是一种与平台无关的统计和数据挖掘模型表示标准，由数据挖掘协会(Data Mining Group，DMG)开发，已经被 W3C(万维网联盟)接受，成为对数据挖掘模型进行描述和定义的国际标准。PMML 通过定义规范化的数据挖掘建模过程及统一的模型表达，使得模型构造和基于模型的预测功能得以分离并可模块化实现，使得不同平台、不同数据挖掘产品之间能够共享所获得的数据挖掘模型，并为基于模型的可视化提供了条件。

4) 第四代数据挖掘系统

第四代数据挖掘系统旨在挖掘嵌入式系统、移动系统及各种普适计算设备产生的各种类型数据。普适计算(ubiquitous computing)是软件工程和计算机科学中的概念,指可以使用任何设备,在任何位置,以任何格式进行计算。用户与计算机交互,计算机可以以许多不同的形式存在,包括膝上型计算机、平板电脑和日常生活中的终端,例如汽车、冰箱或一副眼镜。支持普适计算的基础技术包括 Internet、高级中间件、操作系统、移动代码、传感器、微处理器、新的输入输出(I / O),还包括用户界面、网络、移动协议、位置和定位技术及新材料。物联网的不断发展,云计算、雾计算技术的广泛应用,将会进一步推动第四代数据挖掘系统的研究与发展。

2. 数据挖掘系统发展的三个阶段：基于应用角度的划分

从应用的角度,朱建秋将数据挖掘系统的发展归纳为三个阶段。

1) 独立的数据挖掘系统

独立的数据挖掘系统对应第一代数据挖掘系统,出现在数据挖掘技术发展早期。一般研究人员开发出一种新型的数据挖掘算法,就会形成一个软件,如 1993 年 Quinlan 提出的C4.5 决策树算法,1994 年 Agrawal 和 Srikant 提出的 Apriori 关联挖掘算法等。

2) 横向的数据挖掘工具

随着数据量的增大,数据库与数据仓库技术广泛应用于数据管理,数据挖掘系统与数据库和数据仓库的结合成为必然的选择；现实领域问题的多样性,导致一种或少数几种数据挖掘算法难以解决所有的问题；用于挖掘的数据通常不符合算法的要求,需要有数据清洗、转换等预处理的配合,才能得出有价值的模型。由于以上三方面的原因,人们认识到数据挖掘软件迫切需要结合数据库和数据仓库、多种类型的数据挖掘算法,以及数据清洗、转换等预处理功能。1995 年前后,软件开发商开始提供称为“工具集”的数据挖掘系统。此类系统的特点是提供多种数据挖掘算法(通常包含分类、聚类和关联等),同时提供数据的预处理与可视化,是通用算法的集合,并非针对特定的应用,所以称为横向的数据挖掘工具。典型的横向工具有 IBM 公司的 IBM Intelligent Miner、IBM SPSS Modeler 和 SAS 公司的 Enterprise Miner 等。

3) 纵向的数据挖掘解决方案

分析人员使用横向数据挖掘工具不仅需要熟悉分析的业务问题,还要精通数据挖掘算法。如果不了解业务或者算法,就难以获得有效的模型用于决策。从 1999 年开始,国外大量的数据挖掘工具研制者开始提供纵向的数据挖掘解决方案,即针对特定的应用提供完整的数据挖掘方案,如在客户关系管理系统中嵌入基于神经网络的客户流失分析功能；在欺诈防护系统中嵌入基于贝叶斯的欺诈行为预测功能；在零售管理系统中嵌入客户行为分析功能,预测客户购买情况并发送相应的优惠；在机场管理系统中嵌入旅客人数预测功能；在生产制造系统中嵌入质量控制功能等。

1.1.3　当前热点与未来趋势

1. 云计算与大数据

2006年，谷歌首席执行官埃里克·施密特推出了"Google 101计划"，正式提出"云"的概念和理论。2008年2月，美国《商业周刊》发表了一篇题为"Google及其云智慧"的文章，文章开篇就宣称："这项全新的战略旨在把强大得超乎想象的计算能力分布到众人手中。"随后各大IT公司相继推出了自己的"云计划"。中国自2009年以来也把"云计算""云服务"提升到生产方式的高度。国内各大电信企业、地方政府和相关企业先后启动了云计算项目。所有这一切，预示着云计算和大数据时代的到来。

1）云计算

2006年，云计算创始人谷歌工程师克里斯托夫·比希利亚向首席执行官埃里克·施密特提出以谷歌设备为核心的"云计算"的想法。谷歌提供在线的网页创建、文档处理、电子表格处理等服务，用户只需要通过网络连接到谷歌的计算"云"，就可以执行相应的操作，而且能实现多人协同工作。自此，业界展开了"什么是云""什么是云计算""什么是云服务"的热烈讨论。

Mather等基于5个特性来定义云计算：多重租赁(分享资源)、大规模可扩展性、弹性、随用随付及自行配置资源。Vaquero等分析了已有关于云计算的定义，认为现有定义都较多地体现某一项技术，缺乏全面性和综合性，其通过界定"云"将云计算定义为：云是一个具有大量易得易用的虚拟资源(如硬件、开发平台或服务)的资源池，这些资源可以根据不同的需求规模进行动态的重新分配，以提高资源的利用率，并实行按使用量付费的支付模式。Wang等从云计算系统功能的角度给出了云计算系统的定义，指出云计算系统不仅能向用户提供硬件即服务(hardware as a service，HaaS)、软件即服务(software as a service，SaaS)、数据资源即服务(data as a service，DaaS)，还能够向用户提供能够配置的平台即服务(platform as a service，PaaS)，因此用户可以按需向计算平台提交自己的硬件配置、软件安装、数据访问需求。Fingar认为"云"包含三个层面：①云计算，即一种设计模式，可实现自助服务自动化、可扩展、灵活、费用机动、数据分析方法丰富多样；②云平台，即各种工具、编程与信息模型、辅助软件运行的组件及相关技术；③云服务，即一种用于信息服务的分发模型。Armbrust等认为云计算既指在互联网上以服务形式提供的应用，也指在数据中心里提供这些服务的硬件和软件，而这些硬件和软件被称为"云"。姚宏宇和田溯宁认为云计算应该包括服务和平台两方面内容，云计算既是商业模式，也是技术。

基于以上不同学者的分析，本书认为云计算不仅是技术，更是一种全新的商业服务模式。云计算服务以云资源为实现基础，以云计算技术为实现保障，以低成本、按需付费的形式，向用户提供软(硬)件基础设施、计算平台和软件服务，使用户在无基础投入的前提下直接实现数据的存储、管理和分析，也可利用提供的云服务平台创建和开发应用程序，或者直接使用云服务平台提供的各类服务软件。

2) 大数据

对于大数据，虽然众说纷纭，但有一个相对一致的说法是：大数据是超出了典型(传统、常用)硬件环境和软件工具收集、存储、管理和分析能力的数据集。由此可知，"大数据"是一个动态发展的、相对的概念。随着软(硬)件技术的发展，大数据的内涵会发生相应的变化。结合目前常用的软(硬)件技术，当下的"大数据"可以具体理解为日常关系型数据库无法收集、存储和管理的数据集。关系型数据库适合管理结构化数据，所以，当下的"大数据"除了数据量庞大(一般指 PB 量级及以上)，数据形式还复杂、多样，不仅有大量的结构化数据，还有大量半结构化及非结构化的数据。社交网站、智能化移动设备及传感器的大规模使用，促使数据产生的速度越来越快，半结构化和非结构化的数据已占据主导地位。虽然因为数据量大，数据的价值密度较低，但从绝对数量看，大数据中蕴含着大量有价值的信息。

正是因为大数据中蕴含着大量有价值的信息，大数据被人们认为是下一个社会发展阶段的石油和金矿。各个国家把大数据当作一种全新的社会资源，并把大数据产业的发展提升到国家战略发展的高度。石油的勘探、开采、运输、提炼与石油产品的生产与销售等多个环节构成了石油产业，类比于石油资源，大数据的生产、采集、传输、存储、分析及应用则构成了大数据产业。在大数据产业链中，大数据分析环节非常重要。它既是前几个环节的成果体现，又是大数据应用及创新的基础。大数据分析的需要促进了大数据挖掘的发展，与传统的数据挖掘相比，大数据挖掘将更多依赖于云计算技术，虚拟化、可扩展的分布式数据存储模式使数据存储不仅在量上没有了限制，而且数据形式也更复杂，不仅包含了大量半结构化和非结构化的数据，还包括大量流数据。大数据挖掘将面临更海量的数据，更复杂的数据预处理过程，更多变的挖掘环境。

随着人工智能、云计算和大数据技术的进步，数据挖掘应用领域不断拓展。以下是当前数据挖掘的主要热点及未来发展趋势。

2. 当前热点

1) 多模态数据挖掘

多模态数据挖掘是指从多种类型的数据(如文本、图像、音频、视频等)中提取有价值的信息和知识，以提高数据挖掘的有效性和应用范围。随着多媒体数据的快速增长，多模态数据挖掘成为数据挖掘领域的一个重要研究方向。多模态数据挖掘涉及多个核心技术，主要包括多模态数据表示、多模态数据融合、跨模态对齐(时间对齐、语义对齐等)、多模态数据挖掘模型(如 CNN+LSTM：用于视频+音频分析)等。

多模态数据挖掘在多个领域有广泛应用，如结合 CT、MRI 影像和病人文本病历进行数据挖掘，以提高疾病诊断准确率；融合摄像头、雷达和 GPS 数据，以提高车辆环境感知能力，优化自动驾驶决策；结合音乐、视频与用户行为数据，以优化音乐或短视频推荐算法；结合监控视频和环境声音检测异常行为；等等。

尽管面临数据融合、语义对齐等挑战，但随着深度学习、联邦学习等技术的发展，多模态数据挖掘将成为未来 AI 的重要方向。

2) 实时流数据挖掘

实时流数据挖掘指的是从持续产生的数据流(如金融交易、传感器数据、社交媒体、网络日志等)中动态挖掘有价值的信息,并在低延迟的情况下进行实时分析,以便快速响应决策需求。随着物联网、社交媒体和金融交易等领域的快速发展,实时流数据挖掘成为数据挖掘领域的一个重要研究方向。实时流数据挖掘涉及多个核心技术,包括流式计算架构、流数据处理算法、存储优化等。

实时流数据挖掘在金融交易、物联网、社交媒体、网络安全、交通管理等领域的应用前景非常广阔,如实时监控金融交易数据,检测异常交易和欺诈行为;实时分析智能家居设备数据,提供个性化服务;实时分析社交媒体数据,识别用户情感和舆论趋势;实时分析系统日志,识别安全威胁和异常行为;实时监控交通流量数据,优化交通管理和调度;等等。

3. 未来趋势

1) 数据挖掘与各专业领域持续深入结合

早在 2011 年,全球知名咨询管理公司麦肯锡在其一份研究报告《大数据:下一个创新、竞争和生产力的前沿》中提出:"数据,已经渗透到当今每一个行业和业务职能领域,成为重要的生产因素。人们对于海量数据的挖掘和运用,预示着新一波生产率增长和消费者盈余浪潮的到来。"各行业的生产系统每时每刻都在产生海量数据,如政务管理数据、电子商务数据、物联网传感器数据、医疗数据等。与各行业生产系统的深度结合,对这些数据展开广泛深入的挖掘,不仅可以推动这些行业向前发展,也是数据挖掘保持长久生命力的源泉。

2) 数据挖掘与 AI 在应用层面的不断融合

大数据技术的加速发展,使得从海量数据中获取智能成为可能。数据挖掘技术,尤其是作为其技术支撑之一的机器学习方法,将在未来各类应用系统(例如智慧城市、智慧医疗、智慧交通、智慧家居等)中,与 AI 不断融合,共同发展。

3) 数据挖掘与云计算、边缘计算的紧密结合

目前,很多人认为,云计算是解决大数据生产、采集、传输、存储、分析及应用的最佳平台之一。人们在提到大数据的时候,总会想到云计算。云计算强调的是技术,大数据强调的是效用和价值。数据规模持续呈指数级增长,本地存储和计算能力有限,云计算提供近乎无限的弹性扩展能力,支持海量数据存储与处理。所以,未来数据挖掘与云计算的结合将更加紧密。

边缘计算是一种分布式计算范式,将计算资源和数据处理能力推向网络的边缘,靠近数据源。与云计算模式相比,边缘计算能够减少数据传输延迟,提高实时性和响应速度,适用于物联网、智能交通、工业制造等领域。随着低延迟需求的增加、隐私保护要求的提升,以及 AI 技术的发展,未来数据挖掘与边缘计算的结合也将更加紧密。

4) 数据挖掘与区块链技术的逐步结合

区块链技术被认为是互联网发明以来最具有颠覆性的技术创新之一,它依靠分布式算法,不依赖任何第三方中心,通过自身分布式节点进行网络数据的存储、验证、传递和交

流。区块链的不可篡改性确保数据的真实性和完整性，可提高数据挖掘结果的可信度。利用区块链的智能合约功能，可自动完成数据挖掘任务的执行和管理工作。区块链技术通过加密和匿名化手段，支持在数据挖掘过程中保护用户隐私。未来，随着跨链技术和绿色计算等技术的发展，数据挖掘与区块链的结合将更加紧密，推动更多创新应用的出现。

1.2　数据挖掘过程

从工程学的角度来看，数据挖掘是一个多环节、多处理阶段的闭环过程。如同软件工程中的软件过程模型在软件开发中的作用，数据挖掘过程模型为数据挖掘提供了宏观指导和工程方法。早期人们进行数据挖掘研究是为了将发现的研究成果应用于实际数据处理中，为科学决策提供支持。因此，大多数研究人员只着眼于数据挖掘的算法和应用层面，而忽视了其他方面。事实上，数据挖掘首先是一个处理过程，如果我们仅仅着重于挖掘，可能就看不到实际数据处理过程中数据提取、组织和显示的难度。合理的数据挖掘过程模型能将各个处理阶段有机地结合在一起，指导人们更好地开发、使用数据挖掘系统和实施数据挖掘项目。从数据挖掘进入工程应用领域起，就有人对数据挖掘的过程进行归纳和总结，以便人们开发及使用数据挖掘应用系统。目前，被业界广泛认可并已应用于商用软件的数据挖掘过程模型主要有两种：一种是 Fayyad 等人总结的过程模型，另一种是遵循 CRISP-DM 标准的过程模型。

1.2.1　Fayyad 过程模型

Fayyad 等将知识发现过程定义为：从数据中鉴别出有效模式的非平凡过程，该模式是新颖的、可能有用的和最终可理解的。图 1.1 是 Fayyad 过程模型。早期开发的大部分数据挖掘系统都是遵循 Fayyad 过程模型，例如 IBM Intelligent Miner 和 SAS Enterprise Miner 等。

如图 1.1 所示，Fayyad 过程模型包括数据选择(data selection)、数据预处理(data preprocessing)、数据转换(data transformation)、数据挖掘(data mining)、模式解释与评价(pattern interpretation and evalution)。

1. 数据选择

数据选择是指根据分析任务的要求从原始数据中提取和挖掘与目标相关的数据，并将不同数据源中的数据集成在一起，形成本次数据挖掘任务的数据集。在此过程中，会利用一些数据库操作对数据进行处理。

2. 数据预处理

数据预处理是指对数据选择阶段产生的数据进行再加工，检查数据的完整性及数据的一致性，对其中的噪声数据进行处理，对缺失的数据进行填补等。

3. 数据转换

数据转换是指对经过预处理的数据，根据挖掘事务的任务对数据进行再处理，主要是将其转换成数据挖掘算法所需要的形式，如将连续型数据转换成离散型数据等。

4. 数据挖掘

数据挖掘是指运用合适的数据挖掘算法，从数据中提取出用户所需要的知识，这些知识可以用一种特定的方式表示或使用一些常用的表示方式，如产生规则等。

5. 模式解释与评价

模式解释与评价是指根据分析目的，对发现的模式进行解释，并评价模式的有效性。在此过程中，为了取得更有效的模式，可能会返回到前面的某些处理步骤，从而提取出更有用的知识。

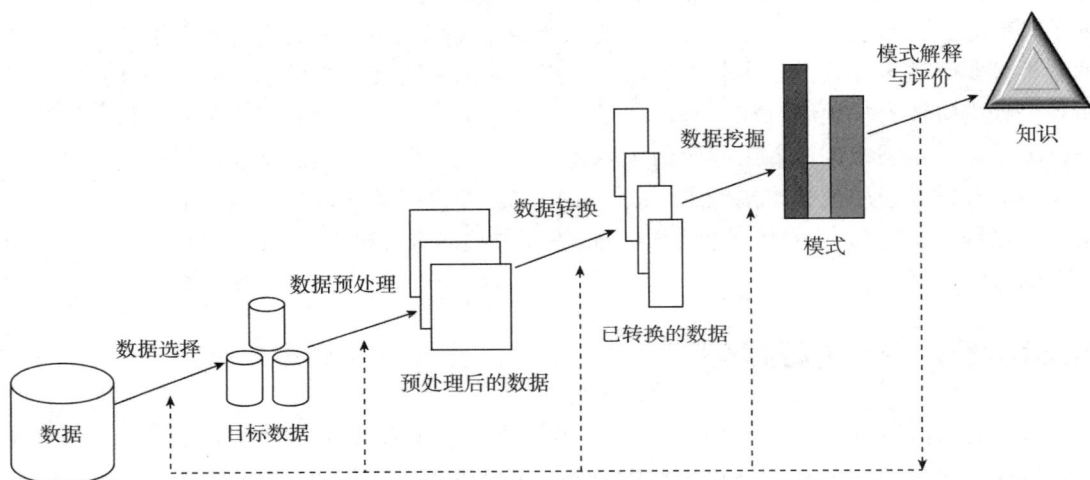

图 1.1　Fayyad 过程模型

从上述 Fayyad 过程模型看，这个过程已经包括了数据挖掘过程中各个必要的处理阶段，并且形成了一个可以根据各个处理阶段的结果来决定是否返回以前的阶段进行再处理的闭环过程。但是，Fayyad 过程模型从数据入手，到知识结束，过多地偏重从技术的角度来理解数据挖掘过程。在实际使用过程中会存在两个问题：①数据选择对于整个分析至关重要，但是该如何选择，选择哪些数据呢？这是由具体的商业问题决定的，需要领域专家、数据管理员与数据挖掘专家一起讨论确定。如何明确商业问题，并把商业问题和数据相关联，这在 Fayyad 过程模型中没有反映。②数据挖掘一般在分析型环境中获得知识，获得的知识只有返回到操作型环境中使用，才能产生真正的价值。在 Fayyad 过程模型中，模式评价阶段结束后，对于挖掘到的知识应该如何使用，也没有体现。

1.2.2　CRISP-DM 过程模型

CRISP-DM(cross-industry standard process for data mining，跨行业数据挖掘标准过程)

由 SPSS、NCR 及当时的戴姆勒-克莱斯勒等公司在 1996 年提出，后来得到欧洲共同体研究基金的资助。2000 年 8 月，CRISP-DM 1.0 版正式推出。CRISP-DM 强调，数据挖掘不单是数据的组织或者呈现，也不仅是数据分析和统计建模，而是一个从理解业务需求、寻求解决方案到接受实践检验的完整过程。如图 1.2 所示，CRISP-DM 过程模型包括商业理解 (business understanding)、数据理解(data understanding)、数据准备(data preparation)、建模 (modeling)、评价(evaluation)和部署(deployment)6 个阶段。图 1.2 的外圈形象地表达了数据挖掘过程的循环特性。通常，一个数据挖掘项目并不是一次部署完就结束，在挖掘的过程中或部署过程中获得的经验可能会触发新的商业问题，后续的挖掘过程将从前一次的经验中受益，并做出相应的调整。内部的箭头表示阶段之间最重要和最频繁发生的关联关系。阶段间的顺序不是严格不变的，可以根据具体任务的需要进行来回选择。

CRISP-DM 不仅被许多数据挖掘软件商用来指导开发数据挖掘软件(如 IBM 公司的 IBM SPSS Modeler 就遵循了 CRISP-DM)，也被广泛用来指导数据挖掘项目的实施。

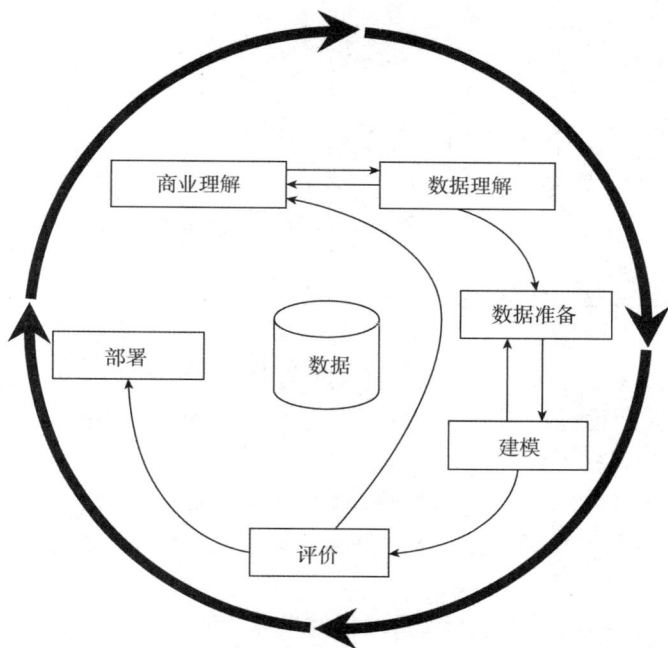

图 1.2 CRISP-DM 过程模型

1. 商业理解

商业理解是对企业运作、业务流程和行业背景进行了解，专注于从商业的角度理解项目目标和需求，然后将这种目标和需求转换成一个数据挖掘的问题及相应的项目计划，其一般任务和输出内容如图 1.3 所示。

1) 确定商业目标

数据分析师最重要的能力是对业务的理解和把握。如果没有正确地理解业务，再好的理论，再强的工具，都只会徒劳无益。所以，一个数据挖掘项目的实施，其首要任务就是从业务的角度真正理解所要解决的问题和所要实现的目标。

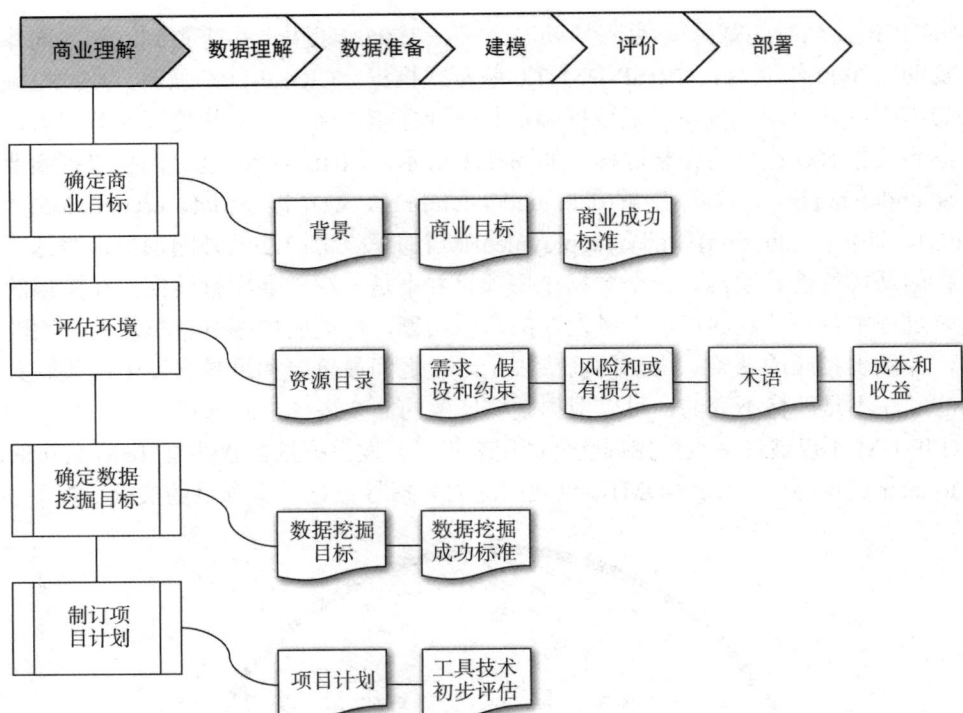

图 1.3　商业理解的一般任务和输出内容

完成确定商业目标这一任务，其相应的输出文档内容一般包括背景、商业目标和商业成功标准三个方面。

(1) 背景包括项目的商业环境，问题涉及的范围，项目的前提(如现有解决方案的优缺点、项目的动机、是否已经使用数据挖掘等)，项目需要的人力和物资，项目将影响到的部门和使用项目结果的目标群体等。

(2) 商业目标是从商业的角度来描述打算用数据挖掘来解决的问题。尽可能准确地分析所有相关的商业问题，分清主要的商业目标及其他次要目标，制定尽可能实现的目标，并使用商业术语，详细说明期望收益。

(3) 商业成功标准是从商业角度衡量项目结果成功的度量标准，包括客观度量标准(如投诉率下降 15%、下单转换率增加 20%等)和主观度量标准。主观度量标准要明确主观的主体，即是谁给出的主观判断。

2) 评估环境

评估环境任务主要围绕已确定的商定目标和初步计划细化各种影响因素，其相应的输出文档内容一般包括资源目录，需求、假设和约束，风险和或有损失，术语，以及成本和收益 5 个方面。

资源目录文档需要列出项目可用的各类资源，包括参与人员(项目发起人、相关商业领域专家、数据库管理员、市场分析师、数据挖掘专家及其他技术支持人员)，数据(企业内部固定抽取的数据、访问内部数据库或数据仓库的数据、外部调查或购买的数据等)，计算资源(硬件平台)和软件(数据挖掘工具及其他相关软件)。

需求、假设和约束文档要求列出项目执行的全部需求、围绕项目整个过程的各方面假设及约束。全部需求可包括：项目完成的时间进度表及相应进度的需求，项目和模型的可理解性、准确性、可部署性、可维护性和可重复性等方面的需求，安全、隐私及法律限制等方面的需求。假设包括对外部因素(如商业环境、经济问题、技术因素等)的假设，数据质量(如可用性、准确度等)的假设，模型理解、解释与评估时可能的假设等。约束包括一般性约束(如法律问题、经费、时间及其他所需资源)，数据源访问权利，数据访问时的技术性问题等。

风险和或有损失(contingencies)文档要求列出可能导致项目延期或失败的风险、可能的损失和为避免这些风险可采取的相应措施。确定每个风险可能发生的条件，如法律风险、商业风险、组织风险、经济风险、技术风险及与数据或数据源有关的风险(数据质量相关问题)等，并计算相应的可能损失，制订损失计划。

术语文档要求编辑一个与项目有关的术语表。术语表至少包括与商业问题有关的术语和与数据挖掘有关的术语两部分内容，以帮助不同专业背景的项目参与人员更好地理解项目。

成本和收益文档要求分析项目执行的成本和项目部署后可能产生的收益(如投资回报率、客户满意度等)。除了数据收集、项目开发和运行等成本，还必须考虑数据重复抽取和准备、工作流程的改变等隐含成本。

3) 确定数据挖掘目标

确定数据挖掘目标这一任务就是要根据已确定的商业目标，从数据挖掘的角度，用数据挖掘技术术语来描述项目目标和项目成功的标准。相应的输出文档内容一般包括数据挖掘目标和数据挖掘成功标准两个方面。

数据挖掘目标要求把商业问题转换成数据挖掘问题，即确定业务问题需要用什么类型的挖掘模型加以解决。若商业目标是要确定哪些客户会流失，则数据挖掘目标是构建一个客户流失预测模型，可以是客户是否流失的分类预测，也可以是客户流失概率预测。

数据挖掘成功标准指模型评估的标准。例如，对于客户是否流失的分类预测模型，可以使用准确率、精准率和召回率等评价指标来评估模型。如果是主观评价标准，和商业成功主观标准一样，需要明确这个标准是由哪个人或哪些人做出的主观判断。

4) 制订项目计划

为达到数据挖掘目标进而实现商业目标，需要制订详细的项目计划。该计划要求详细列出项目需要完成的一系列步骤，包括对工具和技术的选择。相应的输出文档内容一般包括项目计划及工具和技术的初步评估。

项目计划需要列出每个阶段的详细计划，包括持续的时间、需要的资源、输入、输出、可能的风险及关联性。在计划中要交代清楚可能的重复步骤及所需的时间。在估计项目时间进度时可以参考他人的经验，如数据理解和数据准备通常需要占用 60%~80%的时间。应分析时间进度和可能的风险之间的关联性，尽可能避免风险。

工具和技术的选择可能影响整个项目，所以要尽早列出工具和技术的选择标准，评估技术的合适程度，选择最合适的工具和技术。

2. 数据理解

数据理解是对企业现有应用系统进行了解，对数据挖掘所需数据进行全面调查以获取完成挖掘目标所需的初步数据，然后从总体上对获得的数据的属性进行描述，包括数据格式、数据量、一致性、数据出处、收集时间频度等多个方面，并检查数据是否能够满足相关的要求，探索数据和检验数据质量等。其一般任务和输出文档内容如图 1.4 所示。

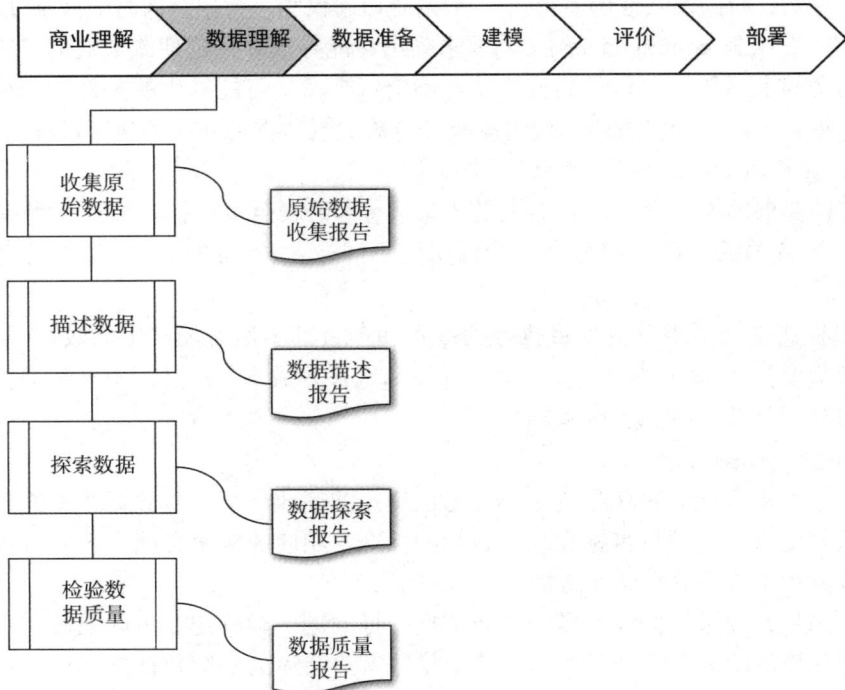

图 1.4 数据理解的一般任务和输出文档内容

1) 收集原始数据

收集原始数据任务是根据资源目录列出的数据资源选择感兴趣的表或文件，并选择表或文件中感兴趣的数据。完成这一任务要求生成相应的输出文档——原始数据收集报告。该报告应包括以下内容：数据来源(内部数据库或数据仓库、外部提供者)，负责维护、收集或购买此数据的人，调查或购买数据需要的费用，数据存储方式，安全和隐私需求、使用限制等。

2) 描述数据

描述数据任务要求描述所获得的数据，包括数据数量(表、各个表的字段数和记录总数)，数据类型，编码方案，计量单位，取值范围或个数，属性和属性值的含义，主键和外键的关系，缺失数据占比等。该任务对应的输出文档是数据描述报告。

3) 探索数据

探索数据任务是根据数据挖掘目标，结合数据描述报告，采用表格、图形和其他可视化技术细致探索数据，包括关键属性的分布、属性间的关系及一些简单的统计分析。这些分析丰富或细化了数据描述，可以作为后续数据准备工作的输入，或者可能直接达到某个数据挖掘目标。这一任务将生成相应的输出文档——数据探索报告。

4) 检验数据质量

检验数据质量任务需要对收集的数据从是否完整、是否缺失、是否一致、有无异常等方面进行检查，并生成该任务相应的输出文档——数据质量报告。该报告要求列出数据质量检验的结果，对于存在的质量问题，列出可能的解决方法。质量问题的解决方法很大程度上依赖于数据和商业知识。

3. 数据准备

数据准备是数据挖掘过程中最重要的一个环节之一，通常需要耗费大量的时间，一般占用整个数据挖掘项目 50%～70%的时间和工作量。数据准备需要从所收集的大量原始数据中取出一个与业务目标相关的样本数据集，对该数据集进行描述，在此基础上，将该数据集转化为适合数据挖掘工具处理的最终目标数据，包括选择数据、清洗数据、构造数据、集成数据和格式化数据。其一般任务和输出文档内容如图 1.5 所示。

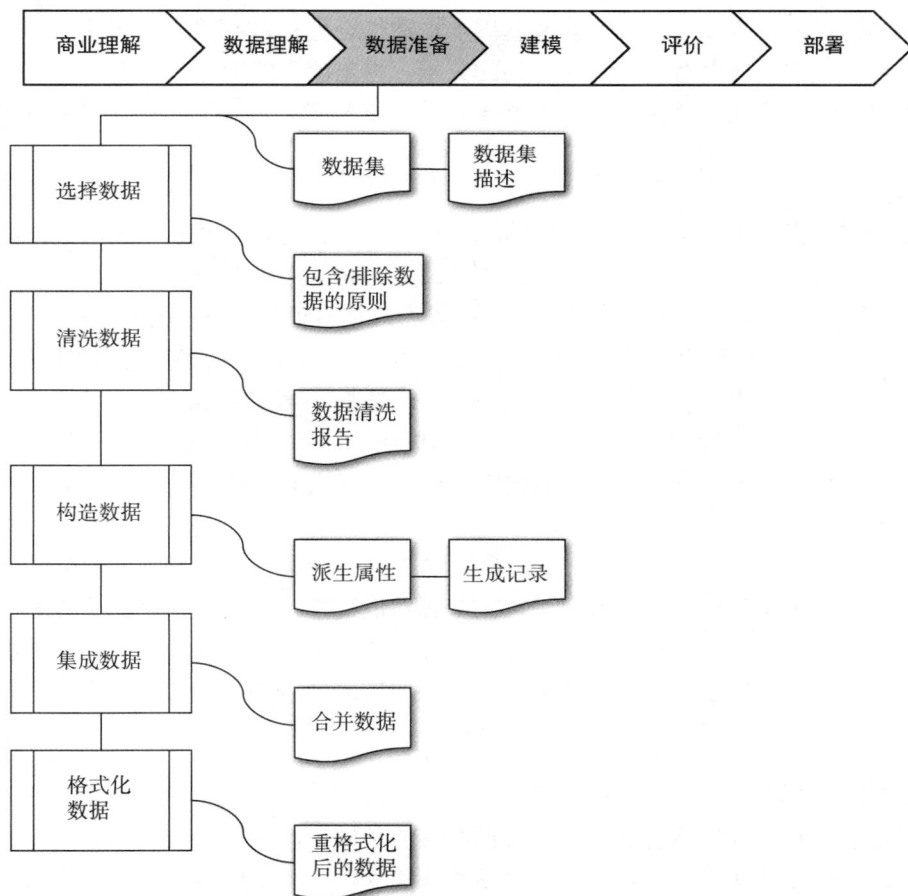

图 1.5 数据准备的一般任务和输出文档内容

1) 选择数据

选择数据需要确定用于分析的数据，包括对样本的选择和对属性或特征的选择。选择的标准直接影响用于分析的数据质量，所以选择标准的确定至关重要，可以从与数据挖掘目标的相关性角度考虑，进行显著性检验或相关性分析，将其作为属性或特征的选择标准，也可以从数据质量、容量与类型等方面限制，将其作为选择的标准。该任务相应的输出文档为包含/排除数据的原则，需要列出被包含进来的和被排除出去的数据，并给出理由。

2) 清洗数据

清洗数据主要是基于已选择的数据，选择合适的方法处理噪声、填补缺失值等，保证数据的正确性和一致性，提升数据质量。其相应的输出文档为数据清洗报告。该报告不仅要描述清洗的策略和行为，还要指出清洗后的数据用于挖掘时仍然可能存在的质量问题及对挖掘结果的潜在影响。

3) 构造数据

构造数据主要指派生属性(列或特征)、生成全新的记录(行)及对现有属性值进行转换等。派生属性是在一个或多个现有属性基础上构造符合挖掘目标需要的属性，例如为了预测客户是否会流失，通过对客户消费行为的分析，界定流失的内涵，构造新的属性"是否流失"，作为目标变量用于预测。该任务相应的输出文档即为构造的结果——派生属性和生成记录。

4) 集成数据

集成数据是指把来自不同数据源的数据整合在一起，可以合并多个表，也可以通过数据合并构造新的记录和属性。例如，一家电子商务公司有两张客户信息表：一张为客户基本信息表，包括客户 ID 号、姓名、年龄、性别等客户基本信息；另一张为客户购买信息表，包括客户 ID 号、客户近一个月的购买明细记录，每一条记录对应每笔购买信息。对这两张表进行集成，可以先根据客户购买信息表生成一个新表，其中每条记录对应每个客户，属性则为客户 ID 号、购买次数、平均购买额、购买促销商品的比例等，再利用客户 ID 号，集成新表和客户信息表。该任务相应的输出文档即为集成的结果——合并数据。

5) 格式化数据

格式化数据作为建模前的最后一个步骤，主要是针对某些建模对数据的特殊格式要求进行调整。例如有些建模算法要求记录按某个属性值排序，有些建模算法又要求记录是随机排列的。对于文本数据，某些建模算法要求去掉文本字段内的标点符号，或者规定每个字段的值所允许的最大字符数。该任务相应的输出文档即为格式化后的结果——重格式化后的数据。

4. 建模

建模是根据对业务目标的理解，在数据准备的基础上，选择和应用多种不同的建模技术，调整它们的参数使其达到最优值，包括选择建模技术、生成测试设计、构建模型和评估模型。其一般任务和输出文档内容如图 1.6 所示。

1) 选择建模技术

选择建模技术是结合数据挖掘目标确定实际所要使用的建模技术，可以是一种技术，也可以是多种技术，或者是基于多种技术的集成。确定了相应的技术后，需要了解所选技术对数据的假定要求，并产生相应的输出文档——建模技术和建模假设。

2) 生成测试设计

生成测试设计是指在实际构建模型前，建立一个用来测试模型质量和有效性的机制，包括数据集如何划分、划分成几部分(如训练集和测试集)、如何验证模型质量。其相应的输出文档是测试设计。

3) 构建模型

构建模型是指在准备好的数据集上使用建模工具，创建一个或多个模型。相应的输出文档为参数设置、模型和模型描述。参数设置列出模型需要调整的参数、相应的设置值及选择设置值的基本原则。模型是指产生的实际模型，如决策树模型、神经网络模型。模型描述是指描述模型的特征，生成解释模型的报告。

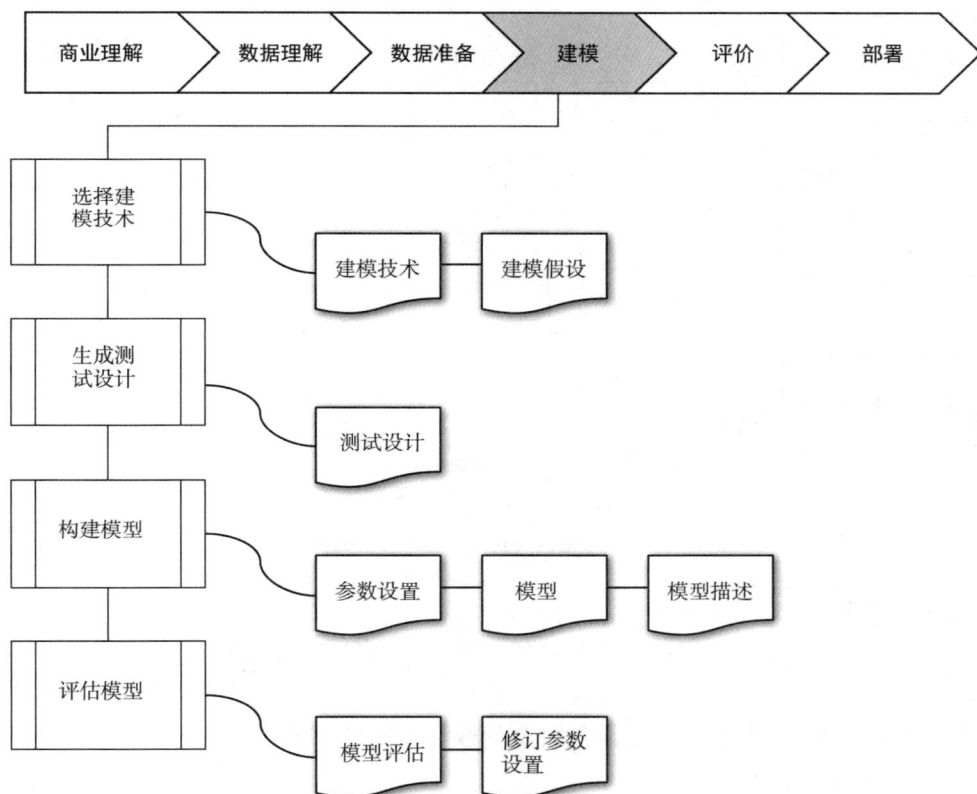

图 1.6　建模的一般任务和输出文档内容

4) 评估模型

评估模型是指数据挖掘工程师根据领域知识、数据挖掘目标成功标准和已生成的测试设计来解释模型。这一任务仅考虑模型，对后续的评价阶段会产生影响。评价阶段需要数据挖掘工程师和领域专家、业务分析人员一起考虑项目实施过程中生成的所有结果。相应的输出文档是模型评估和修订参数设置。模型评估列出全部建成的模型及其评估结果，如按准确率比较建成模型的优劣。根据模型评估结果，重新修订参数设置，并调整其值建立新的模型，直到数据挖掘工程师确信已找到最优模型为止。修订参数设置指记录所有这些修订和评估。

5. 评价

评价是由分析人员和领域专家一起从业务目标的角度全面地评价得到的模型，以确定它是否完全达到了业务目标，最终做出是否应用数据挖掘结果的决策。其一般任务和输出文档内容如图 1.7 所示。

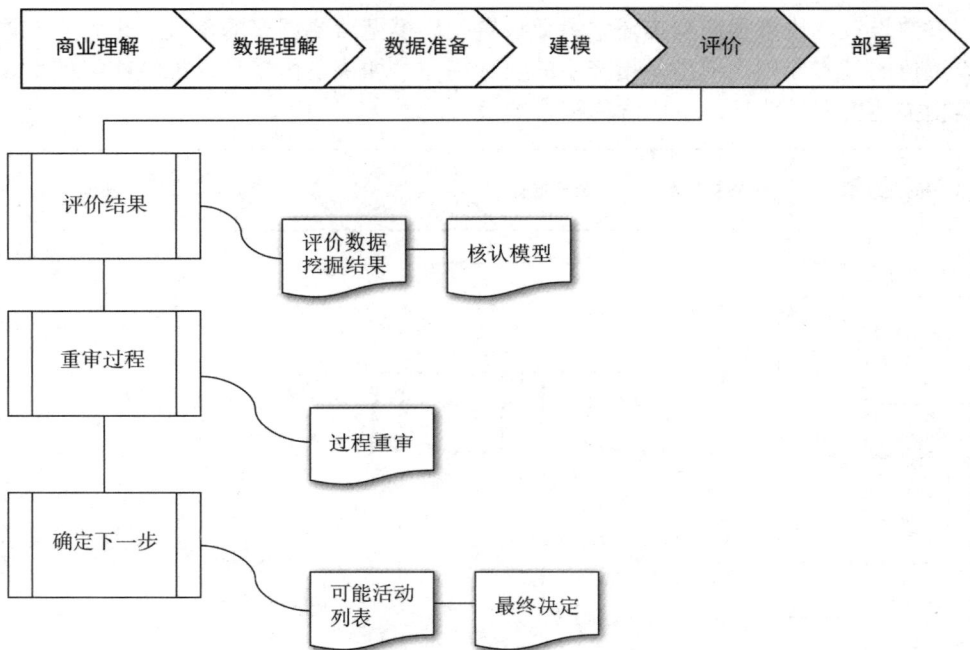

图 1.7　评价的一般任务和输出文档内容

1) 评价结果

评价结果是评价模型是否符合商业目标，若存在不足之处，说明其商业理由，相应的输出文档为评价数据挖掘结果和核认模型。评价数据挖掘结果是指使用商业成功标准术语概述模型评价的结果，包括是否已满足既定商业目标的最终声明。核认模型是核准认可满足既定商业成功标准的模型。

2) 重审过程

重审过程是指对数据挖掘项目实施的整个过程进行重新审核，用来确定是否忽略了某些重要的因素或任务，或者是否存在某些质量问题。其相应的输出文档为过程重审，即概述重审过程，并特别注明被忽略的因素或应该重复的环节。

3) 确定下一步

确定下一步是指根据评价结果和重审过程，来分析项目该如何推进，需要确定是进入部署阶段还是继续重复前面步骤或者创建新的数据挖掘项目，同时，要分析剩余的资源和预算。其相应的输出文档是可能活动列表和最终决定。可能活动列表列出潜在的进一步活动，并给出支持和反对每个结果的理由。最终决定描述如何合理推进。

6. 部署

部署是数据挖掘的最终目的，是将数据挖掘结果部署到商业环境中，成为日常商业运作的一部分，并生成一份基于项目整个过程的最终报告。其一般任务和输出文档内容如图 1.8 所示。

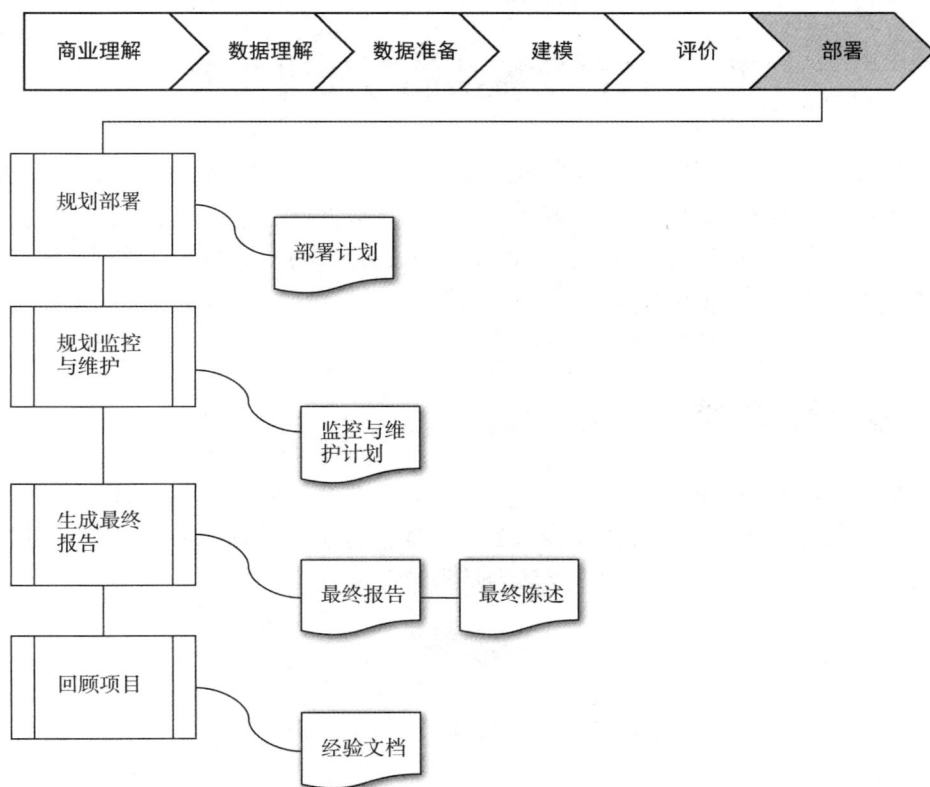

图 1.8 部署的一般任务和输出文档内容

1) 规划部署

规划部署是指为了把数据挖掘结果部署到商业环境中，利用评估的结果给出部署的策略。其相应的输出文档是部署计划，即概述部署策略，包括必要的步骤和如何执行这些步骤。

2) 规划监控与维护

数据挖掘结果成为日常商业运作的一部分时，监控和维护就成为重要问题。规划详细有效的监控和维护策略有助于避免长期错误应用数据挖掘结果。其相应的输出文档是监控与维护计划，即概述监控和维护策略，包括必要的步骤和如何执行这些步骤。

3) 生成最终报告

项目的结束需要项目成员撰写一份最终报告，这份报告可能仅对项目和其经历进行概述，也可能对数据挖掘结果进行全面展示。其相应的输出文档是最终报告和最终陈述。最终报告可以描述全部过程并标明全部取得的结果，说明与原始计划的偏差，并给出将来工作的建议。其具体内容和形式很大程度依赖于报告的接受者。最终陈述一般只包括最终报告的一部分内容，可以不同于报告的形式呈现。

4) 回顾项目

回顾项目指总结经验，评论成功与失败之处，并指出如何改进。其相应的输出文档为经验文档，即描述项目期间获得的重要经验。

1.3 数据挖掘功能与使用技术

数据挖掘功能用于指定数据挖掘任务发现的模式。一般而言，这些任务可以分为两类：描述性数据挖掘任务和预测性数据挖掘任务。描述性数据挖掘任务是刻画目标数据中数据的一般性质。预测性数据挖掘任务是在当前数据上进行归纳，以便作出预测。随着信息技术的持续发展，数据挖掘吸纳了统计学、机器学习、模式识别、数据库与数据仓库、信息检索、可视化、分布式并行计算等领域的大量技术。

1.3.1 数据挖掘功能

常见的数据挖掘功能可以概括为 6 个方面：数据描述、聚类、偏差检测(孤立点检测)、关联分析、预测和分类，如图 1.9 所示。其中，数据描述、聚类、偏差检测和关联分析可以认为是描述性任务，分类和预测可以认为是预测性任务。

图 1.9 数据挖掘的主要功能

1. 数据描述

数据描述可以分为特征性描述和区别性描述。特征性描述用来反映目标数据的一般特征；区别性描述用来比较目标数据与一个或多个类比数据的不同特征。数据描述通常以图形、二维或多维表的形式呈现描述结果，也可以规则的形式呈现。

2. 聚类

聚类指按照尽量使同一个类(簇)中的数据之间具有较高的相似性,而不同类(簇)中的数据之间具有较大的差异性的原则将数据划分成有意义或有用的类(簇)。数据事先不存在类标号。

3. 偏差检测(异常检测)

偏差检测也称异常检测,指通过发现数据集中特殊的变化,寻找孤立点,并对其进行分析,探究原因,以确定是不是事物发生的突变。

4. 关联分析

关联分析指通过挖掘频繁模式来发现大量数据中有趣的关联或相关联系。例如通过购物篮分析,确定哪些商品通常会被一起购买,从而制定交叉销售等营销策略。

5. 预测

预测指用过去和现在的数据去拟合模型,并使用模型预测未来。广义上,预测包含分类,是对类别变量的预测,狭义的预测仅指对连续型变量的预测。

6. 分类

分类指基于已知类别的训练数据构建一个分类模型(分类器),用于对未知类别的新数据进行分类。所以,用于构建模型的样本数据必须存在类标签。

随着数据类型的多样化、存储技术的进步、计算能力的提升、算法的持续演进、应用需求的驱动,数据挖掘不断突破应用领域,功能也在持续扩展和升级,从最初的结构化数据分析发展到文本挖掘、图像与视频挖掘,并进一步融合多模态数据,以满足日益增长的智能分析和决策需求。

1.3.2　数据挖掘使用技术

数据挖掘的产生和发展一直受应用驱动。随着应用不断拓宽,其所使用的技术也越来越丰富,而且将持续发展,如图 1.10 所示。

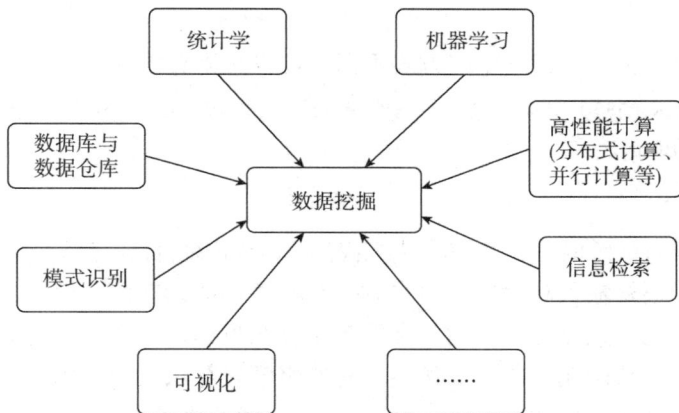

图 1.10　数据挖掘使用技术

从统计学的发展过程看，统计学在自然科学、工业及商业等领域的应用中面临着各种挑战；正是在应对这些挑战的过程中，统计学不断得到充实和发展。随着计算机软硬件技术的飞速发展，数据存储能力无限量地提高，面对海量且形式多样的数据，传统统计学方法在应用时遇到了新的难题。数据挖掘正是统计学适应这一变化的新的发展方向。数据挖掘并不是为了替代传统的统计分析技术，而是统计分析方法的延伸和扩展。Ganesh(2002)认为，从统计学的视角看，数据挖掘可以被看成对大容量复杂数据的计算机自动化的探索和分析，可以被认为是"智能化统计"。因此，统计方法自然成为数据挖掘的一大技术支撑。

传统的统计方法可以分为描述统计和推断统计。描述统计主要对观察到的数据进行汇总、分类和计算，并用表格、图形和指标的形式来反映现象的数量特征。推断统计则以已知的数据(部分的或过去的)去推断未知的数据(整体的或未来的)。这两类方法正好符合数据挖掘两大任务(描述和预测)的需要，数据挖掘把统计学技术与计算机技术相结合，从数据中发现有用的知识。

数据库、数据仓库、大数据分布式存储与高性能计算是数据挖掘的重要基础和支撑技术。它们为数据挖掘提供了数据存储、管理和处理的能力，使得数据挖掘能够从海量数据中提取有价值的信息。相关基础知识将在第 2 章中详细介绍。

1.4　数据挖掘的核心利器：机器学习

机器学习是指计算机利用各种学习算法，从输入的数据中学习，识别复杂的模式，从而做出智能决断。因为学习算法中涉及大量的统计学理论，机器学习与推断统计学的联系尤为密切，所以机器学习有时被称为统计学习理论，尤其是在学术界和理论研究中。

机器学习的基础是数据，核心是各种学习算法，只有通过这些算法，机器才能识别分析这些数据，获得知识，从而不断提升自身性能。因此，机器学习主要研究不同应用场景下应该选用哪种学习算法或研究新的学习算法以适应新的场景需要。

1.4.1　机器学习分类

机器学习的算法很多，根据学习方式不同，可以分为有监督学习(supervised learning)、无监督学习(unsupervised learning)、半监督学习(semi-supervised learning)和强化学习(reinforcement learning)。

1. 有监督学习

用于有监督学习训练的数据集包含输入(特征)和输出(目标)，也称为有标记的数据集。从有标记数据集中根据输入和输出学习得到一个模型，即为有监督学习。当新的数据输入时，可以根据这个模型预测结果。由于训练集中存在目标，因此学习得到的模型可以使用历史数据进行验证，从而起到监督的作用。有监督学习算法主要应用于分类和回归，如决策树、支持向量机、朴素贝叶斯、Logistic 回归、神经网络等。

2. 无监督学习

用于无监督学习训练的数据集只包含输入(特征),而没有输出(目标),也称为无标记数据集。在无标记数据集中通过学习进行归纳,获得数据分布特征或数据与数据之间的关系,即为无监督学习。由于训练数据不存在目标,因此学习得到的模型不能使用历史数据进行验证,从而无法监督。无监督学习算法主要应用于聚类、降维和关联分析等,如 K-均值聚类(K-Means Clustering)、层次聚类(Hierarchical Clustering)、主成分分析(PCA,Principal Component Analysis)、Apriori 算法等。

3. 半监督学习

有两个数据集用于半监督学习,一个为有标记的数据集,一个为无标记的数据集,通常无标记数据集的数据量要远远大于有标记数据集的数据量。如上所述,如果单独使用有标记数据集,我们能够生成有监督模型;单独使用无标记数据集,我们能够生成无监督模型。为了最大限度利用现有数据的信息,我们希望使用两个数据集进行学习。用户可以在有标记数据集中加入无标记数据,增强有监督学习的效果,如半监督支持向量机;也可以在无标记数据集中加入有标记数据,增强无监督学习的效果,如半监督聚类。一般而言,半监督学习侧重于在有标记数据集中加入无标记数据来增强学习效果,适用于现实场景中获取标注数据成本高,但未标注数据丰富的情况。

4. 强化学习

强化学习是智能体(agent)在尝试的过程中学习在特定的环境下选择哪种行动可以得到最大的回报。如图 1.11 所示,智能体在学习的过程中选择一个动作,环境接受该动作后状态发生变化,同时产生一个强化信号(奖励或惩罚),反馈给智能体,智能体根据强化信号和环境当前状态再选择下一个动作,选择的原则是使受到的正强化(奖励)最大。智能体当下选择的动作不仅影响当下的强化值,而且影响环境下一时刻的状态及最终的强化值。

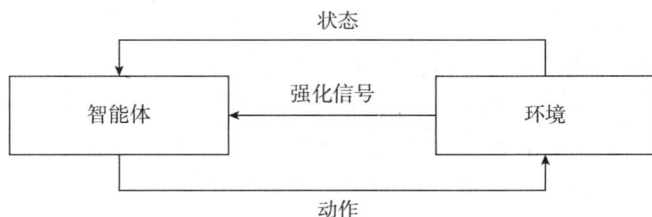

图 1.11 强化学习示意图

1.4.2 机器学习与数据挖掘的关系

数据挖掘旨在从大量数据中发现有价值的信息和模式,机器学习为数据挖掘提供了强大有效的算法和技术来实现这一目标。通过自动学习数据中的规律和模式,机器学习使得数据挖掘过程变得更加高效和智能化,从而在各行各业中得到广泛应用。

机器学习推动了数据挖掘方法和技术的不断演进。

(1) 随着数据量的增长,传统的数据分析方法无法有效处理大量数据。机器学习能够在大数据环境下高效地发现数据中的模式和关系，应对高维度、海量数据的问题。

(2) 机器学习使得数据挖掘能够实时处理和分析数据，尤其在金融、互联网、智能制造等领域，帮助企业做出动态决策。

(3) 机器学习使得数据挖掘不仅限于结构化数据(如数据库中的表格数据)，还能够处理非结构化数据(如文本、图像、视频等)。例如，自然语言处理(NLP)和计算机视觉的机器学习技术，使得从文本分析到图像识别的应用场景得到极大的拓展。

随着人工智能技术的不断发展，机器学习与数据挖掘的结合将继续推动技术创新。

(1) 深度学习与强化学习：使得数据挖掘能够处理更加复杂的任务，如自动驾驶、智能决策等。

(2) 自监督学习与迁移学习：自监督学习能够减少对大量标注数据的依赖，而迁移学习则允许模型从一个领域迁移到另一个领域，进一步提升数据挖掘的灵活性和应用范围。

(3) 边缘计算与实时数据挖掘：边缘计算结合机器学习将使得数据分析可以在数据源附近进行实时处理，适应物联网等实时数据挖掘的需求。

1.5　数据挖掘应用

数据挖掘从一开始就是面向应用的，随着各行各业信息化的持续发展，数据挖掘应用领域也在不断发展和深化。目前，数据挖掘在金融、电信、零售与电子商务、政府政务、医疗、科学等领域都有应用。

1.5.1　金融领域的数据挖掘

银行、证券和保险等金融领域，信息化建设较早，积累了大量的数据，是数据挖掘的重要应用领域，典型的应用有：金融风险分析、金融产品交叉销售、客户管理分析、洗黑钱等金融犯罪识别等。金融交易活动过程很可能存在洗黑钱等犯罪行为，把可能与侦破有关的数据集成(如金融机构交易数据库、犯罪历史数据库等)，运用合适的数据挖掘方法(数据可视化、孤立点分析等)，检测异常模式，可以为犯罪行为识别提供快速准确的参考。

银行业利用数据挖掘技术最集中的两个方面是风险管理和客户管理。风险管理，如信用风险评估，银行可通过建立信用风险模型，评估贷款申请人或信用卡申请人的风险，根据评估结果来决定是否接受申请，并确定贷款额度或信用额度。客户管理体现在客户生命周期的各个阶段，包括客户获取阶段的客户画像，客户保留阶段的客户细分、客户价值分析及客户流失分析等。在客户保留阶段，根据银行大量的客户基本属性数据、客户存款、贷款、金融产品使用等数据，利用聚类的方法，实现客户细分，将客户有效地划分为不同的类，从而针对每一类客户的特征设计出相应的产品组合、服务模式，以提高客户忠诚度。

证券业利用数据挖掘技术最集中的两个方面是客户管理和量化交易。证券公司可以利用客户个人基本信息、客户交易操作行为数据、软件使用习惯、自选股、常用分析指标等对客户的理财需求进行挖掘，实现精准营销。量化交易可借助数据挖掘方法，对证券期货市场的海量数据进行分析和挖掘，获得证券期货产品的价格变化规律，得到能带来超额收益的交易策略模型，然后通过分析结果来指导投资，以获得可持续、稳定且高于平均的超额回报。

保险业利用关联挖掘或各种推荐算法可以发现客户购买保险产品的关联与偏好，从而实现交叉销售。保险公司标的受损时，通过挖掘已有标的定损数据，可以对现有标的损失进行精确估计和预测，从而实现保险智能定损。随着保险业的发展，保险欺诈问题也日益突出，给保险公司和社会带来了极大危害。利用数据挖掘方法，分析并识别欺诈行为的特征，可以对保险欺诈行为进行实时监测与预警，从而促进保险业健康有序发展。

1.5.2　电信领域的数据挖掘

随着信息技术的迅速发展，电信业从 4G 时代进入 5G 时代，在电信业务迅速发展的同时，电信行业的竞争也日益激烈。面对国内、国际电信业激烈的竞争态势，各大电信运营商纷纷使用数据挖掘技术了解行业动向、分析业务模式、洞察客户需求，实现精细化的管理和精准营销，提升自身服务质量，从而提高客户的满意度和忠诚度，增强竞争优势。

在客户关系管理方面，运营商使用数据挖掘可以对客户进行画像以提供个性化的业务推荐，可以对客户进行细分以发现不同价值的客户群体特征，可以通过客户流失分析制订相应的挽留策略，可以对客户之间的社会关系进行社交网络分析以获取潜在客户和保持现有客户，可以对客户流量使用进行异常识别，挖掘导致其流量异常的恶意程序和恶意 App，以减少用户不必要的损失，并防止其他用户遭受同样的恶意攻击。在市场营销方面，可以使用关联挖掘进行电信业务的交叉销售。

运营商对网络信令数据进行挖掘，可以预测网络流量峰值，预警异常流量，防止网络堵塞和宕机，从而提高网络服务质量，提升用户体验。对移动用户的位置信息进行挖掘，与相关企业合作，可以提供基于位置的相关服务，如餐饮推荐、优惠券推送，这将改变运营商的盈利模式，而且具有非常广阔的应用前景。

1.5.3　零售与电子商务领域的数据挖掘

零售业的发展经历了从百货商店到超级市场、连锁商店、电子商务，再到如今线上线下相结合的"新零售"，积累了大量关于采购、销售、客户、物流等方面的数据。数据挖掘在零售与电子商务领域的应用非常广泛，包括用户行为分析、个性化推荐、产品分析、广告追踪与优化、精准营销等，如顾客去商场购物的场景中，商场基于移动手机与 Wi-Fi 结合的数据，根据顾客所有的行动轨迹，分析顾客光顾的时间和频率、行径路线、驻留时间和地点，实现精准营销。

随着新零售业态的发展，线上线下系统对接和数据融合，零售企业借助数据挖掘技术可以对消费者全过程数据进行描述和产业链营销重构，实现数据化运营，探索新商业模式，建立新市场增长点。

1.5.4 政府政务领域的数据挖掘

政府信息化经过多年建设，已经有效实现了信息化办公。从 2015 年国家发布《促进大数据发展行动纲要》(国发〔2015〕50 号)开始，我国政府已将政务信息系统整合及共享提升到国家战略层面，对互联网+政务服务体系的建设给出了明确指导意见和时间点要求。

国防、教育、公安、民政、司法、财政、交通运输、农业、商务、文化和旅游等政务部门信息系统的整合与共享，使数据挖掘的应用更加广泛。结合数据挖掘技术，政府加强统筹规划，实现智慧交通、智慧安防、智慧旅游等，加强智慧城市建设，使政务工作更高效、更开放、更透明。

1.5.5 医疗领域的数据挖掘

医疗领域积累了大量数据，尤其是海量的非格式化数据。数据挖掘在医疗领域的应用，主要集中在药品研发、疾病治疗、公共卫生管理、居民健康管理和健康影响因素分析等方面。

在药品研发方面，医药公司可以借助数据挖掘，在研发初期通过建模确定最有效率的投入产出比，配备最佳资源；在药物临床试验阶段，及时预测临床结果，选择最优药物。在疾病治疗方面，医生可以结合病人体征数据、费用数据和疗效数据进行挖掘，以确定在临床上对病人最有效和最具有成本效益的治疗方案。而且，对于医疗影像数据的分析和挖掘，会极大减少医生的工作量，提高医疗效率。

在公共卫生管理、居民健康管理方面，卫生部门基于覆盖全国的电子病例数据进行挖掘，可以快速检测传染病，有效监测疫情，并提供有针对性的公众健康咨询，提高公众健康风险意识，降低传染病感染风险。

1.5.6 科学领域的数据挖掘

天文学、气象学、地质学、生物学等各领域使用全球定位系统、卫星遥感器及新一代生物学数据采集技术，收集了海量的包含时间和空间信息的高维数据、流数据和异构数据。早期，数据挖掘应用于天文学，在短短 4 小时内发现的行星超过 20 多位天文学家 4 年的研究成果。

人类拥有 23 对染色体，约含有 30 亿对 DNA 碱基。1975 年，英国科学家 Frederick Sanger 发明了 Sanger 测序技术，由此开启了基因测序的新篇章。1990 年，由全球多个国家共同参与的人类基因组计划正式启动，被称为人类三大科学计划之一，旨在为这 30 亿对碱基构成的人类基因测序。数据挖掘技术应用于基因测序后，极大降低了测序成本，提升了测序速度。得益于此，从疾病的筛查、诊断到治疗，越来越多的临床基因检测项目落地，如新生儿疾病筛查、遗传病筛查、肿瘤易感基因筛查和肿瘤个性化用药等。

1.6 练习与拓展

即测即评

扫右侧二维码，完成客观题自测题。

即测即评

练习

1. 什么是数据挖掘？请结合实例加以说明。
2. 简述第四代数据挖掘系统的特点。
3. 什么是云计算？
4. 什么是大数据？如何理解大数据被认为是下一个社会发展阶段的石油和金矿。
5. 什么是多模态数据挖掘？
6. 请分析说明 Fayyad 过程模型。
7. 请分析说明 CRISP-DM 过程模型。
8. 数据挖掘的功能有哪些？
9. 结合数据挖掘使用技术，请分析其与相关学科之间的关系。
10. 什么是机器学习？按学习方式不同，机器学习可以分成哪几种？分别具有什么特点？
11. 请举例说明教材中提到的数据挖掘应用领域，并谈谈你的理解。
12. 除了教材中提到的数据挖掘应用领域，请思考还有哪些应用领域，并举例说明。

拓展

1. 检索近几年数据挖掘国际学术会议的入选论文，分析数据挖掘研究现状及热点问题。
2. 查阅相关资料，了解多模态数据挖掘涉及的核心技术。
3. 查阅相关资料，了解半监督学习的常用方法。
4. 结合 CRISP-DM 过程模型，自选一个感兴趣的商业问题，以小组为单位，制订一份数据挖掘项目计划。

第 2 章

数据与数据平台

导　读

当前，互联网、大数据、云计算、人工智能、区块链等新技术深刻演变，产业数字化、智能化、绿色化转型不断加速，智能产业、数字经济蓬勃发展，极大改变全球要素资源配置方式、产业发展模式和人民生活方式。中国高度重视数字经济发展，持续促进数字技术和实体经济深度融合，协同推进数字产业化和产业数字化，加快建设网络强国、数字中国。中国愿同世界各国一道，把握数字时代新趋势，深化数字领域国际交流合作，推动智能产业创新发展，加快构建网络空间命运共同体，携手创造更加幸福美好的未来。

——摘自习近平 2023 年 9 月 4 日致 2023 中国国际智能产业博览会的贺信

知识导图

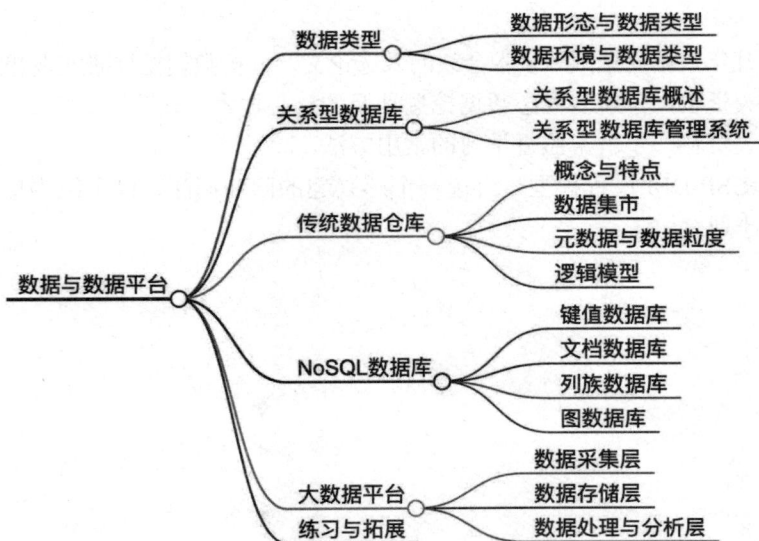

2.1　数据类型

　　什么是数据？数据是可以通过一定的技术手段被记录的事实。随着技术的发展，可以被记录的事实越来越丰富，在形式上，从数字、符号、文字发展到图像、音频和视频等；在数量上，全球数据总量正以几何级数增长。这种增长趋势在过去几年中尤为显著，并且在未来几年内仍将保持强劲的势头。根据国际数据公司(IDC)的预测，全球数据总量将从 2024 年的 159.2ZB 增至 2028 年的 384.6ZB。

2.1.1　数据形态与数据类型

　　数据按存在形态可以分为结构化数据、半结构化数据和非结构化数据三种。

1. 结构化数据
　　结构化数据指可以按特定的数据结构来表示的数据，主要指存储在关系型数据库或数据仓库中的数据。这类数据由二维表结构来表示，以行为单位，一行数据表示一个实体的信息，每一行数据的属性(列)是相同的，每一列数据不可以再细分且数据类型相同。常见的如 Excel、SQL Server 等二维表数据，如表 2.1 所示。

表 2.1　结构化数据

客户 ID 号	性别	年龄	职业	收入
001	女	30	教师	中
002	男	33	数据分析师	高
003	男	45	软件工程师	高

　　按照所采用的计量尺度，结构化数据可以分为标称(nominal)数据、序数(ordinal)数据、区间(interval)数据和比率(ratio)数据 4 类。这 4 类数据也常被称为定类数据、定序数据、定距数据和定比数据。

　　1) 标称数据(定类数据)
　　标称数据(定类数据)的值只表明个体所属的类别而不能体现个体的数量多少或先后顺序，即只对个体起到分类作用。这类数据的值除了用文字表述外，也常用数值符号来表示，如对于"性别"属性，用"1"表示男性，用"0"表示女性，但这里的"0"和"1"只是符号而已，没有量的意义。

　　2) 序数数据(定序数据)
　　序数数据(定序数据)的值除了能确定个体所属的类别之外，还能确定各类之间的大小、高低、优劣、强弱、先后等顺序，可以用于比较。其值除了用诸如"好、中、差""优、良、及格、不及格""非常满意、满意、一般、不太满意、很不满意"等文字表述外，也可用数值来表示，如对服务的满意程度用 5、4、3、2、1 来分别表示非常满意、满意、一般、不太满意、很不满意等。但这些数字也没有明确的量的意义，只能用于优劣、先后等比较和排序。

3) 区间数据(定距数据)

区间数据(定距数据)以数值来表示个体特征并能测定个体之间的数值差距，即它不仅能用来确定个体的类别和顺序，还能测出个体间的差距。区间数据值可以用于加减运算，但不能进行乘除运算。

4) 比率数据(定比数据)

比率数据(定比数据)不仅能通过数值来体现个体间的差距，还能对不同个体的数值进行对比运算。它不仅能进行加减运算，也能进行乘除运算，它与区间数据最大的区别是存在一个有现实意义的绝对零点，如年龄、身高等。

标称(定类)数据和序数(定序)数据统称为定性数据。顾名思义，定性数据不具有数的大部分性质。即便使用数(即整数)表示，也应当像对待符号一样对待它们。区间(定距)数据和比率(定比)数据统称为定量数据。定量数据用数表示，并且具有数的大部分性质。定量数据可以是整数值或连续值。

2. 半结构化数据

半结构化数据介于完全结构化数据和完全无结构化数据之间。它具有结构化的特点，包含某些标记，可以用来分隔语义元素，以及对记录和字段进行分层，所以不能简单地将它组织成一个文件按照非结构化数据处理；但因为结构会变化，所以也不能使用关系型数据库或其他数据库二维表的形式来表示。半结构化数据也被称为自描述的结构，常见的有HTML、XML 和 JSON 等类型。

1) HTML(HyperText Markup Language，超文本标记语言)

HTML 是一种用于创建网页的标准标记语言，是构建 Web 应用程序和网站的基础。HTML 通过一系列标签(如 \<p\>、\<div\>、\<img\>)来定义网页的结构和内容，这些标签告诉浏览器如何显示网页中的文本、图像、链接、表格等元素。标签通常成对出现，包含开始标签和结束标签(如 \<p\> 和 \</p\>)，可以在任何支持 Web 浏览器的设备上运行。HTML 可以通过超链接(\<a\>标签)将网页连接在一起，形成超文本系统。以下是一个 HTML 文档的简单示例。

```
<!DOCTYPE html>
<html lang="zh-CN">
  <head>
    <!-- 设置文档的字符编码为 UTF-8 -->
    <meta charset="UTF-8" />
    <!-- 设置网页的标题，显示在浏览器标签页上 -->
    <title>个人简介</title>
    <!-- 引入外部样式表 -->
    <link rel="stylesheet" href="styles.css" />
    <!-- 定义内部样式 -->
    <style>
      body {
        font-family: Arial, sans-serif;
        background-color: #f9f9f9;
        margin: 0;
        padding: 0;
      }
      header {
        background-color: #705372;
        color: white;
        padding: 20px;
```

```
      text-align: center;
    }
    nav {
      margin: 20px;
      text-align: center;
    }
    nav a {
      margin: 0 10px;
      text-decoration: none;
      color: #705372;
    }
    section {
      margin: 20px;
      padding: 20px;
      background-color: white;
      border-radius: 8px;
      box-shadow: 0 0 10px rgba(0, 0, 0, 0.1);
    }
    footer {
      text-align: center;
      padding: 10px;
      background-color: #705372;
      color: white;
      position: fixed;
      bottom: 0;
      width: 100%;
    }
    label {
      vertical-align: top;
    }
    #about {
      display: flex;
      justify-content: space-between;
      align-items: flex-start;
    }
    #about img {
      border-radius: 50%;
      /* margin: 50px 150px; /* 添加一些间距 */
    }
    .text-content {
      flex: 1;
      margin-left: 60px; /* 添加一些间距 */
    }
  </style>
</head>
<body>
  <!-- 网页头部 -->
  <header>
    <h1>欢迎来到我的网页</h1>
    <p>这是一个简单的 HTML 示例网页</p>
  </header>

  <!-- 导航栏 -->
  <nav>
    <a href="#about">关于我</a>
    <a href="#contact">联系我</a>
  </nav>

  <!-- 关于我部分 -->
  <section id="about">
    <div class="text-content">
      <h2>关于我</h2>
```

```
        <p>大家好，我是一名大学教师。</p>
        <p>我热爱大数据分析，喜欢学习新技术。</p>
      </div>
      <img
        src="./头像.png"
        alt="我的头像"
        width="170"
        style="border-radius: 50%; margin-right: 600px"
      />
    </section>

    <!-- 联系我部分 -->
    <section id="contact">
      <div class="text-content">
        <h2>联系我</h2>
        <p>如果你有任何问题，欢迎通过以下方式联系我：</p>
        <form action="/submit" method="post">
          <label for="name">姓名：</label>
          <input type="text" id="name" name="name" required />
          <br /><br />
          <label for="email">邮箱：</label>
          <input type="email" id="email" name="email" required />
          <br /><br />
          <label for="message">留言：</label>
          <textarea id="message" name="message" rows="4" required></textarea>
          <br /><br />
          <button type="submit">提交</button>
        </form>
      </div>
    </section>

    <!-- 网页页脚 -->
    <footer>
      <p>&copy; 2025 XXQ. 版权所有</p>
    </footer>
  </body>
</html>
```

运行结果如图 2.1 所示。

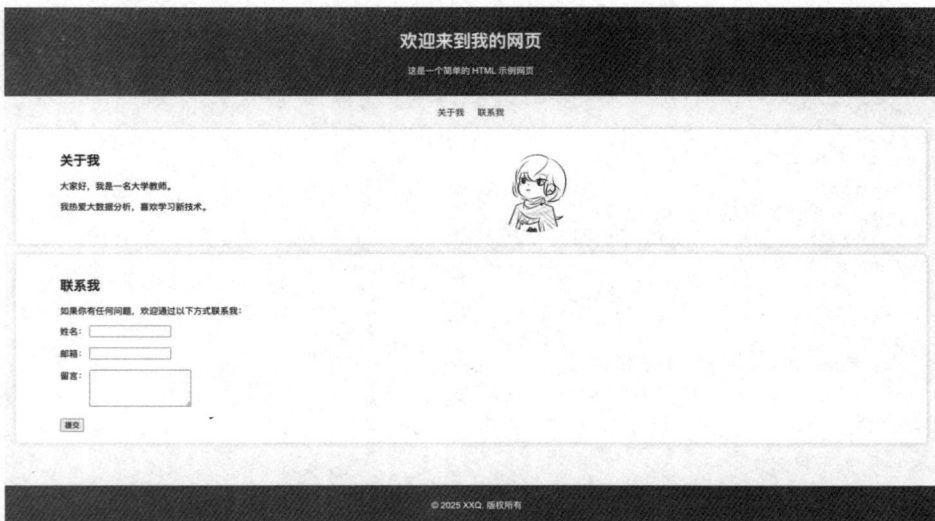

图 2.1　HTML 运行结果

　　HTML 是网页的主要构成部分，通过解析 HTML 可以从网页中提取有价值的数据。如从新闻网站提取文章内容，从电商网站提取产品价格、销量、客户评价等信息，从社交平台提取用户评论等。了解 HTML 格式有助于将这些数据转换为结构化格式，便于后续分析。以下示例展示了如何从一个包含学生信息的 HTML 表格中提取数据并将其转换为 CSV 格式。

　　首先，使用 Python 的 BeautifulSoup 库解析 HTML 并提取表格数据。

```python
from bs4 import BeautifulSoup
html_content = """
<!DOCTYPE html>
<html lang="en">
<head>
    <meta charset="UTF-8">
    <title>学生信息表</title>
</head>
<body>
    <table>
        <thead>
            <tr>
                <th>姓名</th>
                <th>年龄</th>
                <th>成绩</th>
            </tr>
        </thead>
        <tbody>
            <tr>
                <td>张一</td>
                <td>20</td>
                <td>85</td>
            </tr>
            <tr>
                <td>李简</td>
                <td>21</td>
                <td>90</td>
            </tr>
            <tr>
                <td>徐清</td>
                <td>19</td>
                <td>78</td>
            </tr>
        </tbody>
    </table>
</body>
</html>
"""
soup = BeautifulSoup(html_content, 'html.parser')
table = soup.find('table')
headers = [th.text for th in table.find_all('th')]  # 提取表头
rows = table.find_all('tr')[1:]  # 跳过表头行

data = []
for row in rows:
    cols = [col.text for col in row.find_all('td')]
    data.append(cols)
print(headers)
print(data)
```

结果如图 2.2 所示。

```
['姓名', '年龄', '成绩']
[['张一', '20', '85'], ['李简', '21', '90'], ['徐清', '19', '78']]
```

图 2.2 HTML 表格学生信息提取

然后，使用 Python 的 csv 模块将提取的数据保存为 CSV 文件。

```python
import csv
# 写入 CSV 文件
with open('students.csv', 'w', newline='', encoding='utf-8') as csvfile:
    writer = csv.writer(csvfile)
    writer.writerow(headers)  # 写入表头
    writer.writerows(data)    # 写入数据
import pandas as pd
df = pd.read_csv('students.csv')
print(df)
```

结果如图 2.3 所示。

	姓名	年龄	成绩
0	张一	20	85
1	李简	21	90
2	徐清	19	78

图 2.3 学生信息 CSV 文件

2) XML(Extensible Markup Language，可扩展标记语言)

XML 是一种用于存储和传输数据的标记语言。它类似于 HTML，但 XML 的主要目的是存储、组织和交换数据，而不是用于网页显示。以下是一个 XML 文档的简单示例。

```xml
<?xml version="1.0" encoding="utf-8"?>
<country>
  <name>中国</name>
  <province>
    <name>江苏</name>
    <cities>
      <city>南京</city>
      <city>苏州</city>
    </cities>
  </province>
  <province>
    <name>浙江</name>
    <cities>
      <city>杭州</city>
      <city>宁波</city>
    </cities>
  </province>
  <province>
    <name>福建</name>
    <cities>
      <city>福州</city>
      <city>厦门</city>
    </cities>
```

```
    </province>
  </country>
```

XML 的灵活性和自描述性，使其适用于多种场景。通过掌握 XML 的解析和处理技术，可以更高效地利用 XML 数据，为数据挖掘和机器学习提供丰富的数据源。结合上述 XML 文档，使用 xml.etree.ElementTree 解析并提取数据。实际分析中，可根据具体需求将提取的数据转存成需要的格式。

```
import xml.etree.ElementTree as ET

# XML 内容
xml_content = '''
<country>
  <name>中国</name>
  <province>
    <name>江苏</name>
    <cities>
      <city>南京</city>
      <city>苏州</city>
    </cities>
  </province>
  <province>
    <name>浙江</name>
    <cities>
      <city>杭州</city>
      <city>宁波</city>
    </cities>
  </province>
  <province>
    <name>福建</name>
    <cities>
      <city>福州</city>
      <city>厦门</city>
    </cities>
  </province>
</country>
'''

# 解析 XML
root = ET.fromstring(xml_content)

# 提取国家名称
country_name = root.find('name').text
print(f"国家: {country_name}")

# 遍历省份信息
For province in root.findall('province'):
    province_name = province.find('name').text
    print(f"  省份: {province_name}")

# 遍历城市信息
    cities = province.find('cities').findall('city')
    for city in cities:
        city_name = city.text
        print(f"    城市: {city_name}")
```

结果如图 2.4 所示。

```
国家：中国
  省份：江苏
    城市：南京
    城市：苏州
  省份：浙江
    城市：杭州
    城市：宁波
  省份：福建
    城市：福州
    城市：厦门
```

图 2.4　XML 文档解析结果

3) JSON(JavaScript object notation)

JSON 是一种基于 JavaScript 的轻量级的数据交换格式，以键值对的形式输出数据。键和值之间用冒号分隔，键值对之间用逗号分隔。JSON 数据格式简单，文件体积小，适合网络传输，且支持多种编程语言(如 JavaScript、Python、Java 等)。上面提到的我国部分省市数据用 JSON 表示如下：

```
{
  "country": "中国",
  "province": [
    {
      "name": "江苏",
      "cities": {
        "city": ["南京", "苏州"]
      }
    },
    {
      "name": "浙江",
      "cities": {
        "city": ["杭州", "宁波"]
      }
    },
    {
      "name": "福建",
      "cities": {
        "city": ["福州", "厦门"]
      }
    }
  ]
}
```

在数据挖掘和机器学习过程中，数据采集与存储是至关重要的环节。JSON 由于其轻量级、易解析、跨平台支持等特点，广泛应用于数据采集、存储和传输。JSON 数据不仅可以存储为文件，可以存入数据库，如 MongoDB 等，还可以处理实时数据流，如金融数据、物联网传感数据等。在数据预处理环节，若需要将 JSON 转换为更适合分析的格式(如 Pandas DataFrame 或 NumPy 数组)，可使用工具(如 Python 的 json 模块)解析并提取 JSON 中的数据，再转换成后续分析所需要的格式。在模型训练环节，JSON 也是训练数据的常见格式，特别适用于文本分类、推荐系统、计算机视觉等任务。

以下示例解析并提取 JSON 中的数据，并转换成 DataFrame。

```
import json
import pandas as pd

# JSON 数据
json_data = '''
[
    {"影片名称"： "哪吒之魔童闹海"， "导演"： "饺子"， "上映时间"： 2025},
    {"影片名称"： "哪吒之魔童降世"， "导演"： "饺子"， "上映时间"： 2019},
    {"影片名称"： "我和我的父辈"， "导演"： "吴京等"， "上映时间"： 2021}
]
'''
# 解析 JSON
data = json.loads(json_data)

# 转换为 DataFrame
df = pd.DataFrame(data)
print(df)
```

结果如图 2.5 所示。

	影片名称	导演	上映时间
0	哪吒之魔童闹海	饺子	2025
1	哪吒之魔童降世	饺子	2019
2	我和我的父辈	吴京等	2021

图 2.5　JSON 文档转换结果

3. 非结构化数据

非结构化数据是指结构不规则或不完整，没有预定义的数据模型，不方便用二维逻辑表结构来表示的数据，包括文本、图像、音频、视频等，如图 2.6 所示。

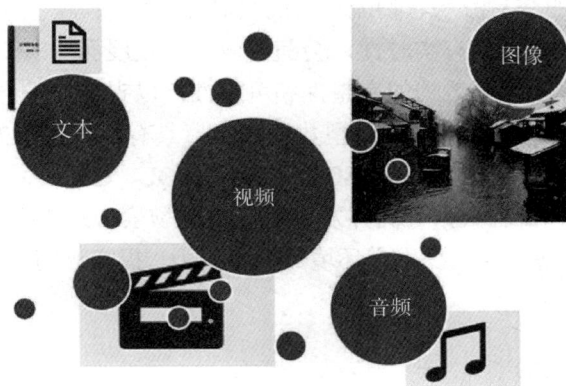

图 2.6　非结构化数据

非结构化数据形式多样，结构不标准且复杂。随着互联网、物联网、5G 技术的发展，非结构化数据存储量占比越来越高。在数据挖掘与机器学习中，非结构化数据扮演至关重要的角色。通过自然语言处理、计算机视觉等技术，非结构化数据中的潜在信息可以被提取和转化为结构化数据，从而用于训练机器学习模型。例如，文本数据可以用于情感分析或主题建模，图像数据可以用于目标检测或分类，音频数据可以用于语音识别，而视频数据则结合了图像和音频的分析，能够用于行为识别、场景理解及实时监控等复杂任务。这些应用不仅丰富了数据挖掘的维度，还推动了人工智能在多个领域的创新与发展，对医疗、金融、安防、娱乐等行业产生了深远的影响。

2.1.2 数据环境与数据类型

数据环境指数据产生、存储、处理和分析所处的物理环境，常见的数据环境有生产环境和分析环境。根据数据所处的环境，可以把数据分为三种类型：生产数据、原始数据和分析数据。

如图 2.7 所示，生产数据存在于生产环境；分析数据存在于分析环境；原始数据既不存在于生产环境，也不存在于分析环境，是一种过渡形态的数据。

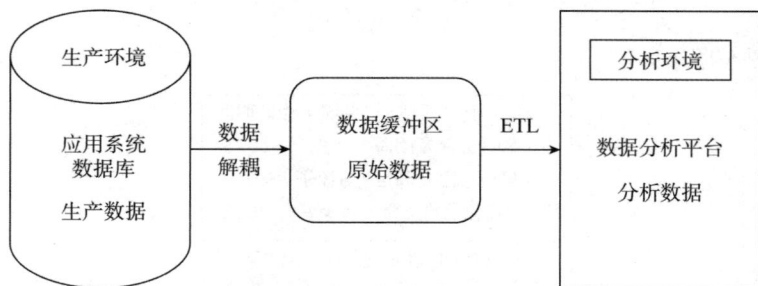

图 2.7 数据环境与数据类型

1. 生产数据

生产数据是生产应用系统实时运行所产生的数据，直接支持企业业务运行，如电商平台的订单数据、银行的交易流水、物流公司的实时配送状态等。生产数据具有以下特点。

(1) 实时性：生产数据具有实时性，会随着业务的发展而动态变化。

(2) 高可用性：需要保证数据的完整性和可靠性，以支持业务连续性。

(3) 结构化为主：通常存储在关系型数据库中，具有明确的格式和模式，如订单、交易、库存等信息。典型的数据库有 MySQL、PostgreSQL、Oracle、SQL Server 等。

而对于社交媒体、日志数据等高并发、海量数据场景，则选择使用分布式数据库，如MongoDB、Cassandra 等。为减少生产环境数据库压力，提高读写效率，生产数据常需要定期归档。

2. 原始数据

为了不影响生产应用系统的运行性能，我们将需要分析的数据从生产系统解耦。这些从生产环境解耦的数据就是原始数据。数据解耦一般包括数据脱敏、特征筛选和批量导出等。数据脱敏一般用于屏蔽隐私信息，如客户身份证号、电话号码等。特征筛选用于过滤不需要的字段，去除无效或无关信息，如过滤掉用户的临时会话 ID 字段等。批量导出是指按照预设的时间或条件将特定的数据集中导出，如在每周一凌晨批量导出前一周的交易明细数据。

存放原始数据的地方，我们称之为数据缓冲区。它是数据从生产环境到分析环境之间的中间存储区域。数据缓冲区的设计旨在临时存储原始数据，以便进行后续的清洗、转换和加载(extract-transform-load，ETL)操作。数据缓冲区可以以多种形式存在，具体形式取决于企业的技术架构和需求。常见的实现方式包括生产数据库的备用数据库、支持多种数据格式和类型的数据湖、本地文件系统或分布式文件系统、存储流式数据的消息队列(如 Kafka)等。无论以什么形式存在，理论上原始数据都应该独立于生产环境和分析环境。但有些企业对数据缓冲区未足够重视，为了方便，常常会省略数据缓冲区，将生产环境直接用于 ETL 过程，这势必会影响生产系统的性能。

3. 分析数据

分析数据是对原始数据经过 ETL 过程等优化后的数据，专门用于商业智能(BI)、数据挖掘等。与生产数据存储不同，分析数据存储强调大规模存储、批处理、高效查询和灵活扩展，常见的存储环境包括数据仓库、数据湖和混合存储架构。

由分析数据获得的知识用于指导生产，使企业数据从生产中来，到生产中去，在流动中得到增值，如图 2.8 所示。

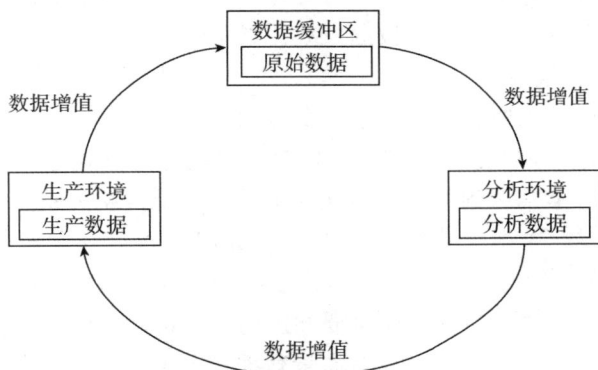

图 2.8　数据流动与增值

2.2　关系型数据库

数据库技术从诞生到现在，产品越来越丰富，应用领域越来越广泛，但关系型数据库及关系型数据库管理系统依然是现代数据库产品的核心。

2.2.1　关系型数据库概述

1970 年 IBM 公司的研究员 Edgar F. Codd 在 *Communications of the ACM* 上发表了题为 *A Relational Model of Data for Large Shared Data Banks*(《大型共享数据库的关系数据模型》)

的论文，提出了关系数据模型的概念，开创了关系型数据库方法，为关系型数据库技术奠定了理论基础。

关系型数据库是指采用了关系模型来组织数据的数据库。关系模型用二维表描述实体与实体之间的联系。实体是客观存在并可相互区分的事物。在关系模型中，把二维表称为关系。表中的列称为属性，列中的值取自相应的域(domain)，域是属性所有可能取值的集合。表中的一行称为一个元组(tuple)，元组用关键字(keyword)标识。在当时，也有一些人认为关系模型仅仅是一种理想化的数据模型，不可能用它来实现具有高查询效率的数据库管理系统。1974 年，数据库界开展了一场支持和反对关系型数据库的大辩论，这场论战吸引了更多的公司和研究机构对关系型数据库原型进行研究，并不断推出研究成果。现在主流的关系型数据库有 Oracle、MySQL、Microsoft SQL Server、PostgreSQL、IBM Db2 和 SQLLite 等。

1) 关系型数据库的优点

关系型数据库从产生到现在，应用依然非常广泛，其优点体现在如下三个方面。

(1) 容易理解。关系型数据库的表、行及字段建立都需要预先严格定义，并进行相关属性约束。二维表的结构非常贴近现实，容易理解。

(2) 使用方便。采用 SQL 技术标准，通用的 SQL 语句使得操作关系型数据库非常方便。

(3) 易于维护。关系型数据库的 ACID 属性，即原子性(atomicity)、一致性(consistency)、隔离性(isolation)和持久性(durability)。它们共同确保了数据库事务的可靠性和数据的完整性，大大降低了数据冗余和数据不一致的概率，易于维护。

2) 关系型数据库的瓶颈

关系型数据库的瓶颈主要表现在以下两个方面。

(1) 高并发性。高并发性是指系统能够同时处理大量用户请求的能力。许多网站对并发读写能力要求极高，常常达到每秒上万次的请求。对于传统关系型数据库，尤其是基于传统机械硬盘的读写是一个很大的挑战，已经无法应对。

(2) 高扩展性和高可用性。高扩展性是指系统能够通过增加资源来应对不断增长的数据量和用户请求的能力。关系型数据库主要通过增加单机硬件资源(如 CPU、内存、存储)来实现扩展，但单机资源有限，难以应对海量数据和高并发请求。关系型数据库的水平扩展(即分布式扩展)较为复杂，尤其是在保证数据一致性和事务 ACID 特性的情况下。所以，当数据量和用户请求增长时，关系型数据库系统性能可能急剧下降。高可用性是指系统在出现故障时继续提供服务的能力。关系型数据库通常采用单机或主从架构，存在单点故障风险，影响系统可用性。

2.2.2　关系型数据库管理系统

关系型数据库管理系统(relational database management system，RDBMS)用于建立、使用和维护关系型数据库。它对关系型数据库进行统一的管理和控制，以保证关系型数据库的安全性和完整性。在一个关系型数据库管理系统中，可以有多个关系型数据库。用户可通过 RDBMS 访问关系型数据库中的数据，数据库管理员也可通过 RDBMS 进行数据库的维护工作。它可以用于多个不同的应用系统，允许多个不同的应用系统和用户同时或不同时去建立、修改和访问。

关系型数据库管理系统、关系型数据库和关系型数据库应用系统之间的关系如图2.9所示。

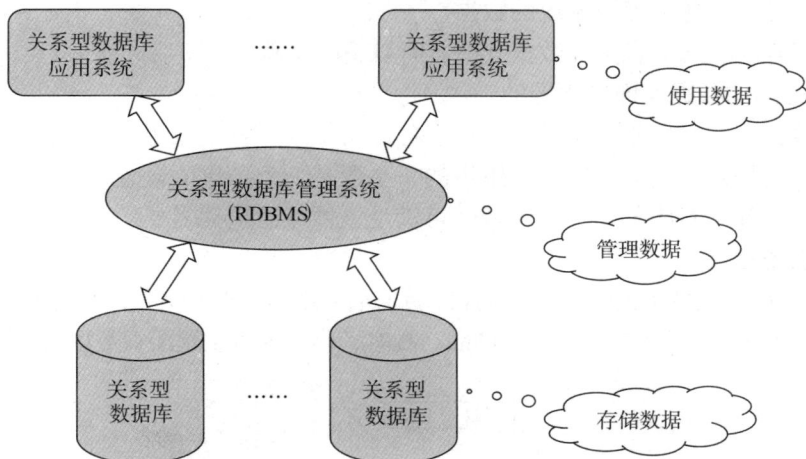

图 2.9　关系型数据库管理系统、关系型数据库和关系型数据库应用系统之间的关系

2.3　传统数据仓库

传统数据仓库(traditional data warehouse)是基于关系型数据库管理系统(RDBMS)构建的，用于整合、存储和分析来自不同数据源的大规模历史数据的系统。它的核心目标是支持决策制定过程，通常用于商务智能(BI)、OLAP 与数据挖掘等，如图 2.10 所示。为行文简洁，本节下文提到的"数据仓库"均指"传统数据仓库"。

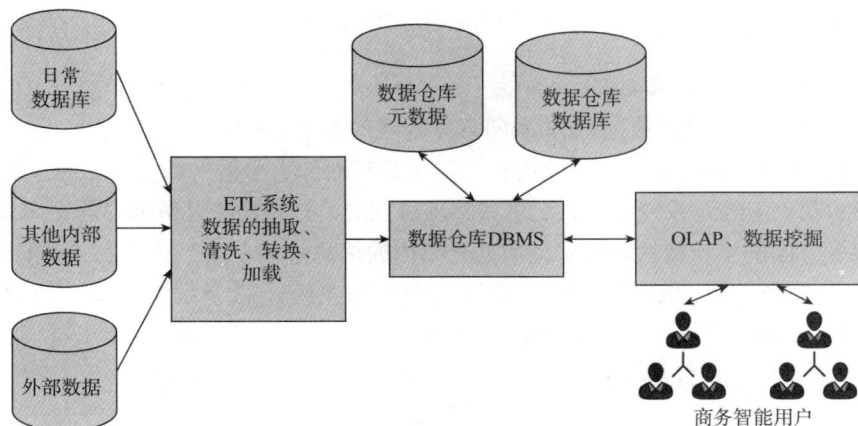

图 2.10　数据仓库与数据挖掘

2.3.1　概念与特点

著名的数据仓库专家 W. H. Inmon 提出：数据仓库(data warehouse)是一个面向主题的

(subject oriented)、集成的(integrate)、随时间变化的(time variant)、非易失的(non-volatile)的数据集合,用于支持管理决策。数据仓库也被称为"事实的唯一版本",反映的是整个企业的数据,而不是企业各个应用系统的数据。

根据数据仓库概念的含义,数据仓库具有以下 4 个特点。

1) 数据仓库的数据是面向主题的

操作型数据库的数据是面向事务处理任务而组织的,各个应用系统之间分离,而数据仓库中的数据是按照一定的主题进行组织的。主题是一个抽象的概念,是用户所要分析的对象,每个主题基本对应一个分析领域,可满足该领域的决策需要。一个主题通常与多个操作型信息系统相关。

例如,某商场按业务已建立采购、销售、库存管理和人事管理等应用信息系统,如果要构建数据仓库,则可以按分析对象,面向商品、顾客、供应商等主题组织数据,如图 2.11 所示。

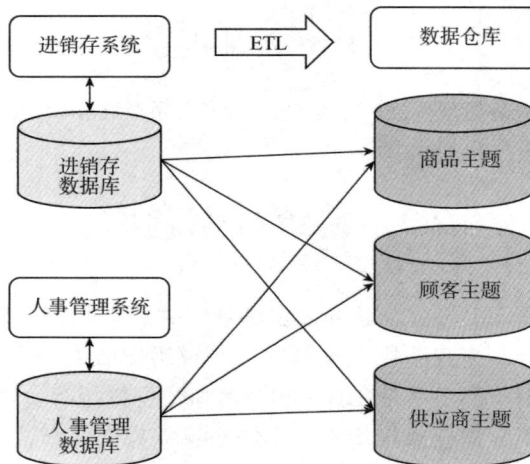

图 2.11　面向主题组织的数据示例

2) 数据仓库的数据是集成的

集成的是指将多个异构数据源(如面向事务处理的多个不同操作型数据库、企业内外部的数据文件等)按不同主题进行集成。数据仓库数据是在对原有分散的数据库数据、数据文件等抽取、清理的基础上经过系统加工、汇总和整理得到的,必须消除源数据中的命名规则、编码及度量单位等方面的不一致性,以保证数据仓库内的信息是关于整个企业的一致的全局信息。

例如,电信企业有 CRM、计费、结算三个应用系统,三个系统中性别的取值分别如图 2.12 所示,集成后统一为 m、f,保存在数据仓库中。

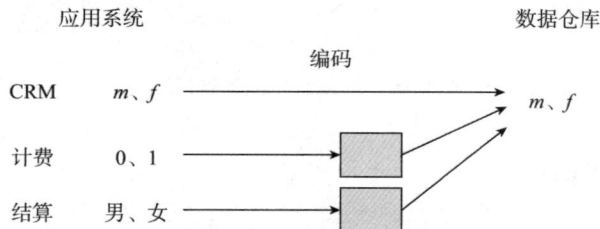

图 2.12　数据集成示例

3) 数据仓库的数据是随时间变化的

数据仓库的数据主要供企业决策分析之用，数据横跨较长的时间段，数据结构中包含时间维度，隐式或显式地包含时间元素。每隔一段时间，企业要将日常事务处理系统新产生的数据追加到数据仓库。追加的频率一般根据使用者的要求来决定。

4) 数据仓库的数据是非易失的

非易失是指数据仓库和面向事务处理的操作型数据库完全物理隔离，数据仓库不需要事务处理、恢复和并发控制机制。数据初始化载入数据仓库后，一般不允许修改、插入或删除，只允许访问，用于查询，如图 2.13 所示。

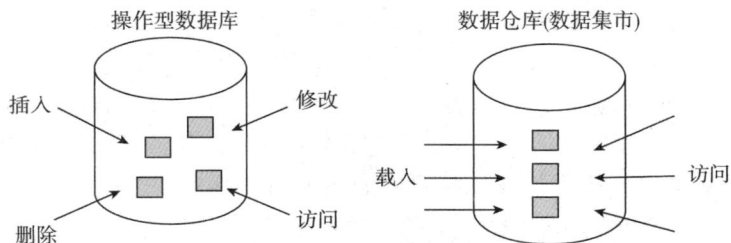

图 2.13 数据非易失

2.3.2 数据集市

数据集市(data mart)是数据仓库的一个子集，遵循数据仓库的 4 个特点。数据仓库是相对于整个企业而言的，集成的是整个企业的数据；而数据集市是相对于部门或主题而言的，集成的是面向主题或面向部门的数据。数据集市的集合可以组成一个企业数据仓库，一个数据仓库也可以分解成几个数据集市。

如图 2.14 所示，数据集市可以分为从属数据集市与独立数据集市两种。

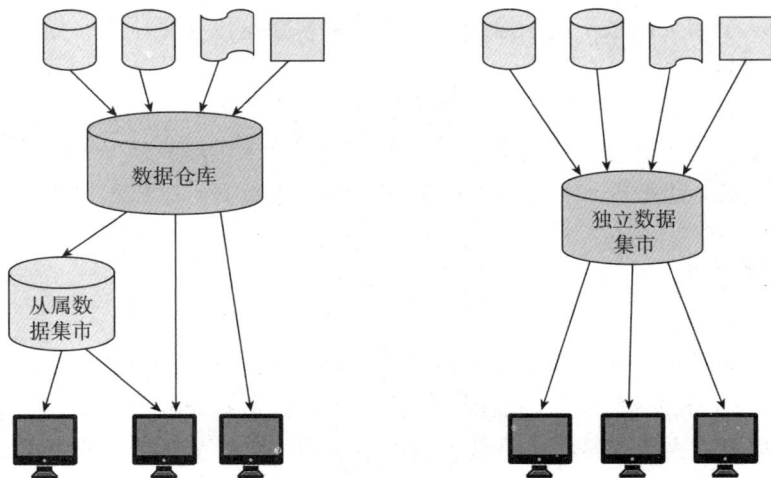

图 2.14 从属数据集市与独立数据集市

从物理结构看，数据集市可以存放在不是物理上独立的数据仓库中。但是在大部分情况下，数据集市是物理上独立的数据存储，它通常被部署在局域网一个单独的数据库服务器上，专门为某一类用户服务。

2.3.3 元数据与数据粒度

1. 元数据

元数据是描述数据的数据。在数据仓库中，元数据用于描述数据仓库内数据的结构、位置和建立方法等。我们可以通过元数据实现对数据仓库的管理和使用。

从用户的角度看，可以把元数据分为技术元数据和业务元数据。技术元数据主要为数据仓库的开发人员和管理维护人员服务，是用于分析、设计、开发和管理数据仓库等的与技术关系密切相关的元数据，如对数据仓库结构的描述、不同数据源和数据仓库之间映射和依赖关系的描述、管理权限的描述等。业务元数据提供对业务数据的描述，主要为数据仓库的最终用户服务，使不懂计算机技术的业务人员能够理解数据的含义，如业务术语、企业数据概念模型和逻辑模型及数据含义等，从而正确、有效地使用数据仓库中的数据进行分析。

元数据在数据分析中扮演多重角色，它不仅帮助用户理解和使用数据，还能确保数据的质量、一致性和合规性。通过提供关于数据来源、格式、结构、历史和质量的详细信息，元数据为数据分析、数据治理、合规性和智能化分析等提供了强大的支持，不仅提升了数据的可用性和价值，还帮助企业在复杂的决策过程中做出更准确的分析和判断。

2. 数据粒度

在数据仓库中，数据粒度用于度量数据单元的详细程度和级别。数据越详细，其粒度越小，级别也越低；数据越综合，其粒度越大，级别也越高。如对于一家跨国企业的数据仓库，从时间上，按不同年份统计汇总的销售数据比按不同季度统计汇总的销售数据粒度大、级别高；从空间上，按不同国家统计汇总的销售数据比按不同省份统计汇总的销售数据粒度大、级别高。

粒度的大小影响存放在数据仓库中的数据量的大小，同时影响数据仓库所能回答查询问题的详细程度。为了适应不同查询的需要，在数据仓库中经常建立多重粒度的数据，如按周综合的轻度综合级数据和按年度综合的高度综合级数据。

2.3.4 逻辑模型

关系型数据库基于实体—联系数据模型，一般采用二维表的形式来表示数据，两个维度即为行和列，行列的交叉项即为数据元素。最流行的数据仓库的数据模型是多维数据模型，传统的数据仓库大多是基于关系型数据库搭建的，如在 Windows 服务器平台上，选用 SQL Server、Oracle、DB2 或 MySQL 数据库中的一种或几种搭建。基于关系型数据库搭建的数据仓库扩展了关系型数据库模型，以星形模型为主要结构方式，并在此基础上扩展出雪花形模型和星座模型。学习和了解数据仓库的逻辑模型是了解和熟悉相关业务数据用于分析的最好途径。

　　不管是哪一种模型，事实表和维度表是其基本组成要素，多个维度表即体现了其多维性。事实表主要包含描述特定商业事件的度量值，如销售量、销售额等。最常见的度量值为可加型数据，即可以按照与事实表关联的任意维度汇总；也可以是半可加型，即只能对某些维度汇总，而不能对所有维度汇总；甚至是完全不可加型，如单价。维度是人们观察数据的特定角度，如企业从时间的角度来观察产品的销售，时间就是一个维度，称为时间维。维度是属性的组合，属性是查询约束条件、分组和生成报表标签的基本来源。每一个维度表都有一个主键与事实表相关联，维度表中的主键即为事实表中的外键。

1. 星形模型

　　数据仓库中最常见的多维模型为星形模型，通常包括一个大的高度规范化的事实表和多个允许非规范化的维度表。星形模型以事实表为核心，维度表只与事实表关联，维度表之间没有联系。

　　图 2.15 是一个关于"销售"主题的星形模型，包含一个销售事实表和时间、商品、客户和地点 4 个维度表。销售事实表中包含 4 个外键(即 4 个维度表的主键)和两个度量值(销售量和销售额)。通过 4 个外键，将事实表和维度表关联在一起，形成了星形模型。基于该星形模型，可以方便、高效地查询不同维度组合的销售量或销售额，完全用二维关系表实现了数据的多维表示。

　　星形模型的主要数据都存在于事实表中，维度表一般都比较小，与事实表进行连接查询时效率较高，而且星形模型比较直观，易于理解，对于非计算机专业的用户而言，容易实现各种维度组合的查询。

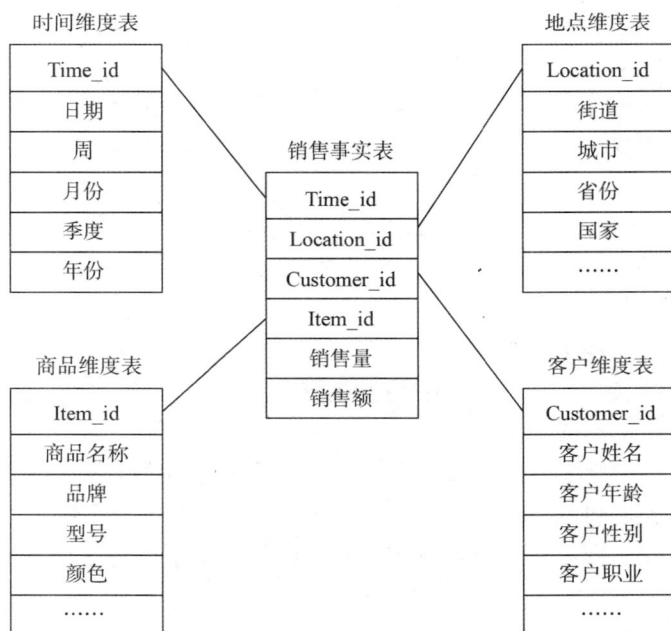

图 2.15　星形模型

2. 雪花模型

雪花模型是对星形模型的扩展，每一个维度表都可以连接多个详细类别表，使星形模型中非规范化的维度表进一步规范化。雪花模型通过把多个较小的规范化表联合在一起来改善查询性能，提高数据仓库应用的灵活性。

图 2.15 所示的星形模型中，每个维只用一个维度表来表示，每个维度表包含一组属性。如地点维包含主键 Location_id 及街道、城市、省份和国家，这种模式下，地点维度表会存在某些冗余，是非规范化的表，如可能存在两条记录：

1001，文一路 121 号，杭州，浙江，中国

1002，文三路 288 号，杭州，浙江，中国

从以上两条记录可以看到，"城市""省份"和"国家"字段存在数据冗余，可以对地点维度表进一步规范化，即创建一个城市维度表，通过主键 City_id 与地点维度表相关联，City_id 同时作为地点维度表的外键。如图 2.16 所示，这样就形成了关于"销售"的雪花模型。

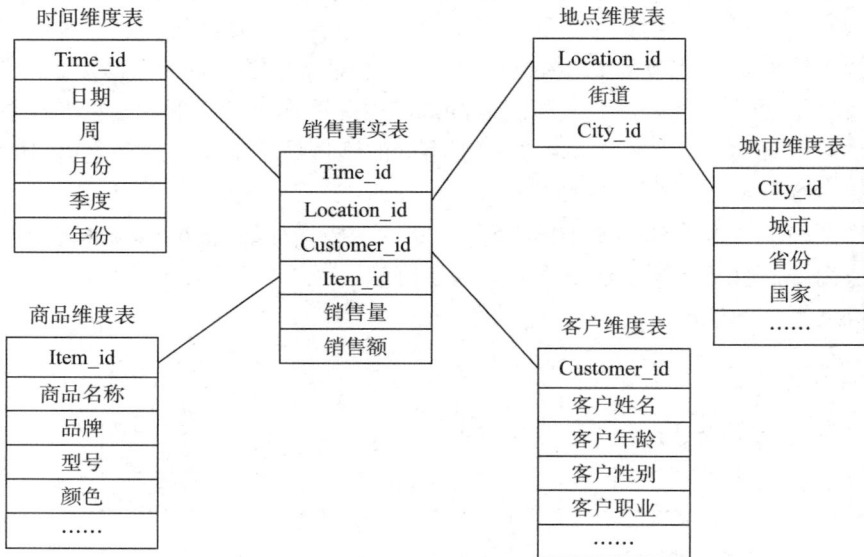

图 2.16　雪花模型

3. 星座模型

一般情况下，一个星形模型或者一个雪花模型对应一个主题，它们都有多个维度表，但是通常只有一个事实表。在一个多主题的数据仓库中，存在多个事实表共享某一个或多个维度表的情况，这就形成星座模型。

例如，在图 2.15 星形模型的基础上增加一个采购分析主题，采购事实表包含 4 个外键(即时间、商品、地点和供应商 4 个维度表的主键)和两个度量值"采购量""采购额"。其中，两个事实表共享时间、商品和地点维度表，对应的星座模型如图 2.17 所示。

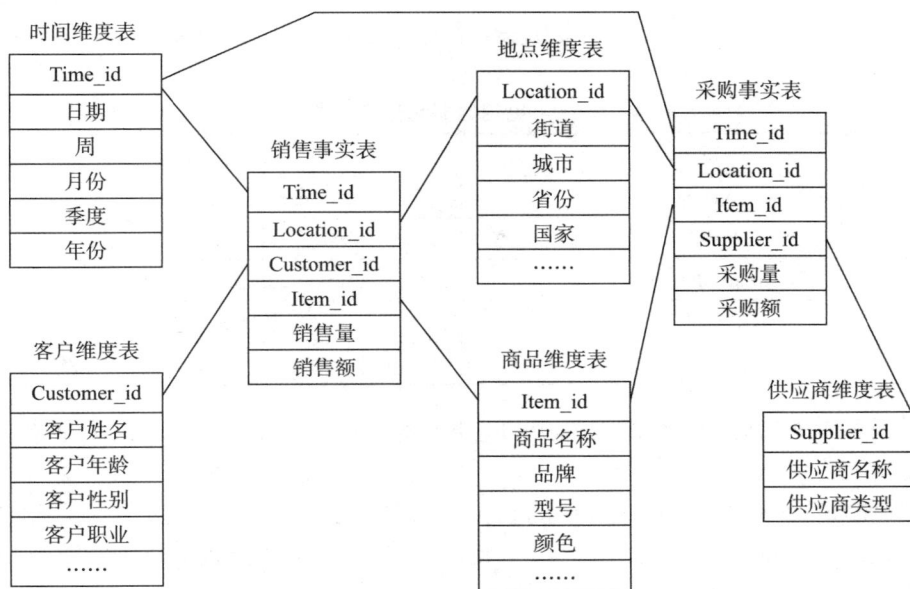

图 2.17 星座模型

2.4 NoSQL 数据库

以互联网业务应用为主的海量数据存储和使用问题的出现,推动了非关系型数据库技术的发展。NoSQL 即 Not Only SQL,是对非关系型数据库的泛称。NoSQL 没有采用统一的技术标准来定义和操作数据库,以分布式的数据处理技术为主。从数据存储类型看,目前流行的 NoSQL 数据库主要为键值数据库、文档数据库、列族数据库和图数据库 4 种模式。

2.4.1 键值数据库

键值数据库(key-value database)是一类采用键值存储模式,结合内存处理为主的 NoSQL 数据库。Redis(remote dictionary server)是广受欢迎的键值数据库,其主要适用于少量数据存储、高速读写访问的应用场景。

1. 键值数据库的存储模式

键值数据库不要求预先定义数据类型。如表 2.2 所示,键值数据库数据存储的基本结构为键(key)和值(value)。每个键是唯一的,用于快速检索对应的值,值可以是任意类型的数据,如字符串、数字、JSON、列表、哈希等。

键不仅起到唯一索引的作用,还可以通过设计键的内容来记录额外的信息。这种设计使得键本身可以携带一定的语义信息,从而简化数据模型或提高查询效率。如表 2.2 中,"中国:杭州"起到记录西湖所在城市信息的作用。键的内容不是越详细越好,因为更多的内容会占用更多的内存,从而影响运行性能。但也不是越短越好,如"B:n"不如"Book:name"

直观。在同一类数据集合中，键命名规则最好统一，易于理解，如"Book:name""Book:price"
"Book:id"等。

表 2.2　键值数据库存储模式

键	值
Book:name	数据挖掘与机器学习
中国：杭州	西湖
Address:redis	https://redis.io/
UserID: 0101	{"姓名": "Alice"，"年龄": 25}
user:1:orders	[{"order_id": 101，"total": 100}]

值对应键相关的内容，通过键来获取。不同的键值数据库对值的格式、存储方式和操
作具有不同的约束。

键和值的组合形成了键值对(key-value pair)，它们之间是一一映射的关系，如"中国：
杭州"只能指向"西湖"，而不能指向其他。键值对构成的数据集合称为命名空间(namespace)，
通常由一类键值对数据构成一个集合。

2. 键值数据库的特点

键值数据库具有以下特点。

(1) 简单、快速。数据存储结构简单，只有键和值，且成对出现。基于内存处理数
据，相对于硬盘低效的读写能力，其具有更快的速度，足以应对一秒内几百万次的网页
访问量。

(2) 分布式处理。分布式处理技术使其具备处理大数据的能力，可以把 PB 级的数据分
布到多台服务器的内存进行计算。

(3) 灵活的应用场景。由于数据模型的简单性和灵活性，键值数据库可以应用于缓
存、会话管理、分布式锁、消息队列、计数器、排行榜、用户会话、临时数据存储等多
种场景。

(4) 对值的查找功能很弱。键值数据库是以键为主要对象进行各种操作，包括查找功
能，因此对值直接进行查找的功能很弱。

(5) 不易建立复杂关系。键值数据库不易建立传统关系型数据库多表关联那样的复杂
关系，只能进行两个数据集之间的有限计算。

(6) 容易出错。键值数据库使用弱存储模式，不需要预先定义键和值所存储的数据类
型。这种灵活性虽然带来了便利，但也可能导致在使用过程中更容易出错。

2.4.2　文档数据库

文档数据库通常以 XML、JSON 或 BSON(binary JSON)格式将半结构化的数据存储为
文档，以磁盘读写为主，实现分布式处理。MongoDB 是广受欢迎的文档数据库。

1. 文档数据库的存储模式

文档数据库的存储模式主要包括键值对、文档、集合和数据库 4 个基本要素。

1) 键值对

文档数据库数据存储的基本形式借用了键值对的形式，数据包括键和值两部分，根据不同文档类型，具体格式会有所不同。其中键是字段名称，值是对应的数据。键一般用字符串表示，值可以用多种数据类型表示，包括数字、字符串、逻辑值、日期、数组，甚至是文档，例如：{ "姓名": "李一", "年龄": 26 }，其中，"姓名" 和 "年龄" 是键，"李一"和 26 是值。

2) 文档

文档相当于关系型数据库的行，每个文档包含多个键值对，可以存储嵌套数据，如对象、数组等。以下是一个典型的 JSON 格式数据的文档。它展示了一个用户(李一)的详细信息，包括嵌套文档和数组。"地址"是一个嵌套的 JSON 对象，包含用户的地址信息，包括街道、城市与邮政编码。"订单"是一个数组，包含多个订单对象，每个订单对象包含订单编号与订单金额。

```
{
  "编号": 001,
  "姓名": "李一",
  "邮箱": "李一@example.com",
  "地址": {
    "街道": "何坊街",
    "城市": "杭州",
    "邮政编码": "310002"
  },
  "订单": [
    { "订单编号": 101, "订单金额": 150 },
    { "订单编号": 102, "订单金额": 210 }
  ]
}
```

3) 集合

集合相当于关系型数据库中的表，由若干个文档构成，一般将具有相关性的文档放在一个集合中。集合没有固定的结构，这意味着可以对集合插入不同格式和类型的数据。通常情况下，集合会根据业务逻辑组织数据，插入集合的数据都会有一定的相关性。为了便于操作，每个集合要有一个集合名，例如"用户集合""订单集合"等。在同一集合里，不同文档允许存在不同的键，即文档的结构可以不同。例如，以下用户集合包含两位用户文档，文档的结构不一致，"张简"文档中比"李一"文档中多了"邮箱"字段。

```
[
  { "姓名": "李一", "年龄": 26 },
  { "姓名": "张简", "年龄": 35, "邮箱": "张简@example.com" }
]
```

4) 数据库

数据库是文档、集合及相关的配置和权限设置的集合。一个文档数据库，包含若干个集合。一台服务器上允许存在多个文档数据库。在进行数据操作之前，必须指定数据库名。例如，假设文档所在集合名为 users，数据库名为 DB，我们想要读取用户李一的信息，操作代码如下：

```
>DB.users.find({"姓名":"李一"})
```

指定数据库名和集合名，该操作将会返回所有满足条件的文档。如果 users 集合中有多个文档的"姓名"字段值为"李一"，则这些文档都会被返回。

2. 文档数据库的特点

文档数据库具有以下特点。

(1) 简单、高效。文档数据库数据存储结构简单，没有传统关系型数据库的各种要求和约束，极大提高了大数据环境下的读写响应速度。其每秒写入数可以达到几万条到几十万条，每秒读出则可以达到几百万条，足以支持大部分高访问量的网站。

(2) 查询功能较强。文档数据库的查询功能较强，支持多种查询方式，包括精确匹配查询、条件查询、嵌套查询、数组查询、正则表达式查询、聚合查询、索引优化查询、地理空间查询等，极大提升了数据检索的灵活性和效率。相比关系型数据库，文档数据库的查询无须多表关联(JOIN)，更加高效，特别适用于数据量大、高并发的应用。

(3) 分布式处理。文档数据库具备分布式处理功能，具有很强的扩展能力，可以轻松解决 PB 级甚至 EB 级的数据存储。

2.4.3　列族数据库

列族数据库以列族(column family)的方式组织和存储数据，广泛应用于大规模数据存储、实时分析和分布式计算。广受欢迎的列族数据库有 apache cassandra 和 HBase 等。

1. 列族数据库的存储模式

列族数据库的存储结构包括键空间(keyspace，适用于 apache cassandra)或命名空间(namespace，适用于 HBase)、行键、列族名、列名、时间戳。键空间或命名空间是一个逻辑容器，用于组织和管理表。它们类似于关系型数据库中的"数据库"概念，提供了一种逻辑隔离数据的方式。

在 Cassandra 中，使用 CQL(cassandra query language)命令，创建键空间(keyspace)和表(table)，如下所示。

```
-- 创建键空间
CREATE KEYSPACE my_keyspace
WITH replication = {'class': 'SimpleStrategy', 'replication_factor': 3};

-- 在键空间中创建表
CREATE TABLE my_keyspace.my_table (
    user_id UUID PRIMARY KEY,
    name TEXT,
    age INT
);
```

WITH replication 这部分定义了键空间的复制策略，SimpleStrategy 复制策略是 apache cassandra 的默认复制策略之一，主要用于只有一个数据中心(datacenter)的场景。在这种策略下，副本的数量由 replication_factor 参数决定。参数值为 3，意味着每个数据的副本将存储在 3 个不同的节点上，以提高数据的可用性和容错性。在 my_keyspace 键空间中创建一个名为 my_table 的表，定义了一个名为 user_id 的列，数据类型为 UUID(通用唯一识别码)，并将其设置为主键。在 Cassandra 中，主键用于数据的查找和定位。此外，还定义了两列，一列名为 name，数据类型为 TEXT，用于存储用户的姓名；另一列名为 age，数据类型为 INT，用于存储用户的年龄。

在 HBase 中，创建命名空间 my_namespace，并创建一个名为 my_table 的表，指定两个列族 cf1 和 cf2，如下所示。

```
# 创建命名空间
create_namespace 'my_namespace'

# 在命名空间中创建表
create 'my_namespace:my_table', 'cf1', 'cf2'
```

通过概念模型和物理模型，可以更好地理解列族数据库的存储模式。概念模型是从逻辑角度描述数据的结构和关系，帮助我们理解数据如何组织和访问。在表 2.3 所示的概念模型中，行键用于从逻辑上区分列族数据库中的不同行。表 2.3 中的数据有两行：0101 行和 0102 行。行键的作用与关系型数据库表的行主键作用相似，但列族数据库以列为单位存储，行是虚的，只存在逻辑关系。

列的每个值都具有时间戳，在写入数据时自动记录。表 2.3 中，Account Info:balance 列有两个时间版本 T3 和 T2，在读取数据时，默认读取最新版本。

列族是若干个列的集合。关系密切的列可以放在一个列族里，由此提高查询的速度。每个列族可以随意增加列，表 2.3 中，Basic Info 列族的三个列分别为 name、gender 和 age。

表2.3　列族数据库的概念模型

行键	时间戳	列族 Basic Info	列族 Account Info
0101	T8	Basic Info:name=Kevin	
0101	T6	Basic Info:gender=male	
0101	T5	Basic Info:age=27	
0101	T3		Account Info:balance=666
0101	T2		Account Info:balance=88
0102	T7	Basic Info:name=Lily	

虽然概念模型可以看成一个稀疏的行的集合，但在物理上，是按列族分列存储的，所以列可以随时添加。列族 Basic Info 的物理模型和列族 Account Info 的物理模型如表 2.4 和表 2.5 所示。

表2.4　列族 Basic Info 的物理模型

行键	时间戳	列族 Basic Info
0101	T8	Basic Info:name=Kevin
0101	T6	Basic Info:gender=male

续表

行键	时间戳	列族 Basic Info
0101	T5	Basic Info:age=27
0102	T7	Basic Info:name=Lily

表 2.5　列族 Account Info 的物理模型

行键	时间戳	列族 Account Info
0101	T3	Account Info:balance=666
0101	T2	Account Info:balance=88

2. 列族数据库的特点

列族数据库具有以下特点。

(1) 存储模式相对复杂。需预先定义键空间或命名空间、行键、列族,列无须预先定义,可随时增加。数据存储模式相对键值数据库和文档数据库要复杂。

(2) 高并发、高扩展性和高可用性。列族数据库擅长大数据处理,具备高密集写入能力,许多列族数据库都能达到每秒百万次的并发处理能力;擅长 PB 级甚至 EB 级的数据存储及千台或万台级别的服务器分布式存储管理,体现了较好的高扩展性和高可用性。

(3) 管理复杂。在大数据环境下,列族数据库的管理更为复杂,必须依赖各种高效的管理工具来实现系统的正常运行。

(4) 查询功能丰富,易于进行大数据分析。列族数据库的查询功能相对丰富。Hadoop 生态系统为基于列族的大数据分析提供了各种工具,包括用于 ETL 的 Flume、Sqoop、Pig;用于统计分析、机器学习、数据挖掘及大数据分析的 R、Mahout、MapReduce 和 Spark 等。

2.4.4　图数据库

图数据库是一种专门用于存储、管理和查询图结构数据的数据库。它以节点(node)、边(edge)和属性(property)作为基本的数据模型,适用于处理具有复杂关系和高度关联性的数据,如社交网络、推荐引擎、知识图谱、通信和物流数据等。Neo4j 是广受欢迎的图数据库。

1. 图数据库的存储模式

图数据库的存储模式主要包括 4 个基本要素:节点、边、属性和标签,如图 2.18 所示。

1) 节点

节点是图数据库中主要的数据元素,代表事物实体,类似于关系型数据库中表的记录(行)。节点可以是人、书、城市、网站等任何实体。节点通过边连接到其他节点。图 2.18 有 4 个节点:一个作者节点,两个读者节点和一个书节点。

2) 边

边用于连接两个节点,表示两个节点即两个实体间的关系。边不受方向限制,可以双向通行的边为无向边,图 2.18 中连接两位读者节点之间的边,表示互为朋友关系。带有箭头指向的边为有向边，图 2.18 中连接作者节点和书节点的边，由作者节点指向书节点，表示创作关系。一个节点可以有多条边。

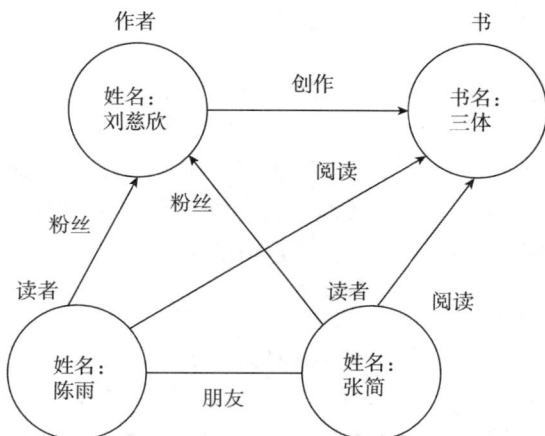

图 2.18　图结构的数据模型

3) 属性

属性体现为键值对的形式，类似于关系型数据库的字段。节点和边都可以有一个或多个属性，用于描述节点或边的特征。图 2.18 中 4 个节点，有姓名与书名两个属性。属性可以被索引和约束，也可以由多个属性创建复合索引。

4) 标签

标签用于对节点进行分组，在图 2.18 中，通过标签把节点分为作者、读者和书三类。一个节点可以有多个标签，可以通过对标签进行索引在图中查找节点。

2. 图数据库的特点

图数据库具有以下特点。

(1) 直观、高效。图数据库基于图的方式表示实体间的关系，非常直观。数据结构灵活、可扩展性好，可以较高速度持续插入大量数据。

(2) 便于查询。图数据库提供了用于图检索的查询语言，如 Cypher、Gremlin 等图数据库语言，可以很高效地查询关联数据。

(3) 易于分析。不少图数据库提供了数据批量导入工具，专业的分析算法工具(如 ShortestPath、PageRank、PersonalRank 等)，以及可视化的图显示界面，不仅易于对图数据进行分析，而且能更加直观地展示分析结果。

2.5　大数据平台

大数据平台是一个用于采集、存储、处理、分析和管理海量数据的技术架构和工具集合。它通过分布式存储、分布式计算等，提供批量处理(batch processing)和实时处理(stream processing)的能力，帮助企业或机构挖掘数据价值，实现高效计算、实时分析和智能决策。

随着技术的不断发展，大数据平台也在不断演进，越来越多的新技术和工具被引入，以满足不断增长的数据处理需求。以下主要介绍当下大数据平台中数据采集层、数据存储层及数据处理与分析层的常用工具和技术。

2.5.1　数据采集层

数据采集层是大数据平台的入口，负责从各种数据源(如数据库、日志文件、传感器、社交媒体等)收集数据，并将其导入大数据平台中进行存储和处理。数据采集可以分为批量采集和流式采集两种方式，分别适用于不同的场景和需求。

1. 批量采集

批量采集是指定期或按需从数据源中提取大量数据，并将其导入大数据平台。这种方式适合处理历史数据或不需要实时处理的场景，具有以下特点。

(1) 周期性：按固定时间间隔(如每天、每小时)进行数据采集。

(2) 高吞吐量：适合一次性导入大量数据。

(3) 离线处理：数据采集完成后，再进行后续处理和分析。

批量采集常用工具包括 Sqoop、DataX 等，适用于数据库迁移、历史数据归档、数据仓库构建等场景。

Sqoop 即 SQL 到 Hadoop 和 Hadoop 到 SQL，是 Apache 旗下一款 Hadoop 和关系型数据库服务器之间传送数据的工具。它专为大数据批量传输设计，能够分割数据集并创建 Hadoop 任务来处理每个区块，支持全量导入和增量导入。

如图 2.19 所示，Sqoop 可以将关系型数据库(如 PostgreSQL、MySQL、SQL Server、Oracle、DB2 等)中的数据导入 Hadoop 的 HDFS 中，也可以将 HDFS 的数据导出到关系型数据库中。对于某些 NoSQL 数据库，它也提供了连接器。

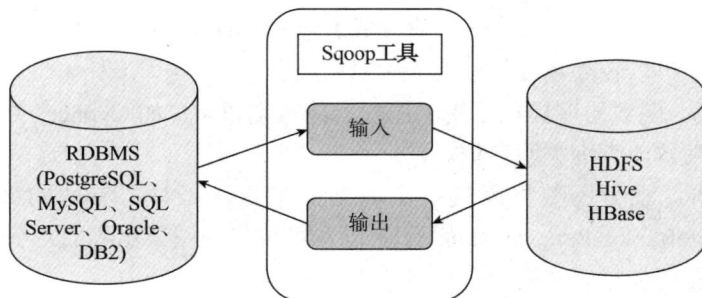

图 2.19　Sqoop 工作流程

DataX 是阿里巴巴开源的离线数据同步工具，支持关系型数据库(MySQL、Oracle 等)、HDFS、Hive、ODPS、HBase、FTP 等多种异构数据源之间的数据传输。DataX 本身作为离线数据同步框架，采用"Framework + plugin"架构构建，将数据源读取和写入抽象成为 Reader/Writer 插件，纳入整个同步框架。如图 2.20 所示，Reader 为数据采集模块，负责采集数据源的数据，将数据发送给 Framework。Writer 为数据写入模块，负责不断从 Framework

接收数据,并将数据写入目的端。Framework 用于连接 reader 和 writer,作为两者的数据传输通道,处理缓冲、流控、并发、数据转换等核心技术问题。

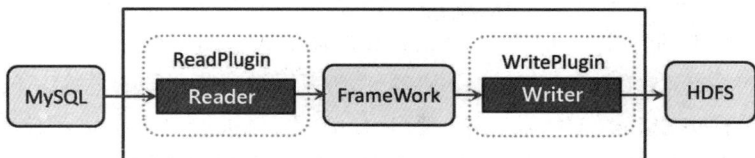

图 2.20　DataX

2. 流式采集

流式采集是指实时从数据源中收集数据,并将其传输到大数据平台进行处理。这种方式适合处理实时数据流(如日志、传感器数据、交易数据),具有以下特点。

(1) 实时性:数据采集和处理几乎是同时进行的。

(2) 低延迟:适合需要快速响应的场景。

(3) 持续数据流:数据源不断生成数据,采集工具需要持续处理。

流式采集常用工具包括 Flume、Kafka 等,适用于实时日志采集、交易流监控、物联网设备数据采集等场景。

Flume 是一个分布式日志数据收集系统,由 Cloudera 公司于 2009 年赠与 Apache 软件基金会。如图 2.21 所示,Flume 可以高效率地收集多个网站服务器中的日志数据,集中存入 HDFS、HBase、Kafka 等数据接收端。除了日志数据,Flume 也可以用于收集规模宏大的社交网络节点事件数据,如微信、抖音等。Flume 主要属于流式采集工具,但它也可以支持近实时的小批量采集。

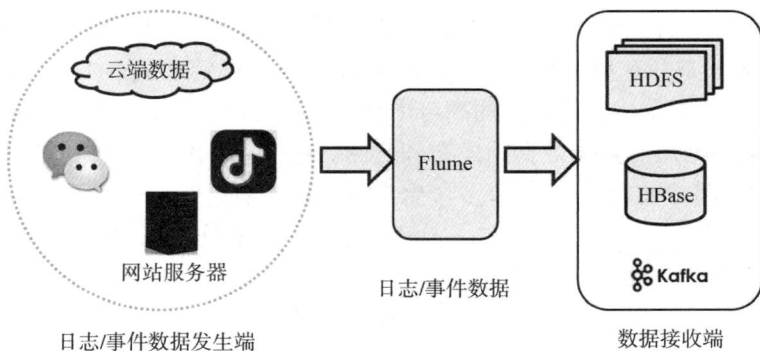

图 2.21　Flume

Flume 的核心概念包括 Source(源)、Channel(通道)、Sink(接收端)三个主要组件及 Agent (代理)和 Event(事件)。Source 是数据的输入端,负责从外部系统(如 Web 服务器、应用、日志文件等)采集数据并传送到 Flume。Flume 支持多种 Source 类型,包括 AvroSource(通过 Avro 协议接收数据)、SyslogSource(从 Syslog 获取日志)、NetcatSource(通过网络 TCP/UDP 接收数据)、ExecSource(通过执行外部命令收集数据)等。Channel 是 Flume 的数据存储和传输媒介,负责暂时存储来自 Source 的数据,并确保数据能够可靠传输到 Sink。Channel 在传输过程中确保数据的一致性和顺序性。Flume 支持多种 Channel 类型，包括 MemoryChannel(将数据保存在内存中，适用于对性能要求高的场景)、FileChannel(将数据保存在本地文件中，适用于对数据持久性要求较高的场景)、KafkaChannel(将数据通过 Kafka 通道传输，适用于 Kafka 系统中的流数据)。Sink 是 Flume 数据流的输出端，负责将从 Channel 中获取的数据写入指定的系统(如 HDFS、HBase、Kafka 等)进行进一步处理或存储。Flume 支持多种 Sink 类型，包括 HDFSSink、HBaseSink、KafkaSink 等。Agent 是 Flume 架构中的基本单元，通常运行在一个单独的进程中。每个 Agent 负责数据的收集、传输和存储。一个 Flume Agent 由 Source、Channel 和 Sink 三个主要部分组成。Event 是 Flume 数据传输的基本单位，通常是一个日志条目或一条记录。每个 Event 包含 Body(实际的数据，如日志行、事件消息等)和 Headers(与数据相关的元数据，如时间戳、来源信息等)。

在实际生产环境中，Flume 支持多 Agent 的分布式部署，并且每个 Agent 可以配置多个 Source、Channel 和 Sink，以处理来自不同来源的数据流。通过将多个 Agent 协同工作，Flume 能够灵活地进行数据流的处理和转发，适合大规模数据采集和实时数据传输场景。

Kafka 是一个分布式流处理平台，用于实时数据采集、传输和处理，最初由 LinkedIn 开发，并于 2011 年开源后捐赠给 Apache 基金会。Kafka 作为数据采集层的核心部分，提供了一个可靠的、分布式的消息系统，用来高效地接收、存储和转发大规模的实时数据流。

Kafka 的核心概念包括 Producer(生产者)、Consumer(消费者)、Broker(代理)、Topic(主题)和 Partition(分区)。Producer 是 Kafka 数据流的起点，负责将数据发布到 Kafka 的 Topic 中，如图 2.22 所示。数据以消息(Message)的形式发送，每条消息包含一个键(Key)、值(Value)和可选的时间戳(Timestamp)。在 Kafka 中，时间戳是消息的一个可选字段，而不是强制要求的。这种设计是为了提供灵活性，适应不同的使用场景和需求。消费者是从 Kafka 主题读取消息的应用程序，可以是数据处理系统、数据分析工具等。Broker 负责接收来自生产者的数据并将其存储到磁盘，同时处理来自消费者的数据请求。Kafka 集群由多个 Broker 组成，每个 Broker 是一个独立的服务器。每个 Broker 可以管理多个 Topic 和 Partition，并与其他 Broker 协同工作，确保数据的高可用性和负载均衡。Topic 是数据流的分类单位，用于组织和管理数据流，方便数据的发布和订阅。生产者将数据发布到 Topic，消费者从 Topic 订阅数据。每个 Topic 可以有多个生产者和消费者，Topic 是逻辑上的数据分类。Partition 是 Topic 的物理分片，每个 Topic 可以分为多个 Partition，每个 Partition 是一个有序的、不可变的消息序列，消息在 Partition 内按顺序存储。不同 Partition 之间的消息是无序的，多个 Partition 可以并行处理，提高吞吐量和处理能力。通过增加 Partition 的数量，Kafka 可以水平扩展，支持更大的数据量和更高的并发。

Kafka 的典型应用场景有以下几个。

(1) 实时日志收集与分析：使用 Kafka 采集服务器日志数据，并分发给下游系统，如 Elasticsearch、Spark Streaming 等，实时分析系统状态和性能，检测异常请求。

(2) 用户行为分析与实时推荐：使用 Kafka 采集用户行为数据，如点击、浏览、购买等，并将其传输给流处理框架(如 Flink、Spark Streaming)进行分析，实时生成用户画像和推荐。

(3) 金融风控与欺诈检测：使用 Kafka 实时监控交易数据，并将其传输给流处理框架进行实时分析和规则匹配，检测异常行为或欺诈，并触发告警。

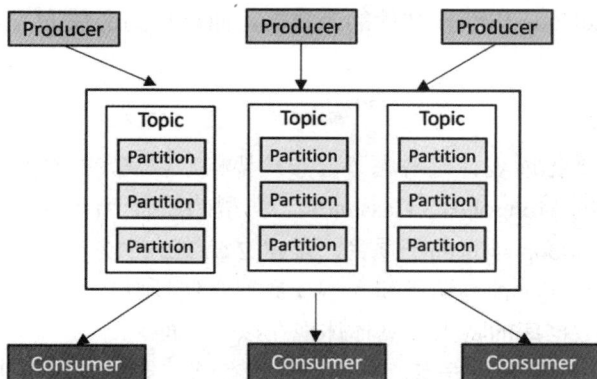

图 2.22　Kafka Cluster

(4) 物联网数据采集与监控：使用 Kafka 从物联网设备(如传感器、智能设备)实时采集数据，并分发给下游系统(如 Flink 进行实时流处理、InfluxDB 存储时序数据、Grafana 实现可视化监控)，实时监控设备状态和性能，同时支持告警系统和机器学习平台进行异常检测和预测分析。

(5) 社交媒体舆情分析：使用 Kafka 实时接收社交媒体数据，并将其传输给流处理框架(如 Flink)，实时分析热门话题和用户情绪，了解舆情和趋势。

(6) 数据仓库与数据湖集成：将数据从源系统(如数据库、应用程序)实时传输到数据仓库或数据湖，供后续批处理分析。

2.5.2　数据存储层

数据存储层是大数据平台的核心组成部分，负责存储海量数据，并提供高效、可靠的数据访问和管理能力。数据存储层的设计直接影响大数据平台的性能、可扩展性和可靠性，业界采用了多种技术来满足不同的存储需求。这些技术涵盖了分布式文件系统、分布式数据库和对象存储等领域。

1. 分布式文件系统

分布式文件系统是一种允许多个计算机节点在网络上共享存储资源的系统，使得存储数据可以跨多个服务器进行管理和访问。典型的技术有 HDFS(Hadoop Distributed File System)。

HDFS 分布式文件系统是 Apache Hadoop 的核心子项目，类似于 FAT 32 和 NTFS，是一种底层的文件格式。HDFS 具有高容错、高吞吐量等特性，适合部署在低成本的硬件上，支持各种大规模数据集的应用。

HDFS 采用主/从(mater/slave)体系结构，从最终用户的角度来看，它就像传统的文件系统，可以通过目录路径对文件执行 CRUD(create、read、update 和 delete)操作。但由于分布式存储的性质，一个 HDFS 集群拥有一个 NameNode 和若干个 DataNode。NameNode 作为主服务器，不仅管理文件系统的命名空间和客户端对文件的访问操作，还管理集群的元数据。DataNode 存储实际的数据。客户端通过与 NameNode 和 DataNodes 的交互访问文件系统。客户端联系 NameNode 以获取文件的元数据，而真正的文件 I/O 操作直接和 DataNode 进行交互。

2. 分布式数据库

大多数 NoSQL 数据库设计时考虑了分布式架构，以满足大规模数据存储和高并发的需求。除了前文介绍的 MongoDB、Cassandra，典型的还有 Apache HBase。HBase(hadoop database)是 Apache Hadoop 项目的子项目，是建立在 HDFS 分布式文件存储系统之上的列族数据库，广泛应用于实时读写访问和大规模数据存储场景。

HBase 具备列族数据库的特点，具体体现在以下方面。

(1) HBase 是面向列族的数据库，数据按列族存储，支持按列族独立检索。

(2) 表可以非常大，一张表可以有上亿行、上百万列。每一行都有一个主键和任意多的列，列在理论上可以根据需要无限制扩展，同一张表中不同的行可以有不同的列。

(3) 对于为空(NULL)的列，不占用存储空间，因此，表可以设计得非常稀疏。

(4) 通过列(column)和行(row key)确定一个存储单元(cell)，每个存储单元数据类型单一，都是字符串。但每个单元中的数据可以有多个版本，版本通过时间戳来索引，默认情况下，时间戳由 HBase 在数据写入时自动赋值。每个单元中，不同版本的数据按时间戳倒序排列，即最新的数据排在最前面。

3. 对象存储

对象存储是一种用于存储大量非结构化数据的存储模型。它将数据以"对象"的形式进行存储，而不是传统的块存储(Block Storage)或文件存储(File Storage)。每个对象由数据本身(如文件、图片、视频等)、元数据(如创建时间、大小、标签等)和唯一标识符(如 Object ID)组成。桶是对象的逻辑容器，用于组织和管理对象。每个桶有唯一的名称，通常用于区分不同的项目或用户。对象存储采用扁平化的命名空间，对象通过唯一的 Object ID 访问，而非通过传统的文件路径访问，因此特别适合大数据环境中海量数据的存储需求。

在业内，Amazon S3(Simple Storage Service)是使用最广泛的对象存储服务。Amazon S3 是亚马逊云服务(AWS)提供的一种高度可扩展、高持久性的对象存储服务，是对象存储的行业标准。其提供多种存储类别(见表 2.6)以满足不同需求，被广泛应用于数据存储、备份、归档、大数据分析、多媒体存储等场景。

表 2.6　Amazon S3 的存储类别

存储类别	适用场景
S3 标准(S3 Standard)	高频访问的数据
S3 标准-低频访问(S3 Standard-IA)	不频繁访问但需要快速访问的数据
S3 单区-低频访问(S3 One Zone-IA)	不频繁访问且可以容忍单区故障的数据
S3 归档(S3 Glacier)	长期归档数据，访问频率极低
S3 智能分层(S3 Intelligent-Tiering)	访问模式不确定，可能会有高频和低频访问交替的情况
S3 深度归档(S3 Glacier Deep Archive)	长期归档数据，访问频率极低且恢复时间要求不严格

2.5.3　数据处理与分析层

数据处理与分析层是大数据平台中的核心部分，负责对存储的数据进行处理、分析并呈现可视化结果，以支持业务决策和数据驱动型应用。该层涵盖数据的批处理、流处理、分析建模及可视化呈现，确保数据从原始形态转换为有价值的洞察。

1. 批处理

批处理是一种针对大规模数据集的离线处理模式，通常用于定期执行数据清洗、转换、分析和存储等任务。批处理的特点是高吞吐、低实时性，适用于需要处理历史数据和大规模数据的应用场景。批处理的核心是分布式查询与计算引擎，主要包括 Hive、Hadoop MapReduce 与 Spark 等。

1) Hive

Hive 是一个基于 Hadoop 的数据仓库工具，可以将结构化的数据文件映射成表，并提供类 SQL(HQL)查询功能。Hive 默认将查询语句自动转化为 MapReduce 任务加以执行，同时支持 Tez 和 Spark 等执行引擎，适合大规模数据的批处理和分析。

Hive 体系结构如图 2.23 所示。

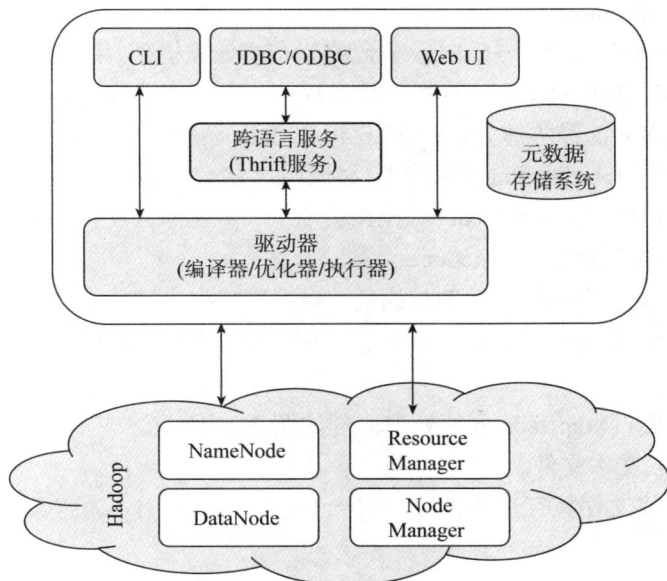

图 2.23　Hive 体系结构

(1) 用户接口。用户接口有 CLI(command line interface)、JDBC/ODBC、Web UI 等。

① CLI(command line interface)：shell 终端命令行接口，采用交互形式使用 Hive 命令行与 Hive 进行交互，是最常用的形式之一。

② JDBC/ODBC：Hive 支持通过 JDBC(java database connectivity)和 ODBC(open database connectivity)接口连接，用户可以通过它连接至 Hive Server 服务。

③ Web UI：Hive 提供 Web 用户界面，用户可以通过浏览器访问 Hive 服务并执行查询。

(2) 跨语言服务(Thrift Server)。Thrift 是 Facebook 开发的一个软件框架，可以用来进行可扩展且跨语言服务的开发。Hive 集成了该服务，允许不同编程语言(如 Java、Python、C++)通过 Thrift 协议与 Hive 交互。

(3) 驱动器(Driver)。底层的驱动器包括编译器(Compiler)、优化器(Optimizer)和执行器(Executor)。驱动器是 Hive 的核心，负责查询的解析、优化和执行。编译器将用户提交的 HiveQL 查询语句解析为抽象语法树(AST)，然后编译为逻辑计划。优化器对逻辑计划进行优化，生成最优的执行计划。执行器将优化后的执行计划转换为底层计算框架(如 MapReduce、Tez、Spark)的任务并执行。

(4) 元数据存储系统(Meta Store)。Hive 中的元数据通常包括：表的名字、表的列和分区及其属性、表的属性(内部表和外部表)、表的数据所在目录等。所有的元数据默认存储在 Hive 内置的 derby 数据库中，但由于多个命令行客户端不能同时访问 derby，所以在实际生产环境中，通常使用 MySQL、PostgreSQL 代替 derby。由此可知，Hive 的元数据存储在 RDBMS 中，除元数据外的其他所有数据都基于 HDFS 存储。Hive 创建内部表时，会将数据移到数据仓库指向的路径。Hive 创建外部表时，仅记录数据所在的路径，不改变数据所在的位置。在删除表时，内部表的元数据和数据会被一起删除，而外部表则不删除数据，只删除元数据。这样，外部表相对来说更加安全一些，数据组织也更加灵活。

2) Hadoop MapReduce

Hadoop MapReduce 是基于 Hadoop 平台的分布式计算框架，用于编写批处理应用程序。编写好的程序可以提交到 Hadoop 集群上用于并行处理大规模数据集。MapReduce 主要包括 Map 过程和 Reduce 过程两部分，由 Map 和 Reduce 两个函数分别实现。

Map 函数接受一个<key,value>键值对，根据用户定义的 map()方法做逻辑运算，输出一组中间<key,value>键值对。MapReduce 框架会将 Map 函数产生的<key,value>键值对里键(key)相同的值(value)传递给一个 Reduce 函数。

Reduce 函数接受一个键及相关的一组值，根据用户定义的 reduce()方法进行逻辑运算，并收集运算输出的结果<key，value>键值对，然后调用客户指定的输出格式将结果数据输出到外部存储。

以词频统计为例，MapReduce 的处理流程如图 2.24 所示。

(1) Input：读取文本文件。

(2) Splitting：将文件按行进行拆分，得到 k1,v1。其中，k1 为行数，v1 为对应行的文本内容。

(3) Mapping：并行将每一行按空格进行拆分，拆分得到 List(k2,v2)。其中，k2 代表每一个单词，由于要统计词频，所以 v2 为 1 代表出现 1 次。在此阶段，也可以在 map 运算后，选择使用 combiner，实现本地化的 Reduce 操作，从而减少传输的数据量，提高传输效率。针对此案例，即合并每一行内相同 k2 键的值，第二行(Sun,1;Sun,1)合并为(Sun,2)。

(4) Shuffling：由于 Mapping 操作可能是在不同的机器上并行处理的，所以需要通过 Shuffling 将相同键(key)的数据分发到同一个节点上去合并，得到 k2，List(v2)。其中，k2 为每个单词，List(v2)为可迭代集合，v2 就是 Mapping 中的 v2。

(5) Reducing: 此案例是统计词频, 所以 Reducing 对 List(v2)进行求和操作, 最终输出求和结果 List(k3,v3)。

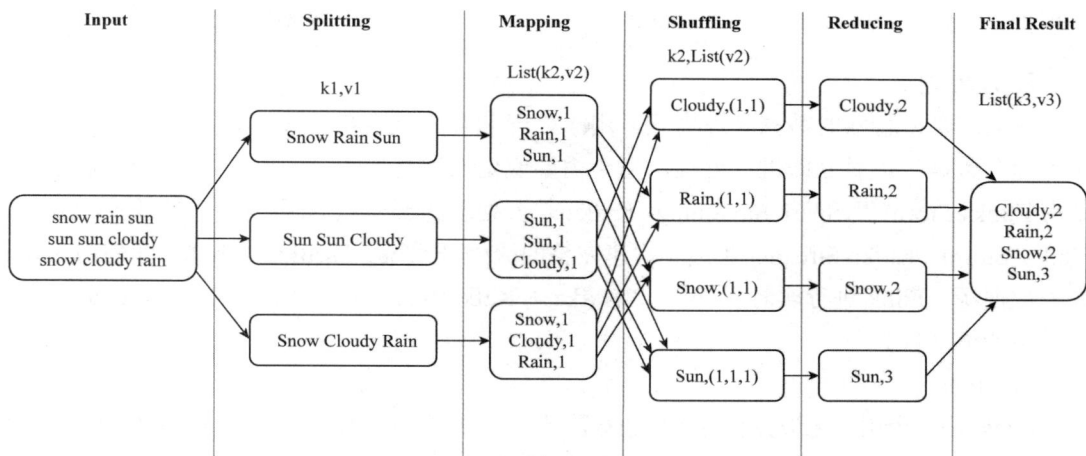

图 2.24 MapReduce 处理流程

3) Spark

Spark 是加州大学伯克利分校 AMP 实验室开源的类 Hadoop MapReduce 的通用并行框架, 2013 年被捐赠给 Apache 软件基金会, 之后成为 Apache 的顶级项目。Spark 除了拥有 Hadoop MapReduce 的优点外, 还可以把 Job 中间输出结果保存在内存中, 不再需要读写 HDFS, 因此相对于 Hadoop MapReduce 的批处理计算, Spark 极大地提升了处理性能, 成为继 Hadoop MapReduce 后最为广泛使用的分布式计算框架之一。

Spark 提供多语言支持, 包括 Java、Scala、Python 和 R; 支持本地模式和自带的集群模式, 也支持在 Hadoop、Mesos、Kubernetes 上运行; 支持访问多种数据源, 包括 HDFS、Cassandra、HBase、Hive 等数百个其他数据源中的数据。其基于 Spark Core 扩展了 4 个核心组件: Spark SQL、Spark Streaming、GraphX 和 MLlib, 支持批处理、流处理和复杂的业务分析, 用于满足不同领域的计算需求。

Spark SQL 提供 SQL 处理能力, 主要用于结构化数据操作, 支持多种数据源, 支持标准的 JDBC 和 ODBC 连接。此外, 其还为熟悉 Hive 开发的用户提供了对 Hive SQL 的支持, 允许访问 Hive 数据仓库。

Spark Streaming 提供流式计算处理能力, 支持从 HDFS、Flume、Kafka 等数据源读取数据, 并进行处理。其本质是将数据流拆分成极小粒度(如 1 秒), 对拆分的数据进行批处理, 从而实现流式处理的效果。

GraphX 提供图形计算处理能力, 支持分布式计算, 融合了图并行和数据并行的优势。GraphX 除了提供一组基本运算符(如 subgraph, joinVertices 和 aggregateMessages 等)及优化后的 Pregel API 外, 还包括越来越多的图形算法和构建器, 以简化图形分析任务。

MLlib(Machine Learning Library)提供了与机器学习相关的统计、特征处理、分类、回归、聚类、神经网络和协同过滤等领域的多种算法。其目标是使机器学习变得简单、可扩展。

2. 流处理

流处理是一种实时数据处理模式,用于处理动态的、连续的数据流。与批处理不同,流处理在数据生成时立即进行处理,适合需要低延迟和高吞吐量的场景。典型的流处理引擎有 Flink、Storm 及 Spark Streaming。Kafka 是流处理的典型数据源,通常与流处理工具(如 Flink、Storm、Kafka Streams)集成,构建完整的流处理系统。"Kafka + Flink"即使用 Kafka 作为数据源,Flink 进行实时流处理。"Kafka + Kafka Streams"即使用 Kafka Streams 进行轻量级的流处理。

1) Flink

Flink 是一个用于无边界和有边界数据流计算的分布式处理框架,诞生于柏林工业大学的 StratoSphere 项目,2014 年被捐赠给 Apache 软件基金会,之后成为 Apache 的顶级项目。

无边界数据流指有定义流的开始,但没有定义流的结束,数据会无休止地产生。因为输入是无限的,在任何时候输入都不会完成,所以无边界流的数据必须持续处理。有边界数据流指有定义流的开始,也有定义流的结束,可以在获取所有数据后再进行计算。

Flink 的核心是流处理,但也支持批处理。其对有边界数据流的处理即为批处理。它可以用于独立集群运行,也可以集成其他常见的集群资源管理器,如 Hadoop YARN、Mesos 和 Kubernetes。

2) Storm

Storm 是一个分布式实时计算系统,其创始人 Nathan Marz 是 BackType 公司的核心工程师。2011 年 7 月 BackType 被 Twitter 收购,收购没多久,Storm 对外开源,许多互联网公司纷纷采用这一系统。

Storm 可以简单、可靠的方式进行大数据流的实时处理,适用于数据提取转换加载(ETL)、实时分析、在线机器学习、持续计算及分布式远程过程调用(remote procedure call,RPC)等场景。Storm 实时处理速度非常快,具有单个节点每秒处理百万级元组的能力,同时具有高度可扩展性、容错性,非常易于使用和部署。

2.6 练习与拓展

《 即测即评

扫右侧二维码,完成客观题自测题。

《 练习

1. 从数据形态看,数据可以分为哪些类型,各有什么特征?

即测即评

2. 从数据所处的环境看，数据可以分为哪些类型？

3. 请分析关系型数据库的特点、优点及其局限性。

4. 传统数据仓库有哪些主要特征？与关系型数据库有什么区别？

5. 请分析星形模型、雪花模型和星座模型的异同。

6. 目前流行的 NoSQL 数据库有哪几种模式？各有什么特点？

7. 简述大数据平台的核心组件及其功能。

拓展

1. 什么是数据倾斜？在 Hadoop MapReduce 中，数据倾斜可能发生在哪些阶段？

2. 什么是数据湖？它与传统数据仓库的主要区别是什么？

3. HDFS 和对象存储(如 Amazon S3)在数据湖中的作用是什么？它们各自的优缺点是什么？

4. 什么是"湖仓一体"？它的设计理念是什么？

5. 湖仓一体架构如何支持流处理和批处理的统一？

第 **3** 章

数据预处理与特征工程

导　读

　　当前，新一轮科技革命和产业变革深入发展。科学研究向极宏观拓展、向极微观深入、向极端条件迈进、向极综合交叉发力，不断突破人类认知边界。技术创新进入前所未有的密集活跃期，人工智能、量子技术、生物技术等前沿技术集中涌现，引发链式变革。与此同时，世界百年未有之大变局加速演进，科技革命与大国博弈相互交织，高技术领域成为国际竞争最前沿和主战场，深刻重塑全球秩序和发展格局。虽然我国科技事业发展取得了长足进步，但原始创新能力还相对薄弱，一些关键核心技术受制于人，顶尖科技人才不足，必须进一步增强紧迫感，进一步加大科技创新力度，抢占科技竞争和未来发展制高点。

　　——摘自习近平 2024 年 6 月 24 日在全国科技大会、国家科学技术奖励大会、两院院士大会上的讲话

知识导图

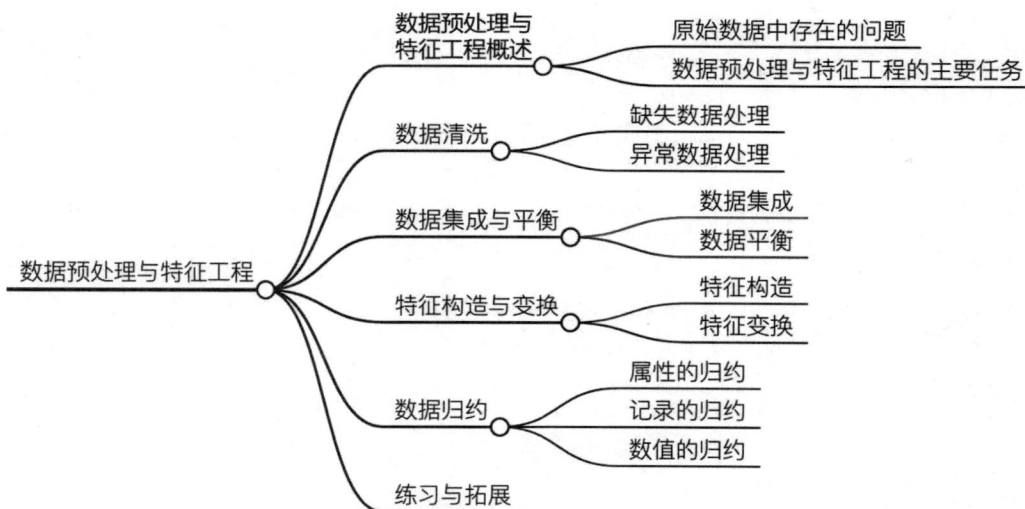

3.1　数据预处理与特征工程概述

数据预处理与特征工程是数据挖掘和机器学习流程中的核心环节。数据预处理主要关注数据的清洗与集成，以确保数据的质量和一致性。特征是原始数据的数值表示，特征工程是将原始数据转换为模型可以理解并有效利用的特征的过程，包括特征提取、构造、选择、转换与降维等。这两个过程相辅相成，共同构成了从数据到模型的桥梁。通过合理的预处理和特征工程，不仅可以显著提升模型的性能，还能减小模型的复杂度，提高模型的泛化能力和解释性。

3.1.1　原始数据中存在的问题

在数字化时代，数据的收集和积累方式变得更加多样化和高效化。企业不仅可以通过传统的渠道(如银行的信用卡消费记录、连锁超市的 POS 机销售记录、ERP 或 CRM 系统等)积累大量数据，还可以基于物联网设备、社交媒体平台及云计算等新兴技术，实时获取和存储海量的结构化和非结构化数据。此外，企业还可以通过专题调查、开放数据平台或数据交易等外部途径获取所需数据。这些数据构成了企业用于数据挖掘与机器学习的原始数据，其多样性和复杂性导致质量参差不齐，存在多种问题。对于格式化数据而言，常见的有如下 6 个方面问题。

1. 数据缺失

数据缺失分为两种，一种是某些分析所需的行记录或列属性的缺失，另一种是一些记录上某些属性值的缺失。某些记录上属性值的缺失在原始数据中较为常见，数据预处理中的数据缺失更多指的是这种情况。

数据缺失产生的原因多种多样，常见的原因包括以下几种。

(1) 数据采集问题。在数据采集过程中，可能是采集设备故障、传感器精度不足或网络传输中断导致数据丢失；也可能是人为的不完整记录或失误导致数据缺失；还可能是某些数据本身就难以获取或采集，例如，在野外环境监测中，某些极端天气条件下可能无法获取数据。

(2) 数据录入问题。数据录入过程中，操作人员的疏忽或不熟练可能导致遗漏某些属性或属性值，或者可能因格式不一致导致某些数据被系统自动忽略或删除。例如，如果系统要求所有字段都必须按照特定格式填写，而某些数据不符合要求，这些数据可能会被标记为无效并丢弃。

(3) 数据更新与维护问题。在数据库的更新或迁移过程中，可能因技术问题或操作失误导致部分数据丢失。此外，数据的不一致性也可能导致某些数据被错误地标记为缺失。

(4) 隐私与安全问题。出于隐私保护或安全考虑，某些数据可能被故意隐藏或删除。例如，在金融数据中，涉及个人隐私的敏感信息可能被屏蔽。

2. 数据异常

数据异常指那些不符合正常模式或行为的数据点。离群点是最常见的异常形式之一，指的是那些显著偏离其他数据点的观测值。它们可以是单变量的，即在一个维度上显著偏离。例如，在一组年龄数据中，大部分数据集中在20~70岁，而某个数据点为105岁。它们也可以是多变量的，即在多个维度上表现出异常。例如，在一个包含"收入"和"消费"的数据集中，一个低收入但高消费的数据点可能被视为异常。

产生异常数据的原因主要包括两个方面。其一，可能是度量或执行错误所导致的，这种情况是"真异常"。例如：一个人的年龄为-1，可能是数据输入时产生的错误，或者是程序对缺失年龄自动生成的替代值。其二，异常数据也可能是事物现象的真实反映，这种情况也称为"伪异常"。例如：某件商品促销日的销售量远远高于平时的销售量，形成一个孤立点。这类异常是由企业实行特殊销售策略所产生的，反映的是企业的真实运营状态。在原始数据预处理中，我们要检测和纠正的是第一类问题。

3. 数据重复

就格式化数据而言，数据重复主要包括记录的重复和属性的重复。记录的重复主要指原始数据中存在两条或多条数据值完全相同的记录。属性的重复主要包括两种情况，一种是数据集中存在属性名与属性值完全相同的属性；另一种主要体现在属性名称不同，但具有相同或相似的数值内涵或者具有较强的相关性。完全相同的记录或属性，这两类重复可能是由数据录入错误或数据合并时未正确去重导致的。

4. 数据不一致

数据不一致包括数据记录内部的自相矛盾和多数据源之间的不一致。数据记录内部的自相矛盾，如某一条记录，年龄属性的值为16岁，出生日期则为2024年6月1日。多数据源之间的不一致，可能体现在以下三个方面。

(1) 数据编码的不一致，如数据源1，产品等级为1、2、3；数据源2，产品等级则为A、B、C。

(2) 相同的记录(即同一个体)具有不同的关键字，如某客户在数据源1，其客户ID号为0001；而在数据源2，其客户ID号为0020。

(3) 相同的属性内涵具有不同的属性名称或相同的属性名称具有不同的属性内涵。属性内涵体现在属性值、计算方法、计量单位、空间限制和时间限制等方面。前者如性别属性，在数据源1中用Sex表示其名称，在数据源2中用Gender表示其名称；后者如销售额属性，在数据源1中其计量单位为元，而在数据源2中其计量单位为美元；等等。

5. 数据高维性

数据高维性是指数据集中存在大量的特征(或称为维度、属性)。高维数据在许多领域中非常常见，例如文本挖掘、图像处理等。在数据挖掘与机器学习中，高维性带来了许多挑战，这些问题通常被称为"维灾维"。高维性的主要表现形式有以下4个方面。

(1) 特征数量多。数据集中包含大量的特征(如数千甚至数百万个特征)，远远超过样本数量。例如，在基因表达数据中，每个样本可能有数万个基因表达值作为特征。

(2) 稀疏性。高维数据通常具有稀疏性，稀疏性是指在一个数据结构(如矩阵、向量、图等)中，大部分元素为零或接近零，只有少数元素是非零的。它主要关注的是数据的结构特性，即数据中非零元素的比例。例如，在文本挖掘中，文档—词频矩阵中大部分元素为零，因为每个文档只包含词汇表中的一小部分词汇。

(3) 特征冗余。高维数据中可能存在许多相关或冗余的特征。例如，在图像数据中，相邻像素的值可能高度相关。

(4) 数据分布稀疏。数据分布稀疏是指在高维空间中，数据点之间变得非常稀疏，数据点之间的距离趋于相似。它主要关注的是数据在空间中的分布特性(数据点之间的距离)，而不是数据本身的结构。

6. 数据不平衡

数据不平衡指的是原始数据中不同类别的样本量差异非常大，主要出现在与分类相关的数据挖掘与机器学习任务中。在二分类问题中，如客户分类任务，正常客户样本量是流失客户样本量的 10 倍。在多分类问题中，如图像分类任务，某些类别可能出现频率较高，而其他类别则很少。

3.1.2 数据预处理与特征工程的主要任务

格式化原始数据中存在如上所述的各种问题，这些问题不仅会影响数据的质量和可靠性，还会对模型的训练效果和最终性能产生不利影响。因此，在进行模型训练之前，必须对数据进行必要的预处理和特征工程，以确保数据能够更好地服务于机器学习算法，构建性能高效的模型。数据预处理与特征工程的主要任务包括数据清洗、数据集成与平衡、特征构造与变换和数据归约。

1. 数据清洗

数据清洗主要处理的是每个数据源中的数据缺失、数据异常和数据重复等问题。对数据集通过填补、替换、丢弃和去重等处理，达到去除异常和重复、补足缺失的目的。数据清洗是数据预处理的基础，只有在数据清洗完成后，才能进行有效的特征构造、选择和转换。因此，数据清洗不仅是数据预处理的重要环节，也是整个机器学习流程中不可或缺的一步。通过数据清洗，可以确保数据的质量和可靠性，为后续的特征工程和模型训练提供坚实的基础。

2. 数据集成与平衡

数据集成主要处理的是多数据源集成时数据不一致和数据冗余的问题，从而实现多个数据源数据的一致化，并通过相关分析等去除冗余属性。

数据平衡是分类任务中的重要环节，使用合适的方法处理好不平衡数据，使训练集中各个类别的样本数量大致相同或保持一定的比例关系，从而提升模型对少数类的识别能力。

3. 特征构造与变换

特征构造与变换是特征工程中的重要步骤，旨在通过对原始数据的加工和处理，生成更具代表性和区分能力的特征，从而提升模型的性能和泛化能力。特征构造通常依赖领域知识或数据的内在模式，通过组合多个现有特征或从数据中提取新的信息来生成新的特征。例如，日期字段可以转化为"星期几""月份"等新特征，或者通过计算两个数值特征的比值来构建一个新的特征。特征变换则聚焦于对现有特征进行转换，如进行对数变换、标准化和归一化等，以减少特征的偏态分布，或者将特征缩放到合适的范围，满足模型的输入要求或增强特征的表达能力，从而改善模型的训练效果。

4. 数据归约

数据归约即数据缩减，对于格式化数据而言，主要指数据行(记录或样本)的缩减、列(属性或特征)的缩减及数值的归约。数据归约的目的是希望能获得一个更精简的数据集用于数据挖掘与机器学习，但可以获得与原数据集相同或几乎相同的分析结果。其前提是用于数据归约的时间应当小于在归约后的数据上挖掘与学习节省的时间。常用的方法有数据聚集、抽样、维归约、离散化等。

3.2　数据清洗

3.2.1　缺失数据处理

原始数据中存在缺失数据是较为常见的现象，对于缺失数据处理的指导性思想是首先分析需不需要填补或能不能填补，然后在确认需要且可填补的情况下，结合数据特点选择合适的方法进行填补。

对于需不需要填补问题，首先，要分析缺失数据在整体样本中的比例，当有缺失值的记录个数占全部记录数的比例很低且有缺失值的记录内部缺失的值个数较多时，或有缺失值的属性个数占全部属性数的比例很低且有缺失值的属性内部缺失的值个数较多时，可考虑不需要填补，直接删除相应的记录或属性。其次，如果缺失数据所占比例不高，但后续分析所选用的建模方法具有对缺失数据的处理能力，也可考虑不需要填补，保留现有的缺失。

对于能不能填补问题，主要要分析清楚缺失的可能原因，例如某银行信用卡客户数据集中，激活日期属性值存在缺失，是因为这些客户还未激活信用卡，系统自动赋值 NULL，但其具有特定的商业意义，如果用平均开卡后激活天数去填补缺失值，可能会得出错误的结论，更合理的处理是把这类缺失值作为特殊的一类值保留，进而探索没有激活的原因。所以对于这类情况，不能直接填补。

最后结合原始数据和缺失数据的特点，选择可采用的方法。常用的缺失数据填充方法可归纳为以下几个方面。

1. 使用一个固定的值填充缺失值

某些情况下，当我们无法得知缺失值的分布规律，且找不到一种合适的替代方法；或者认为缺失本身可能是一种规律，不能随意替换，则可以用一个固定的值代替空缺值，如在 IBM SPSS Modeler 中，使用\$null\$填充空缺值；在 Pandas 中，使用 NumPy 提供的 NaN(Not a Number，意为"不是一个数")值来表示缺失数据，可以通过 fillna()方法显式地使用其他值(如 0 等)填充缺失值。这种方法不仅简单，而且有可能发现缺失值所蕴含的模式，但也有可能因为赋予缺失数据相同的值而得到错误的结论。

2. 使用属性平均值填充缺失值

平均数反映同质总体中某个属性值的一般水平，所以对同一个属性的所有缺失值可用该属性的平均值代替。平均数的代表性与属性值的分布特征密切相关，所以要充分考虑属性的具体特征选用合适的平均数，如算术平均数、中位数、众数等，使替代值更接近缺失值，以减少误差。

3. 使用同一类别的均值填充缺失值

可以对数据按某一标准分类，分别计算各个类别的均值来代替相应类别的缺失值，其中各个类别的均值可以选用如上所述的不同形式的平均数，如将顾客按所从事的行业分类，则可以用同一行业顾客的平均收入代替收入属性中的空缺值。

4. 使用成数推导值填充缺失值

若同一属性的记录值只有少量几种，就可以计算各种记录值在该属性中所占的比例，并对该属性中的缺失值同比例随机赋值，如性别属性中包含 40%的男性和 60%的女性，那么在为那些性别属性缺失的记录赋值时也按这个比例随机赋值。

5. 使用前向/后向值填充缺失值

前向和后向填充是处理时间序列数据中缺失值的常见方法。这两种方法基于时间顺序，将缺失值填充为相邻有效值。前向填充即用序列中前一个非缺失值填充当前的缺失值；后向填充即用序列中后一个非缺失值填充当前的缺失。这两种方法实现简单，能够保留数据的时间顺序和依赖性，计算开销小，适合快速处理缺失值。但如果时间序列数据存在明显的趋势变化，这两种方法可能无法准确反映真实情况。前向填充可能导致数据滞后，后向填充可能导致数据超前。另外，如果数据中存在连续的缺失值，前向填充或后向填充可能无法有效填补。

6. 使用最可能的值填充缺失值

可以利用回归分析、决策树、神经网络等方法建立预测模型，把缺失数据对应的属性作为因变量，其他的属性作为自变量，为每个需要对缺失值进行赋值的属性分别建立模型，然后使用这个模型的预测值填充缺失值，如利用数据集中顾客的其他属性构建合适的回归模型，来预测收入属性的空缺值。这种方法相对比较复杂，却最大限度地利用了现存数据所包含的信息来预测空缺值，具有较好的效果。

此外，使用最可能的值填充缺失值也包括常用的基于多重插补方法获得的值进行填充。该方法通过迭代生成多个插补数据集，从而更好地反映缺失数据的不确定性，尤其是在缺失数据较多且对分析结果要求较高的情况下，具有较好的效果。

3.2.2　异常数据处理

　　数据异常较多表现为孤立点的存在，所以数据异常处理的首要任务就是孤立点的识别。孤立点有可能是数据质量问题导致的，但也有可能真实反映了事物、现象的异常发展变化。换句话说，孤立点本身可能是非常重要的，如在欺诈探测中，孤立点可能预示着欺诈行为，所以数据异常的检测往往包含了原始数据质量问题的探测和数据异常挖掘，两者只有在探测出孤立点后，再由领域专家判断检测出孤立点属于哪一类情况，才能加以区分。

　　若为第一类情况(度量或执行错误等所导致的)，则可将孤立点视为噪声或异常而丢弃，或者运用数据平滑技术按数据分布特征修匀数据，或者寻找不受异常点影响的健壮性建模方法。若为后一类情况，则可以寻找原因，进一步挖掘出有意义的信息。

　　不管哪种情况，其孤立点检测的方法是通用的。对于格式化数据，常用的方法有：可视化方法、置信区间检验方法、箱型图分析法、基于距离的方法和基于聚类的方法等。

1. 可视化方法

　　可视化方法是用于数据异常检测的最直观和最简捷的方法之一，如绘制散点图、直方图等。可视化方法对于一至三维数据有较好的展现效果，尤其是一维和二维数据。对于多维数据，结合数据立方体的各种操作技术(上钻、下钻、切块等)，也可以进行不同维度和不同粒度的检测。但是可视化方法对数据挖掘人员的要求较高，数据挖掘人员需要具备丰富的行业相关知识。

2. 置信区间检验方法

　　置信区间检验方法适用于单个属性的异常点检测。要先假设单个属性数据服从一个已知分布(如正态分布)，然后找到其均值和方差。在给定一个置信水平 $1-\alpha$ 的情形下，找出满足 $P(\hat{\theta}_L < \theta < \hat{\theta}_U) = 1-\alpha$ 的随机区间 $(\hat{\theta}_L, \hat{\theta}_U)$，其中 $\hat{\theta}_L$ 和 $\hat{\theta}_U$ 分别称为置信区间的下限和上限。因此，落在该随机区间外的数据就有可能是异常点。需要注意的是，这种方法只能用在数据比较集中，而且异常点非常突出的情况下。置信区间检验方法要求知道数据的分布参数，但在很多情况下数据的分布是不可知的，所以该方法具有一定的局限性。

3. 箱型图分析法

　　箱型图分析法是从数据特征出发来研究和发现数据中有用的信息，而不需要假设数据的分布，其实也可以看作一种可视化方法。对于单个属性数据，变异箱型图方法是一种比较直观的异常点检测方法。变异箱型图基于中位数(M_e)、第一四分位数(Q_1)、第三四分位数(Q_3)、四分位距(IQR)及下限 T_1 和上限 T_2 画出。与标准箱型图的差异在于下限 T_1 和上限 T_2 的确定，其他几个量的计算和标准箱型图相同。T_1 和 T_2 的计算公式分别如式(3-1)和式(3-2)所示。

$$T_1 = \max(观测到的最小值, Q_1 - 1.5 \times IQR) \tag{3-1}$$

$$T_2 = \min(观测到的最大值, Q_3 + 1.5 \times IQR) \tag{3-2}$$

　　比 T_1 小或比 T_2 大的观测数据至少在探测的基础上可视为异常数据，如图 3.1 所示。

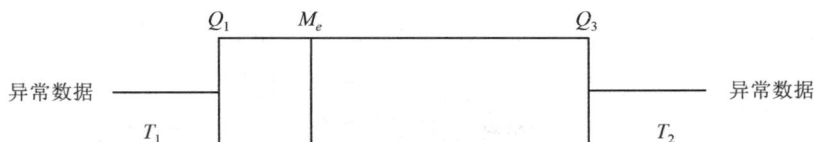

图 3.1　箱型图

4. 基于距离的方法

基于距离的方法适用于多维数据，但其有效性依赖于数据的特性和维度。这种方法要求计算所有个体间的两两距离。对于所研究的总体(或样本)，若存在 p 个个体到某个个体的距离大于 d，那么该个体就可以认为是一个孤立点。也就是说，基于距离的孤立点是那些没有足够相邻点的个体。这种方法的关键在于参数 p 和 d 的设定。这两个参数的设定可以结合所选用的距离公式根据数据的有关知识提前给出，也可以在迭代过程中反复改变，检测出最有可能的孤立点。当然，这个距离的度量也可以运用相似性系数和相异度系数进行，尤其是在高维数据中，这些度量可能更能反映数据点之间的实际差异。

5. 基于聚类的方法

基于聚类的方法可以理解成基于距离的方法的扩展与延伸，因为聚类的方法之一就是基于距离的聚类。聚类的目的是要发现各个类，使类内个体尽可能相似，类间差异尽可能大。这样，孤立点的寻找就可转化成寻找与各个类差异尽可能大的一个或几个小类，或不在任何类内的点。所有聚类的方法，不仅是基于距离的方法，还包括基于密度的方法、基于网格的方法等，这些都可以用来检测孤立点。关键是要设定类间差异的值和类的大小，设定的方法和基于距离的方法类似，可以提前给出，也可以在迭代中产生。

3.3　数据集成与平衡

3.3.1　数据集成

如图 3.2 所示，由于每一个数据源都是为了满足特定的需要而设计的，其结果是在各类数据库管理系统中数据格式、数据模式、数据编码等方面都存在很大的不同，所以在将多个数据源进行集成时数据的不一致性等问题表现得尤为突出。针对格式化数据，一般可以从模式匹配及数值一致化和删除冗余数据两个方面加以处理。

1. 模式匹配及数值一致化

模式匹配及数值一致化主要解决的是不同数据源中行和列的识别与匹配及一致化属性值的计算方法、计量单位、空间范围和时间范围等。

表 3.1 和表 3.2 为一数据库的业务元数据，分别定义了客户基本信息表和交易信息表的相关数据，包括属性名称、数据类型和说明。客户基本信息表包含了 5 个属性：Cust_id、TerritoryID、AccountNumber、CustomerType 和 Time。交易信息表包含了 6 个属性：SalesOrderID、

ProductID、AccountNumber、CustomerType、Time 和 UnitPrice。

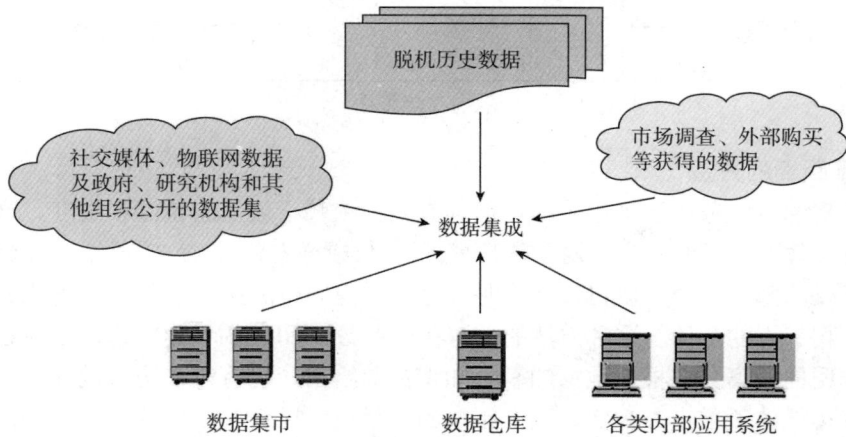

图 3.2　数据集成

表 3.1　客户基本信息表定义

属性名称	数据类型	说明
Cust_id	int	主键
TerritoryID	int	客户所在地区的 ID，指向 SalesTerritory 表的外键
AccountNumber	int	标识客户的唯一编号
CustomerType	char	I=个人，S=商店
Time	data	注册为会员的时间

表 3.2　交易信息表定义

属性名称	数据类型	说明
SalesOrderID	int	主键
ProductID	int	销售给客户的商品，指向 Product 表的外键
AccountNumber	short int	标识客户的唯一编号
CustomerType	flag	0=非会员，1=会员
Time	data	交易时间
UnitPrice	money	单件产品的价格

当我们要集成客户基本信息表和交易信息表时，基于表 3.1 和表 3.2 的说明，可以使用 AccountNumber 属性进行两张表间数据的关联，但该属性的数据类型在两张表中不一致，集成后我们需要进行统一，一般原则是在保证不丢失数据的基础上，选择长度较小的数据类型。

同时，我们发现两张表中存在相同的属性名称 CustomerType 和 Time，CustomerType 属性在两张表中的内涵和数据类型都不相同，Time 属性在两张表中的数据类型相同而内涵不同。所以，集成时需要根据数据内涵相应调整属性名称，使集成的表中包含这 4 个属性，不能简单地根据原始属性名称只取其中一张表的一个，而忽略另一个。

由此可知,详细完整的元数据对于模式匹配非常重要。除了表 3.1 和表 3.2 呈现的问题,还包括属性值的计算方法、计量单位、空间范围和时间范围的识别与统一,这些都需要依赖元数据。

2. 删除冗余数据

冗余是指存在重复的信息。最明显的冗余是数据中存在两个或多个重复的记录,或者是同一个属性多次出现,或某个属性和其他属性具有明显的相关性。这类冗余较为容易发现,可以直接删除。

而有些冗余比较隐蔽,我们可以使用相关分析加以判别。对于数值型属性,我们常用皮尔逊相关系数进行判别,计算公式如式(3-3)所示。

$$r = \frac{\sum_{i=1}^{n}(x_i - \overline{x})(y_i - \overline{y})}{\sqrt{\sum_{i=1}^{n}(x_i - \overline{x})^2 \sum_{i=1}^{n}(y_i - \overline{y})^2}} \tag{3-3}$$

若式(3-3)中 r 值小于 0.3,表示低度线性相关,0.3～0.5 表示中低度线性相关,0.5～0.8 表示中度线性相关,0.8 以上为高度线性相关。如果两个变量具有中度及以上的线性相关性,则可以删除其中一个。

对于类别型属性,我们可以使用卡方检验分析其相关性,卡方检验的公式如式(3-4)所示。

$$\chi^2 = \sum_{i=1}^{r}\sum_{j=1}^{c}\frac{\left(f_{ij}^0 - f_{ij}^e\right)^2}{f_{ij}^e} \tag{3-4}$$

式(3-4)中,f_{ij}^0 表示各交叉分类频数的实际观测值,f_{ij}^e 表示各交叉分类频数的期望值。

当样本较大时,χ^2 统计量近似服从自由度为 $(r-1)(c-1)$ 的卡方分布。χ^2 值越大,表明观测值与期望值差异越大。当 $\chi^2 > \chi_\alpha^2$ 时,拒绝相互独立的原假设,认为属性间具有较强相关性,可以删除冗余属性。

对于数值型属性和类别型属性之间的相关性,我们可以使用方差分析的方法分析。

3.3.2　数据平衡

1. 通过过采样或欠采样实现数据平衡

抽样是解决样本不平衡的一种简单且常用的方法,主要有过采样和欠采样两种。过采样又称上采样(over-sampling),较简单的方法是在少数类样本中采用有放回的随机抽样,重复抽取少数类样本,以增加少数类样本的数量,达到平衡的要求。过采样的缺点是重复出现的少数类样本容易导致过拟合,所以出现了经过改进的过抽样方法。改进的过抽样方法会在少数类中加入随机噪声或通过一定的方法随机产生新的少数类样本,如 SMOTE 算法。

欠采样又称下采样(under-sampling),通过随机抽取部分多数类样本,以减少多数类样本的数量，达到平衡的要求。欠采样的缺点是会失去多数类样本中的一些重要信息。

2. 通过集成方法实现数据平衡

为了尽可能地使用所有样本的信息，我们可以通过集成的方法解决不平衡。首先，随机将多数类样本分成多份，每份的样本量和少数类样本量相近，然后将每份多数类样本和少数类样本组合构成训练集用于训练模型，最后集成所有的模型用于预测。

例如，数据集中少数类样本和多数类样本分别为 10 000 个和 100 000 个，其比例为 1:10。我们可以将多数类样本随机分成 10 份，每份 10 000 个样本。然后将 10 份多数类样本分别和少数类样本组合用于训练模型，每个训练集包含了 20 000 个样本，从而可以获得 10 个模型。最后，集成 10 个模型的预测结果用于最终的预测。

3. 通过调整模型类别权重实现数据平衡

这种方法不需要对样本本身做处理，只需要在计算和建模过程中，针对不同类别调整其权重进行平衡化处理。一般思路是给少数类样本以较高的权重，多数类样本以较低的权重。很多模型和算法都有基于类别参数的调整设置，如有些算法其参数默认值即为 balanced，根据默认值会自动将权重设置为与不同类别样本数量成反比的权重来进行平衡处理。这种方法较为简单且高效。

3.4 特征构造与变换

3.4.1 特征构造

1. 基于领域知识的特征构造

基于领域知识的特征构造是指利用特定领域的专业知识，从原始数据中提取或构造新的特征，以更好地表示数据的内在规律和模式。基于领域知识构造的特征通常具有明确的业务含义，更容易理解和解释。通过构造与目标变量高度相关的、更具代表性的特征，可以显著提高模型的预测精度。

在深入了解业务背景、目标和数据含义后，根据业务逻辑和领域知识来设计特征。例如，在电商领域，对于电商网站用户购买预测问题，可以基于用户 ID、商品 ID、购买时间、购买数量、商品类别、商品价格等用户购买历史数据，从三个不同角度构造新的特征。从用户特征角度，可以构造如"用户活跃度"(过去 30 天内的购买次数)、"用户消费水平"(过去 30 天内的平均消费金额)、"用户偏好"(购买次数最多的商品类别)等特征；从商品特征角度，可以构造如"商品热度"(过去 30 天内的被购买次数)、"商品价格区间"(将商品价格划分为高、中、低三个区间)等特征；从用户—商品交互特征角度，可以构造如"用户对该商品的购买次数""最近一次购买时间""最近两次购买时间间隔"等特征。

如果还有更多用户与商品间交互历史数据，如浏览、收藏、加购、评论或分享等交互行为，可以构造更多用户—商品交互特征。例如，浏览到收藏的转化率、收藏到加购的转化率、加购到购买的转化率等，可以评估用户对不同商品的购买意向；用户浏览该商品的次数占其总浏览次数的比例，可以反映用户对该商品的偏好程度；过去 24 小时、过去 7 天、过去 30 天内的浏览次数、收藏次数、加购次数等，可以反映用户对该商品的短期和长期兴趣；用户对该品类商品的浏览次数、收藏次数、加购次数等，可以反映用户对该类商品的偏好；用户对该商品的评分、评论内容等，可以反映用户对该商品的满意度和购买意愿；用户将该商品分享到社交媒体的次数，可以反映用户对该商品的推荐意愿。

2. 特征交互和多项式特征

特征交互是指通过数学运算将两个或多个特征组合成新的特征，以捕捉特征之间的相互作用。常见的交互方式有以下几种。

1) 加法交互

加法交互是将两个或更多特征相加生成新的特征，通常用于线性关系的组合。对于一些数据，两个特征的和可能有助于更好地表达目标变量。

例如在进行员工薪资预测时，其中两个特征为：工作经验，单位为年；教育背景，以编码表示，即 1 = 高中及以下，2 = 本科，3 = 硕士，4 = 博士。一般来说，员工的工作经验越丰富，薪资通常越高。工作经验对薪资有直接的线性正向影响。更高的受教育水平(例如硕士或博士)通常也会导致更高的薪资，但这个影响是相对平稳的，随着教育水平的提高，薪资会逐步增加。我们可以通过将这两个特征相加来构造一个新的特征，表示员工工作经验和教育水平的叠加效应。这个新的特征可以反映员工的整体工作背景，包括其经验和教育水平。

2) 乘法交互

乘法交互是将两个或更多特征相乘生成新的特征，以捕捉特征之间的非线性关系。在很多实际问题中，特征间的相互作用可能不再是线性的，而是通过相乘的方式产生影响，乘法交互可以帮助我们建模这种关系。

例如在电商平台商品销量预测时，其中两个特征为：用户评分，采用 5 分制；购买数量，单位为次。用户评分表示用户对商品的满意度，高评分通常意味着更好的口碑和复购率。购买数量表示某个商品被购买的次数，当商品购买数量大时，说明它受到广泛欢迎，因此未来的购买也更有可能发生。但是，我们不只是关心这两个特征单独对销量的影响。我们还想捕捉它们之间的联合效应。因为如果某个商品的评分非常高，并且购买数量也很多，那么该商品的未来销量可能会受到更强的影响。在这种情况下，我们可以构造一个新的特征，即用户评分与购买数量的乘积，用以捕捉用户评分与购买数量的复合效应。

因此，乘法交互适用于特征之间的影响呈现出复合关系，尤其是递增关系的场景。

3) 对数交互

对数交互通过对特征取对数来构建交互特征，适用于那些特征之间存在指数级增长或者呈现非线性效应的场景，常用于解释那些当某一特征增加时，影响的变化幅度逐渐减小的情况。通常使用的是自然对数，如式(3-5)所示，也可采用以 10 为底的对数形式，其优点是能更清晰地表达数据的数量级，尤其是在数据具有跨越多个数量级的情况时，使用 $\log_{10}$

能帮助突出不同数量级之间的差异。

$$new_{\text{feature}} = \ln(x) + \ln(y) = \ln(xy) \tag{3-5}$$

对数变换通过压缩数据的范围，使得极大值的影响力减小，能更好地适应非线性关系，尤其是在一些经济学、金融学或广告投放等领域中，很多现象本质上都呈现出递减的边际效应，对数交互更能帮助捕捉这种递减效应。

例如在电商平台上进行广告投放效果(销售额)预测时，其中两个特征为：广告花费，单位为元；展示次数，单位为次。这两个特征可能存在非线性关系，特别是在广告花费和效果的边际效应上。当广告花费较低时，增加展示次数效果显著，即销售额的增长可能较为明显；当广告花费较高时，增加展示次数的影响可能逐渐减小，即销售额的增长逐渐趋于平稳或递减。在这种情况下，我们可以对广告花费和展示次数分别取对数，然后构造它们的交互特征。这个新特征反映了广告花费和展示次数之间的关系，并通过对数变换压缩了数据的范围，从而更好地建模它们对销售额的影响。

多项式特征指通过引入特征的幂次和交互项来捕捉特征之间的非线性关系。常见的多项式特征生成方法包括以下几个。

(1) 单项式特征。单项式特征是最基本的多项式特征，它只包含原始特征的幂次项。例如，如果原始特征为 x，则其单项式特征可以是 x^2、x^3 等。

(2) 二次多项式特征。二次多项式特征包括原始特征的平方项及特征之间的交互项，例如，对于两个特征 x_1 和 x_2，二次多项式特征可以是 x_1^2、x_2^2、x_1x_2。

(3) 高阶多项式特征。高阶多项式特征包括原始特征的更高次幂项及更多特征之间的交互项。例如，对于两个特征 x_1 和 x_2，三次多项式特征可以是 x_1^3、x_2^3、$x_1^2x_2$、$x_1x_2^2$。

(4) 组合多项式特征。组合多项式特征是指将原始特征的不同多项式项组合在一起。例如，对于特征 x，组合多项式特征可以是 $x + x^2 + x^3$。

(5) 交互多项式特征。交互多项式特征是指原始特征的多项式项与其他特征的多项式项之间的交互。例如，对于两个特征 x_1 和 x_2，交互多项式特征可以是 $(x_1+x_2)^2$。

(6) 嵌套多项式特征。嵌套多项式特征是指对已经生成的多项式特征再次应用多项式变换，以进一步提升特征的复杂度和模型的表达能力。这种方法可以帮助捕捉更深层次的非线性关系，同时会增加模型的复杂度和计算成本。例如，对于两个特征 x_1 和 x_2 的二次多项式特征 x_1^2、x_2^2、x_1x_2 再次应用多项式变换，可以是 x_1^4、x_2^4、$x_1^2x_2^2$ 等。

特征交互和多项式特征是两种常用的技术，尤其是在捕捉特征之间的非线性关系时。然而，这两者在应用时都需要谨慎操作，以避免一些常见的问题和陷阱。以下是使用特征交互和多项式特征时的三点注意事项。

第一，特征选择和正则化。特征交互和多项式特征都可能导致特征空间膨胀，增加过拟合的风险。使用特征选择、降维技术或者正则化方法可以从高维特征中挑选出最有效的特征，从而降低模型复杂度并提高泛化能力。

第二，计算效率。随着特征维度的增加，计算效率可能成为瓶颈，特别是在数据量较大或特征维度很多时，生成高阶多项式特征和交互特征可能会大幅增加计算时间和内存消耗。因此，要谨慎选择合适的特征，并考虑模型的训练效率。

第三，业务解释。在生成交互特征或多项式特征时，确保这些特征在实际业务场景中有解释意义。生成过多的没有实际业务意义的特征会使得模型变得复杂且不具备可解释性。

3. 时间序列的特征构造

时间序列的特征构造的目标是从时间序列数据中提取那些能揭示趋势、周期性、季节性或其他隐藏模式的特征，以帮助模型更好地捕捉数据的规律。常见的特征构造方法包括时间戳相关特征、滞后特征、滚动窗口特征、扩展窗口特征等。

1) 时间戳相关特征

时间戳(timestamp)是时间序列数据中的基本组成部分，它记录了数据点发生的具体时间。时间戳通常以日期和时间的形式存在，例如"2025-02-28 16:30:00"。通过提取时间戳信息，可以构造以下常用的相关特征。

(1) 日期特征：提取年、月、日、季度、星期几等信息。

(2) 时间特征：提取小时、分钟、秒、上午、下午等信息。

(3) 工作日/节假日：提取工作日、双休日及不同节假日信息，这对于旅游业、零售业、餐饮业等尤为重要。例如，工作日与节假日的客流量、消费行为和运营策略都有显著差异。

2) 滞后特征

滞后特征指使用先前时间点的数据(如前一时刻、前几时刻的数据)作为当前时间点的特征，适用于那些具有时间依赖性或滞后效应的场景。常见的滞后特征包括以下几点。

(1) 滞后 1 期：这是最常见的滞后特征，即使用前一期时间点的数据作为当前时间点的特征。

(2) 滞后 N 期：使用前 N 期时间点的数据作为当前时间点的特征。

(3) 季节性滞后：使用当前时间点的前一个季节性周期的数据作为当前时间点的特征。

3) 滚动窗口特征

滚动窗口特征指通过在时间序列上滑动一个固定大小的窗口并计算窗口内的统计量，将其作为当前时间点的特征。常见的滚动窗口特征如下。

(1) 滚动平均：计算窗口内的算术平均值，常用于平滑时间序列数据，去除噪声。

(2) 滚动标准差：计算窗口内的标准差，反映数据波动性。

(3) 滚动最大值/最小值：提取窗口内的最大值或最小值，捕捉到数据的极值波动。

(4) 滚动中位数：计算窗口内的中位数，用于减少异常值的影响。

(5) 滚动总和：计算窗口内所有值的和，用于捕捉累积效应。

4) 扩展窗口特征

扩展窗口特征是从固定的起点开始，逐步扩展窗口大小，计算窗口内的基本统计量或其他特征，将其作为当前时间点的特征。这种方法特别适用于需要捕捉时间序列整体趋势或累积效应的场景。常见的扩展窗口特征如下。

(1) 基本统计量：扩展窗口内的均值、标准差、最大值/最小值、总和等。

(2) 其他特征：根据具体领域需求，构造自定义的扩展窗口特征，如累积增长率、累积收益率、累积故障率等。

3.4.2 特征变换

1. 定性数据数值化
就传统的格式化数据而言，定性数据主要包括定类数据和定序数据，常用的数值化方法有标签编码、独热编码和序数编码。

1) 标签编码(label encoding)

标签编码将每个类别映射为一个整数，如红=0，黄=1，蓝=2，绿=3。在处理大规模数据集时，只使用一个整数表示每个类别可以节省存储空间，不会增加维度，但可能会让模型误以为标签之间存在相应的数值关系，而不是原始意义上的类别区分。

2) 独热编码(one-hot encode)

独热编码又称为一位有效编码，主要是采用 N 位状态寄存器来对 N 个状态进行编码，每个状态都有独立的寄存器位，且在任意时候只有一位有效。

如性别属性，只有两个取值(男、女)，则 $N=2$，独热编码后为 10、01。颜色属性，有 4 个取值，分别为红、黄、蓝、绿，则 $N=4$，独热编码后分别为 1000、0100、0010、0001。

使用独热编码，将定类数据的取值扩展到了欧式空间，使某个取值对应欧式空间的某个点。在回归、聚类等算法中，使得定类数据间距离的计算更为合理。

3) 序数编码(ordinal encoding)

序数编码是一种用于将定序数据转换为数值的编码方式。它基于类别的自然顺序，为每个类别分配一个整数值，以保留类别之间的顺序信息，如收入取值为低、中、高，可以赋值为 1、2、3。

2. 定量数据离散化
1) 通过分箱离散化

分箱是一种将连续型变量划分为离散区间的技术，这种技术简单且直接。分箱前要对变量值进行排序，然后按照一定的规则把数据放进一些箱子中。分箱可分为无指导的简单分箱和有指导的信息分箱。无指导的简单分箱只考虑需要分箱的变量，不参考其他变量来设定箱边界，确定分箱数；而有指导的信息分箱一般利用建模目标变量来指导对输入变量的分箱，从而使这种分箱能够尽可能地揭示关于输出变量的信息。最小熵分箱法即为有指导的信息分箱。从理论上讲，有指导的信息分箱既利用了待分箱变量的信息，又利用了目标变量的信息，能够比无指导的简单分箱发挥出更好的效果，但计算量较大。

无指导的简单分箱常用的有等宽分箱法、等深分箱法和自定义分箱法。等宽分箱法把变量的值域范围划分成相等的几份，每一份构成一个箱。这种方法适用于均匀分布的变量。等深分箱法是按所有箱尽可能地具有同样多的变量数值的原则来划分。这种方法适用于大多数的变量分箱，因为大多数的变量都是非均匀分布的。自定义分箱法根据业务需求或数据分布自定义分箱区间，灵活且适应性强。如对年龄自定义分箱可分成：0~15 岁为少年儿童人口；15～65 岁为劳动年龄人口；65 岁及以上为老年人口。

2) 通过直方图离散化

直方图把属性的值划分为不相交的区间，我们可以基于划分的最小区间离散化，也可以根据属性特征合并一些区间，再基于合并后的区间离散化数据。

3. 定量数据规范化

将数据按比例缩放，使之落在一个较小的范围内，称为规范化。规范化对于基于距离的算法和神经网络算法非常重要。对于基于距离的算法，规范化后的值可以去除量纲对距离的影响。对于神经网络算法，规范化后的较小范围内的值，能够提高学习的效率，加快训练的速度。常用的规范化方法有极大极小值规范化、最大绝对值规范化、零均值规范化(标准化法)和小数定标规范化。

1) 极大极小值规范化

极大极小值规范化是一个线性变换过程，其计算公式如式(3-6)所示。

$$x' = \frac{x_i - x_{old\_min}}{x_{old\_max} - x_{old\_min}}(x_{new\_max} - x_{new\_min}) + x_{new\_min} \tag{3-6}$$

式中，x_i 为变量值，x' 为相应变量转换后的值，x_{old_min} 为现有最低值，x_{old_max} 为现有最高值，x_{new_min} 为转换后的最低值，x_{new_max} 为转换后的最高值。常用的转换后的最高值、最低值分别为 1 和 0，则式(3-6)可简化为式(3-7)。

$$x' = \frac{x_i - x_{min}}{x_{max} - x_{min}} \tag{3-7}$$

2) 最大绝对值规范化

最大绝对值规范化即根据数据集中最大值的绝对值进行规范化，计算公式如式(3-8)所示。

$$x' = \frac{x}{|x|_{max}} \tag{3-8}$$

该方法规范化后的数据区间为[-1，1]，和极大极小值规范化相似，该方法也能较好地保持原数据的分布结构。

3) 零均值规范化

零均值规范化是根据属性的平均值和标准差进行规范化，其计算公式如式(3-9)所示。

$$x' = \frac{x_i - \overline{x}}{\sigma} \tag{3-9}$$

每一个变量 x_i 减去相应变量值的均值，然后除以标准差，这常被称作标准化或转换成 z 得分。一个 z 得分意味着该变量值离均值有多少个标准差。

4) 小数定标规范化

小数定标规范化是通过移动属性值的小数点位置进行规范化，小数点移动的位数根据属性的最大绝对值确定，其计算公式如式(3-10)所示。

$$x' = \frac{x}{10^a}$$

(3-10)

式中，a 是使 $\max\left(\left|x'\right|\right) < 1$ 的最小整数。

3.5 数据归约

对于格式化数据而言，数据归约主要包括属性(列)的归约、记录(行)的归约及数值的归约。

3.5.1 属性的归约

1. 属性预处理

提高属性的代表性可以首先对数据源的属性进行预处理。对于属性值为以下 4 种情况的可以考虑去掉该属性。

1) 数值型属性为常量或差异较小

有些数值型属性可能只有一个取值，没有任何变化，或者其标准差或变异系数小于某个标准值，意味着该属性没有携带任何信息或只携带少量信息。一般情况下，可以考虑去掉该属性。

2) 属性值为空值

有时属性实际没有任何值，全部为空值。自然这些属性也不携带任何信息，因为所有值都是空值，这和数据集中根本没有该属性是一样的。因此，可以直接去掉该属性。

3) 属性值呈现稀疏性

有些属性绝大部分值都是空值，如 80%～99.9999%为空值，但也确实存在一些非空值。这种情况比较复杂。由于缺失值实在太多，如果用替代法来代替缺失值，会产生错误信息。如果直接去掉该属性，又担心仅有的非空值包含非常重要的信息。一个可行的方法是结合具体的建模方法考虑要不要直接去掉该属性，如使用关联挖掘，可以考虑先保留这些稀疏属性。

4) 属性为单调类别变量

单调类别变量是指变量中每个类别值都唯一的那些变量，如身份证号、账号、车牌号等。属性单位数有几个，其类别就有几类。有些类别变量包含某些特定的信息，如身份证号包含出生日期和出生地，对于这类类别变量可以考虑以有效的方式转换它们。如果不能以有效的方式转换它们，或是对于不含有特定信息的单调类别变量，则可以去掉该属性。

2. 属性选择

属性选择是指运用各种技术，从数据源包含的所有属性中选出与该次分析主题相关的属性，构成属性子集用于建模，从而提高数据挖掘或机器学习的速度和质量。可以采用的技术为属性子集选择法、主成分分析法和聚类分析法等。

1) 属性子集选择法

属性子集选择法通过选择与分析主题或者与数据挖掘或机器学习任务相关的属性，删除不相关的属性，减少数据量。对于属性子集的选用通常使用压缩空间的启发式算法。基本启发式算法的思路有逐步向前选择法、逐步向后删除法、向前选择和向后删除结合法及基于决策树或集成学习的降维法。

逐步向前选择法的思路是由空属性集开始，在其后的每一次迭代中，选择数据源属性集的剩余属性中最好的一个添加到该集合中。逐步向后删除法的思路是由数据源中整个属性集开始，在每一次迭代中，删除尚在属性集中的最差的属性。向前选择和向后删除结合法是在每一次迭代中，选择数据源中剩余的最好的属性，同时在剩余属性中删除一个最差的属性。这三种方法的关键在于最好和最差的标准界定及迭代过程结束阈值的确定。

基于决策树或集成学习的降维法，先使用决策树或集成学习方法(如随机森林、梯度提升树)训练模型，这些模型在构建过程中会评估每个属性对模型性能的贡献。在模型训练完成后，可以获取每个属性的重要性评分。这些评分反映了属性对模型预测能力的贡献程度。根据属性的重要性评分，选择评分较高的属性，实现数据的降维。

2) 主成分分析法

主成分分析法(principal components analysis，PCA)，又称 Karhunen-Loeve 或 K-L 方法，这一方法的目的是在最小平方和误差准则下寻找最能够代表原始数据的 k 维线性子空间，把高维的数据投影到低维空间中。PCA 不像属性子集选择通过保留原属性集的一个子集来减小属性集，而是通过创建一个替换的、较小的属性集来"组合"属性的精华，原始数据可以投影到该较小的集合中。

更正式地，PCA 的基本概念可描述如下：一个 n 维的向量样本集 $X = \{x_1, x_2, x_3, \ldots, x_n\}$ 应转换成另外一个相互独立的相同维度的集 $Y = \{y_1, y_2, y_3, \ldots, y_n\}$，$Y$ 有这样的属性，它的大部分信息内容存在于前几个维中。

主成分分析通过对主要成分按"意义"降序排列，去掉较弱的成分，用较强的成分创建一个替换的、较小的属性集来"组合"属性的精华。"意义"通过方差来体现，主成分的总方差等于原始变量的总方差，主成分按方差降序排列。

$$\phi_m = \frac{\sigma_m^2}{\sum\limits_{m=1}^{n} \sigma_m^2} \tag{3-11}$$

ϕ_m 为第 m 个主成分 y_m 的方差贡献率，σ_m^2 为其方差。第一主成分的方差贡献率最大，表明 y_1 综合原始属性 $x_1, x_2, x_3, \ldots, x_n$ 的能力最强，而 $y_2, y_3, \ldots, y_n$ 的综合能力依次递减。若取前 k 个主成分，则其累计方差贡献率为

$$\phi_k = \frac{\sum\limits_{m=1}^{k} \sigma_m^2}{\sum\limits_{m=1}^{n} \sigma_m^2} \tag{3-12}$$

ϕ_k 表明 $y_2, y_3, \ldots, y_k$ 综合 $x_1, x_2, x_3, \ldots, x_n$ 的能力，通常取 k，使得累计方差贡献率达到一个较高的百分比（如 85% 以上）。

3) 聚类分析法

运用聚类分析法，对属性进行聚类。聚类完成之后，可以从每类中选取一个或几个代表性属性构成属性子集。

类内代表性属性的选取方法如下：计算每个类中相关系数的平均值 $\overline{R}_i^2$，取其中最大的一个或几个系数对应的属性作为这一类的代表性属性。计算公式为

$$\overline{R}_i^2 = \frac{\sum\limits_{j \neq i} r_{ij}^2}{k-1} \qquad (i = 1, \ldots, k; \ j = 1, \ldots, k) \tag{3-13}$$

其中，k 为某一类中属性的个数，r_{ij}^2 为该类内属性 x_i 对类中其他属性的相关系数的平方。

3.5.2 记录的归约

记录的归约最常用的方法之一就是抽样。如果一个数据集包含的记录过多，可以使用概率抽样的方法从中抽取一个子集，使抽中的子集尽可能代表原数据集。常用的概率抽样的方法包括简单随机抽样、等距抽样、分层抽样、聚类抽样和整群抽样。

1. 简单随机抽样

简单随机抽样是按等概率的原则直接从总体中随机抽取样本，这种方法虽然简单，但不能保证样本能完美代表总体。其适用前提是所有个体都是等概率分布的，但现实情况却常常不是如此。简单随机抽样还可以是有放回的简单随机抽样，这样得到的子集存在重复数据，所以一般用于记录归约的都是不放回的简单随机抽样。

2. 等距抽样

等距抽样是先将总体中的每一个个体按顺序进行编号，然后计算出抽样间隔，再按照固定的抽样间隔抽取个体。这种方法也较为简便，适用于个体分布较为均匀的数据。若个体分布存在明显的增减趋势或周期性规律，虽然通过中心等距抽样或对称等距抽样得到的样本其代表性会有一定的改善，但还是容易产生偏差。

3. 分层抽样

分层抽样是先将总体按某种特征划分为几个类别，使类内差异尽可能地小，类间差异尽可能地大，然后从每个类别中随机抽取若干样本，由每类中抽中的样本构成一个总的样本用于数据挖掘或机器学习。这种方法适用于带有类别标签的数据，归约后的记录包含了每个类别，使其具有较好的代表性。

4. 聚类抽样

聚类抽样是先将总体按聚类的方法划分为几个类别，然后从每个类别中随机抽取若干个样本，由每类中抽中的样本构成一个总的样本用于数据挖掘或机器学习。因为聚类是一种无监督的方法，所以该方法适用于虽不存在类别标签但可以聚类的数据。

5. 整群抽样

整群抽样是先将总体分为几个群体，然后抽取若干群组成总的样本。这种方法适用于群内差异大、群间差异小的总体。

用于异常检测的数据，一般异常数据非常少，如果需要抽样，建议保留所有的异常类数据，只对非异常类使用以上方法进行抽样，然后把抽样结果和异常类数据相结合用于异常挖掘。

3.5.3　数值的归约

数值的归约主要体现在每条记录在不同属性取值上的精简，除了上述提及的定量数据离散化的方法可以实现数值精简外，还可以使用聚类和聚集的方法。

1. 聚类

使用聚类分析法，对样本(记录或元组)进行聚类。用聚类的结果代替原始数据，实现数值归约的目的。

2. 聚集

聚集主要指对数据进行不同维度的汇总，例如常用的基于数据立方体的聚集，使用聚集后高粒度的值来代替低粒度值，实现数值归约的目的。

图 3.3 反映的是某电商平台 2022—2024 年每季度食品类商品的销售数据基于年度聚集的结果，我们可以看到，聚集后数据量明显减少。

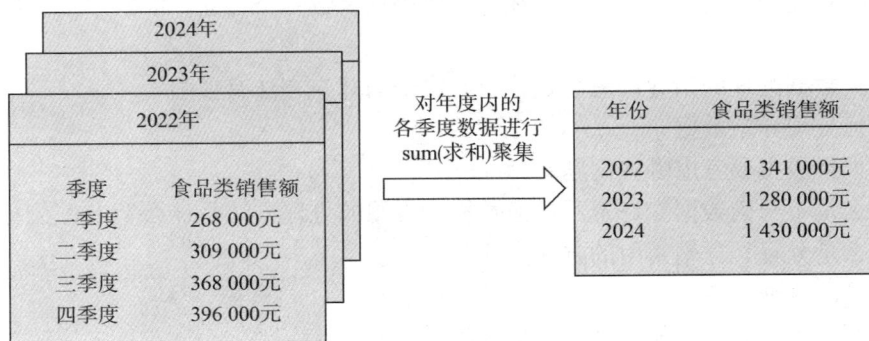

图 3.3　基于年度的聚集

图 3.4(a)所示的数据立方体反映了某企业各类商品在各省市的年销售额,每个单元的数值对应于多维空间的一个数据点。地理维度的省市存在如图 3.4(b)所示的概念分层，我们可以基于概念分层，将省市销售数据聚集为区域销售数据，实现数值归约。

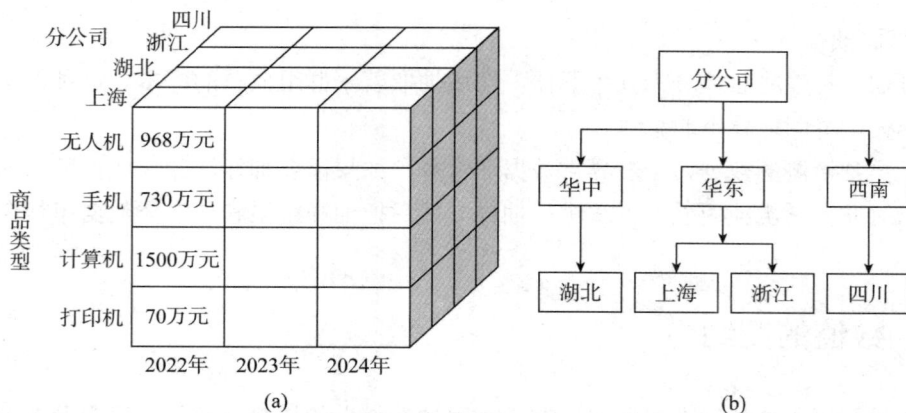

图 3.4　某企业年销售额数据立方体及地理维度的概念分层

3.6　练习与拓展

即测即评

扫右侧二维码，完成客观题自测题。

练习

1. 对于格式化数据而言，原始数据一般会存在哪些问题？
2. 数据预处理与特征工程的主要任务可以概括为哪几个方面，每个方面主要解决什么问题？
3. 缺失数据处理的指导性思想是什么？常用的填充方法有哪些？
4. 如何处理异常数据？
5. 数据集成主要考虑哪些问题？
6. 什么是不平衡数据？对于不平衡数据，常用的处理方法是什么？
7. 什么是分箱？分箱常用的方法有哪些？
8. 常见的特征构造与特征转换的方法有哪些？
9. 时间序列数据中，如何进行特征构造？
10. 什么是数据归约？数据归约要注意哪些问题？
11. 属性归约常用的方法有哪些？

拓展

1. 基于本章学习的数据预处理与特征工程方法，使用 R 或 Python 进行相应练习。
2. 查阅相关资料，了解常见的文本数据预处理步骤有哪些？
3. 在文本数据预处理中，文本向量化的方法有哪些？
4. 在图像数据预处理中，常用的数据增强方法有哪些？

第 *4* 章

关 联 分 析

导　读

　　万事万物是相互联系、相互依存的。只有用普遍联系的、全面系统的、发展变化的观点观察事物，才能把握事物发展规律。我国是一个发展中大国，仍处于社会主义初级阶段，正在经历广泛而深刻的社会变革，推进改革发展、调整利益关系往往牵一发而动全身。我们要善于通过历史看现实、透过现象看本质，把握好全局和局部、当前和长远、宏观和微观、主要矛盾和次要矛盾、特殊和一般的关系，不断提高战略思维、历史思维、辩证思维、系统思维、创新思维、法治思维、底线思维能力，为前瞻性思考、全局性谋划、整体性推进党和国家各项事业提供科学思想方法。

　　　　　　——摘自习近平 2022 年 10 月 16 日在中国共产党第二十次全国代表大会上的报告

知识导图

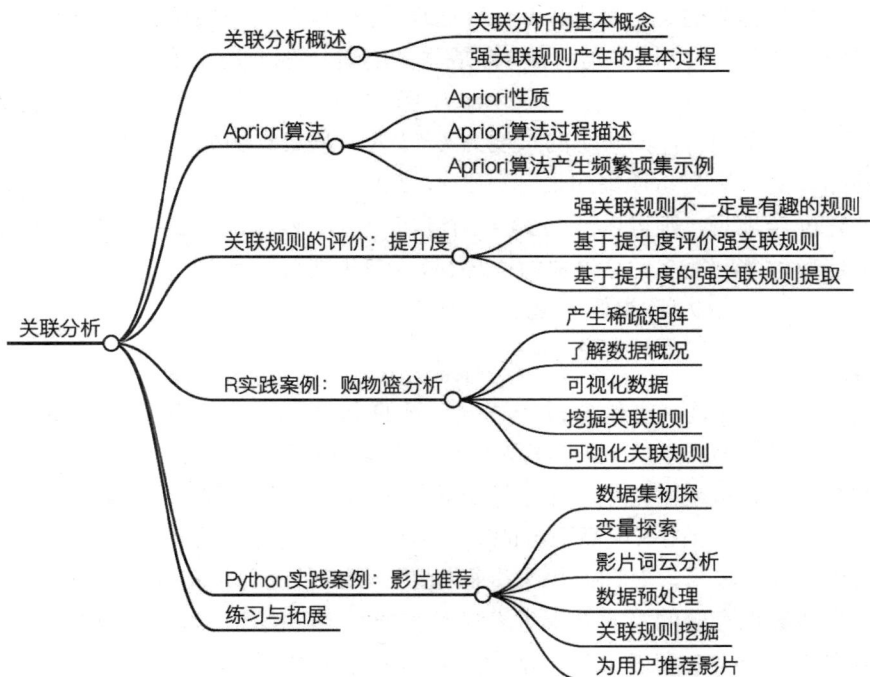

4.1 关联分析概述

普遍联系地而不是单一孤立地观察事物和把握问题，是唯物辩证法的内在要求。关联分析的目的就是找到事物间的关联性，为我们提供更好的服务与决策依据。关联分析的概念最早由 Rakesh Agrawal 等人于 1993 年提出，主要用于分析超市顾客购买商品的关联性，所以该分析也被称为购物篮分析。根据购物篮分析的结果，超市管理层可以安排合适的货架摆放、开展捆绑销售等促销活动或者为客户推荐喜欢的商品，从而实现交叉销售。

随着关联分析方法的不断发展和丰富，关联分析应用领域也越来越广。例如，在电子商务领域，关联分析既可以帮助经营者实现商品的精准推荐，还可以将关联度高的商品存放在一起，从而减少拣货时间，提升配送效率；在金融领域，关联分析可以帮助银行和金融机构向客户推荐合适的金融产品，从而优化风险管理；在医疗保健领域，关联分析可以帮助医疗保健机构发现患者的某些特征与某种疾病或某些药品之间的关联性，从而优化就诊模式，提升服务水平；在交通运输领域，关联分析可以帮助交通管理部门分析不同类型车辆的道路使用模式、车辆流量和拥堵原因，从而优化道路规划，提升交通智能化管理水平；等等。

4.1.1 关联分析的基本概念

1. 项目与项集

设 $I = \{i_1, i_2, ..., i_m\}$ 是 m 个不同项目的集合，每个 $i_k (k = 1, 2, ..., m)$ 称为项目(Item)。由 I 中部分或全部项目构成的集合称为项集(Itemset)，至少包含一个项目的项集为非空项集，如 {大米}，{大米,牛奶}，{大米,牛奶,牙膏} 都是非空项集。任何非空项集中都要求不含有重复项目，即如果有一个项集为{大米,牛奶,牙膏,牛奶}，则该项集不符合关联分析项集的要求。若项集 I 中包含 k 个项目，则称 I 的长度为 k，I 为 k 项集。例如，有位顾客一次购买了 8 种不同的商品，则该次交易项集的长度等于 8，I 为 8 项集。

若 I 包含 m 个项目，则可以产生 $2^m - 1$ 个非空子集。例如，若 $I = \{$大米,牛奶,牙膏$\}$，可以产生 $2^3 - 1 = 7$ 个的非空子集，分别为：{大米}，{牛奶}，{牙膏}，{大米,牛奶}，{大米,牙膏}，{牛奶,牙膏}，{大米,牛奶,牙膏}。

2. 事务

若 $I = \{i_1, i_2, ..., i_m\}$ 是一个包含 m 个不同项目的全项集，则每个事务 T (Transaction)是项集 I 上的一个子集，即 $T \subseteq I$，每个事务都有一个唯一的标识符 TID(Transaction ID)。TID 标识符通常是一个整数或字符串，用于区分不同的事务，不同事务的全体构成了一个全体事务集 D。例如，在一个图书电商平台的交易数据集中，每笔交易可以看作一个事务，TID 标识符可以用交易订单号、时间戳等来进行标记，所有的交易便构成了全体事务集 D。

常见的事务数据存储的格式有事务表和事实表两类。例如，如果表 4.1 是图书电商平台的交易数据集，表 4.2 和表 4.3 分别为相应的事务表和事实表，TID 表示交易编号。表

4.1 中，每笔对应一个事务，项集表示每笔交易购买的图书。表 4.2 所示的交易数据事务表中，变量名为项集，变量值为项集所包含的图书。表 4.3 所示的交易数据事实表中，变量名为图书，变量值为 1 或 0，1 代表购买，0 代表没有购买。

表 4.1 图书电商平台的交易数据集

TID	项集
0001	《平凡的世界》《三体》
0002	《呼兰河传》《平凡的世界》《三体》
0003	《平凡的世界》《人世间》《三体》
0004	《苏东坡传》《瓦尔登湖》
0005	《人世间》《三体》

表 4.2 交易数据事务表

TID	项集
0001	《平凡的世界》
0001	《三体》
0002	《呼兰河传》
0002	《平凡的世界》
0002	《三体》
0003	《平凡的世界》
0003	《人世间》
0003	《三体》
0004	《苏东坡传》
0004	《瓦尔登湖》
0005	《人世间》
0005	《三体》

表 4.3 交易数据事实表

TID	《呼兰河传》	《平凡的世界》	《人世间》	《三体》	《苏东坡传》	《瓦尔登湖》
0001	0	1	0	1	0	0
0002	1	1	0	1	0	0
0003	0	1	1	1	0	0
0004	0	0	0	0	1	1
0005	0	0	1	1	0	0

3. 关联规则、支持度与频繁项集

频繁项集指频繁地同时出现的项目的集合，例如，频繁地同时出现在交易中的商品(如

啤酒和尿布)的集合。项集出现的频繁性常用其出现的次数或出现次数占全体事务数的比来度量。

设 $I = \{i_1, i_2, \ldots, i_m\}$ 是所有项目的集合，D 是全体事务的集合，其中每个事务 T 是一个非空子集，T 中所有的项目必然都包含在 I 中，表示为 $T \subseteq I$，即 T 是 I 的一个子集。X 是一个项集，事务 T 包含 X，当且仅当 $X \subseteq T$。关联规则就是从全体事务中挖掘出的项目之间的关系，形如 $X \Rightarrow Y$ 的蕴涵表达式，其中 $X \subset I$，$Y \subset I$，$X \neq \varnothing$，$Y \neq \varnothing$，并且 $X \bigcap Y = \varnothing$。$X$ 称为规则的前项，可以是一个项目或项集。Y 称为规则的后项，一般为一个项目。

项集 X 的支持度(Support)为项集 X 出现的事务数与全体事务数的比，表示为式(4-1)。通常，当项集 X 的支持度大于或等于最小支持度阈值时，X 即为频繁项集。

$$\text{Support}(X) = \frac{|T(X)|}{|T|} \tag{4-1}$$

式中：$|T(X)|$ 表示包含项集 X 的事务数，也可称为项集 X 的支持度计数；$|T|$ 表示全体事务数。

规则 $X \Rightarrow Y$ 的支持度为项集 X 和 Y 同时出现的事务数与全体事务数的比，表示为式(4-2)。

$$\text{Support}(X \Rightarrow Y) = \frac{|T(X,Y)|}{|T|} \tag{4-2}$$

式中：$|T(X,Y)|$ 表示同时包含项集 X 和 Y 的事务数，也可称为规则 $X \Rightarrow Y$ 的支持度计数。由于在全体事务数中，同时包含项集 X 和 Y 的事务数是既定的，所以显然有 $\text{Support}(X \Rightarrow Y) = \text{Support}(Y \Rightarrow X)$。

支持度用于度量关联规则在事务数据集中的普适程度，是对关联规则重要性或适用性的衡量。支持度是一个相对指标，分析规则普遍性时可结合规则支持度计数加以考虑。

4.1.2　强关联规则产生的基本过程

1. 寻找所有频繁项集

给定全局项集 I 和全体事务数据集 D，对于 I 的非空项集 I_k (k 表示包含的项目数)，若其支持度大于或等于最小支持度阈值 min_sup，则称 I_k 为频繁 k 项集(Frequent Itemsets)。例如，根据表 4.1 图书电商平台的交易数据集，若最小支持度阈值为 60%，则频繁 1 项集分别为{《平凡的世界》}与{《三体》}；频繁 2 项集为 {《平凡的世界》,《三体》}。

关联规则挖掘的第一步，就是根据最小支持度阈值 min_sup，找出事务数据集中所有的频繁项集。从寻找频繁 1 项集开始，然后频繁 2 项集，频繁 3 项集，以此类推，直到找到所有的频繁项集。这是关联挖掘算法研究的重点，算法 4.1 描述了采用穷举思想寻找频繁项集的过程。例如，$I=\{$大米,牛奶,牙膏$\}$，先产生其所有的非空子集分别为{大米}，{牛奶}，{牙膏}，{大米,牛奶}，{大米,牙膏}，{牛奶,牙膏}，{大米,牛奶,牙膏}；然后对于每个非空子集，扫描事务数据集 D，获得它的支持度。因为 I 有 7 个非空子集，所以需要扫描 7 遍事务数据集，每一遍分别计算每一个非空子集(如 1 项集{大米})的支持度。如果该非空子集的支持度大于或等于最小支持度阈值 min_sup，则将其作为频繁项集添加到 L 中。显然，这种算法虽然非常简单，但它同时非常低效。后续学者们的相关研究主要考虑从两方面降低产生频繁项集的计算复杂度：第一，减少候选项集的数量；第二，减少比较的次数。

算法 4.1   找频繁项集(穷举法)

输入：全局项集 I 和全体事务数据集 D，最小支持度阈值 min_sup。

输出：所有频繁项集集合 L。

方法：

```
n=|D|;
for (I 的每个非空子集 c)
{   i=0;
    for(对于 D 中的每个事务 t)
    {  if(c 是 t 的子集)
       i++;
    }
    if(i/n≥min_sup)
      L=L∪{c};                    //将 C 添加到频繁项集集合 L 中
}
```

---

2. 产生强关联规则

强关联规则是满足最小置信度阈值的规则。规则 $X \Rightarrow Y$ 的置信度(Confidence)反映项集 X 出现的条件下项集 Y 也出现的可能性，即项集 X 和 Y 同时出现的支持度计数除以项集 X 的支持度计数，表示为式(4-3)。

$$\text{Confidence}(X \Rightarrow Y) = \frac{|T(X,Y)|}{|T(X)|} \tag{4-3}$$

置信度是对关联规则可信度或准确度的衡量，其值越大，表示项集 Y 依赖于项集 X 的可能性越高。

对于每个频繁项集 L，产生强关联规则的基本步骤如下。

(1) 产生 L 的所有非空真子集，即不包含 L 本身的所有非空子集。

(2) 对于 L 的每个非空真子集 L_u，计算规则 $L_u \Rightarrow L - L_u$ 的置信度，如式(4-4)。

$$\text{Confidence}(L_u \Rightarrow L - L_u) = \frac{|T(L)|}{|T(L_u)|} \tag{4-4}$$

如果 L 的支持度计数除以 L_u 的支持度计数大于等于最小置信度阈值 min_conf，则输出强关联规则 $L_u \Rightarrow L - L_u$。

【例 4.1】根据表 4.1 图书电商平台的交易数据集，若最小支持度为 60%，有一个频繁 2 项集 $L=\{$《平凡的世界》,《三体》$\}$，由 L 产生强关联规则的过程如下。

(1) 产生 L 的所有非空真子集：$\{$《平凡的世界》$\}$，$\{$《三体》$\}$。

(2) 对于每个非空真子集，分别计算对应规则的置信度，其中 $T(L)=3$。

对于 {《平凡的世界》}，产生的规则为：{《平凡的世界》} $\Rightarrow$ {《三体》}，$T(${《平凡的世界》}$)=3$，所以该规则的置信度=3/3=100%。

对于 {《三体》}，产生的规则为：{《三体》} $\Rightarrow$ {《平凡的世界》}，$T(${《三体》}$)=4$，所以该规则的置信度=3/4=75%。

若最小置信度阈值 min_conf=80%，则产生的强关联规则为

$$\{《平凡的世界》\} \Rightarrow \{《三体》\}$$

4.2 Apriori 算法

Apriori 算法由 Rakesh Agrawal 和 Ramakrishnan Srikant 于 1994 年提出，是一种经典的生成关联规则的频繁项集挖掘算法。该算法采用逐层搜索的迭代方法，利用 Apriori 性质压缩搜索空间，从而提高频繁项集逐层产生的效率。

4.2.1 Apriori 性质

Apriori 性质：若 L 是一个频繁项集，则 L 的每一个非空子集都是一个频繁项集。

证明：设事务数据集 D 中的事务总数为 n，$|T(\bullet)|$ 表示包含项集 $\bullet$ 在 D 的所有事务中出现的次数。

依题意，L 是一个频繁项集，则 $\text{Support}(L)=|T(L)|/n \geqslant \text{min\_sup}$。

对于 L 的任意非空子集 L_u，一定有 L_u 在 D 中出现的次数大于等于 L 在 D 中出现的次数。如例 4.1 中，$L=\{《平凡的世界》,《三体》\}$ 支持度为 60%，满足最小支持度要求，为频繁 2 项集，则其非空真子集 {《平凡的世界》}，{《三体》} 在所有交易中出现的次数分别为 3 和 4，均大于或等于 {《平凡的世界》,《三体》} 出现的次数。即有

$$|T(L_u)| \geqslant |T(L)|$$

则

$$\text{Support}(L_u)=|T(L_u)|/n \geqslant |T(L)|/n=\text{Support}(L) \geqslant \text{min\_sup}$$

所以，L_u 是一个频繁项集。

所以，如果 $L=\{《平凡的世界》,《三体》\}$ 是频繁的，则其子集 {《平凡的世界》}、{《三体》} 也一定是频繁的，但其超集 {《平凡的世界》,《三体》,《人世间》} 不一定是频繁的，根据表 4.1 可知其不是频繁项集。

Apriori 性质的反单调性：如果一个项集不是频繁的，则它的所有超集也一定不是频繁的。

证明：设事务数据集 D 中的事务总数为 n。

依题意，L_u 不是频繁的，即 $\text{Support}(L_u)=|T(L_u)|/n \leqslant \text{min\_sup}$。对于 L_u 的任意超集 L，由于 $L_u \subset L$，所以有

$$\text{Support}(L) \leqslant \text{Support}(L_u)$$

则

$$\text{Support}(L) = \left|T(L)\right|/n \leqslant \left|T(L_u)\right|/n = \text{Support}(L_u) \leqslant \min\_\text{sup}$$

所以，L 不是一个频繁项集。

例如，表 4.1 图书电商平台交易数据集中，最小支持度阈值为 60%，1 项集 {《人世间》} 不是频繁的，则其 2 项超集 {《平凡的世界》，《人世间》}，{《三体》，《人世间》} 或者如上所述的其 3 项超集 {《平凡的世界》，《三体》，《人世间》} 也一定不是频繁的。

4.2.2　Apriori 算法过程描述

设 C_k 是项目数为 k 的候选项集的集合，L_k 是项目数为 k 的频繁项集的集合。简单起见，设最小支持度计数阈值为 min_sup_count，即采用最小支持度计数。Apriori 算法寻找频繁项集的过程描述如下。

(1) 扫描事务数据集 D，对 D 中每一个项目计算其支持度(计数)，找出满足最小支持度(计数)阈值的频繁 1 项集的集合 L_1。

(2) 利用已经生成的 L_{k-1} 自连接，得到候选 k 项集的集合 C_k，候选 k 项集的产生使用 aproiri_gen 函数(函数理解见例 4.2 自连接过程)实现。

(3) 利用 Apriori 性质的反单调性，对候选 k 项集 C_k 进行剪枝(见例 4.2 与例 4.3 中剪枝说明)。

(4) 再次扫描数据集 D，计算这些候选集的支持度(计数)，删除支持度(计数)小于最小支持度(计数)阈值的项目集，生成频繁 k 项集 L_k。

(5) 重复步骤(2)～(4)，直到 L_k 为空。

(6) 对 L_1 到 L_k 取并集，即为最终的频繁项集 L。

算法 4.2　Apriori 算法：使用逐层迭代方法基于候选项集产生频繁项集的过程

输入：事务数据集 D，最小支持度计数阈值 min_sup_count。

输出：L，D 中的频繁项集。

方法：

```
L₁=find_frequent_1_itemsets(D);              //发现所有的频繁1项集
for(k=2;L_{k-1}≠∅;k++)
{   C_k=apriori_gen(L_{k-1});
    for each transaction t∈D
    {   C_t=subset(C_k, t);
        for each candidate c∈C_t
        c.count++;
    }
    L_k ={c∈C_k |c.count≥min_sup_count}
}
Return L=∪L_k
```

4.2.3 Apriori 算法产生频繁项集示例

【例 4.2】表 4.4 给出了一个简单的交易事务数据集 D，共包含 5 次交易，涉及 6 项商品。

表 4.4　交易事务数据集

TID	项集
0001	A,B
0002	A,C,D,E
0003	B,C,D,F
0004	A,B,C,D
0005	A,B,C,F

设最小支持度计数阈值为 3，运用 Apriori 算法，产生所有频繁项集的过程如下。其中，C_k 是项目数为 k 的候选项集的集合，L_k 是项目数为 k 的频繁项集的集合。

(1) 得到 L_1 的过程如图 4.1 所示。

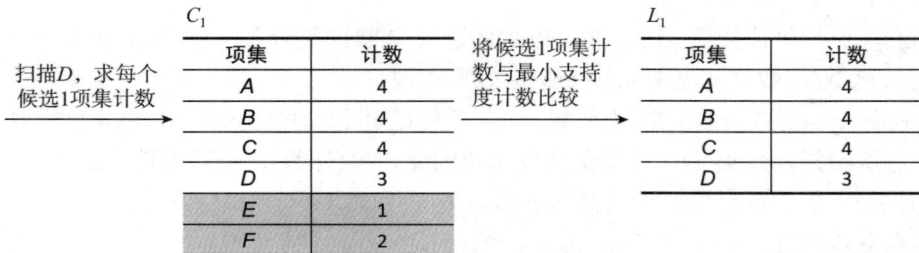

图 4.1　得到 L_1 的过程

(2) 由 L_1 自连接得到 C_2 的过程如图 4.2 所示。

如图 4.2 所示，通过将频繁 1 项集 L_1 的项按字典序排列，L_1 与 L_1 自连接产生候选 2 项集的集合 C_2。因为关联分析要求任何非空项集中都不含有重复项目，所以自连接时不和项自身自连，即不会产生 $\{A,A\}$，$\{C,C\}$ 等候选项集。同时，为避免重复，只连接按字典序排序后右侧大于左侧的项。如左侧项集中 A 自连接产生 $\{A,B\}$，$\{A,C\}$，$\{A,D\}$，B 自连接产生 $\{B,C\}$，$\{B,D\}$，B 不需要再与项 A 自连接，因为候选 2 项集 $\{A,B\}$ 已存在，这样可以提高运算的速度与效率。同理，C 只需要与 D 自连接产生 $\{C,D\}$。

(3) 由 C_2 得到 L_2 的过程如图 4.3 所示。

C_k 是 L_k 的超集，这意味着，C_k 中的成员可以是频繁的，也可以是非频繁的，但所有的频繁 k 项集都包含在 C_k 中。

利用 Apriori 性质的反单调性，对于 C_k 中的某个 k 项集，若它存在任何一个 $k-1$ 项子集是非频繁的，则该 k 项集也必然是非频繁的，可以从 C_k 中删除，而判断一个 $k-1$ 项子集是非频繁的条件就是它不在 L_{k-1} 中。这一过程，就是剪枝的过程。Apriori 利用其反单调性剪枝的方法可以有效地压缩 C_k，减少候选集支持度(计数)的计算量。

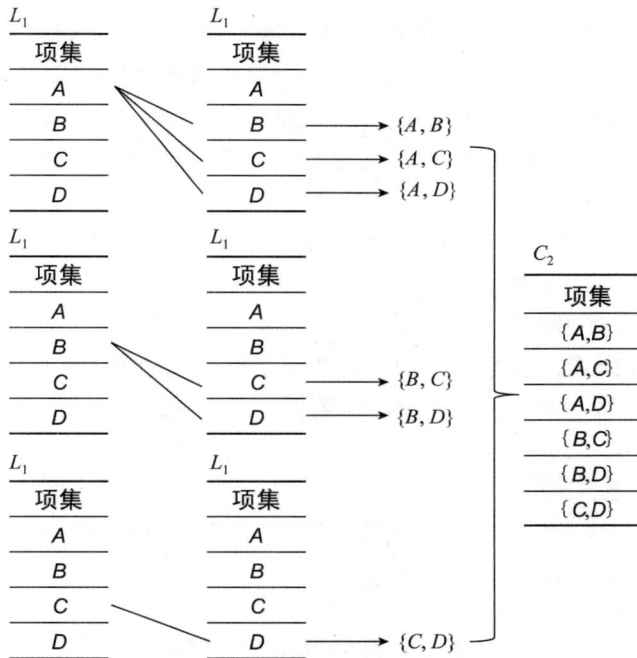

图 4.2 由 L_1 自连接得到 C_2 的过程

如图 4.2 所示，候选 2 项集的集合 C_2 中，所有的 1 项集都是频繁的，所以不需要剪枝，直接计算每个候选 2 项集计数，并与最小支持度计数相比，得到 L_2，如图 4.3 所示。

图 4.3 由 C_2 得到 L_2 的过程

(4) 由 L_2 自连接得到 C_3 的过程如图 4.4 所示。

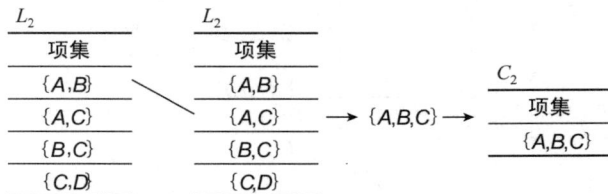

图 4.4 由 L_2 自连接得到 C_3 的过程

如前所述，Apriori 算法假定事务或项集中的项按字典序排列，设 l_1 和 l_2 是 L_{k-1} 中的项集，$l_i[j]$ 表示 l_i 的第 j 项，例如，$l_1[3]$ 表示 l_1 的第 3 项。对于 $k-1$ 项集 l_i，把项排序后，意

味着 $l_i[1] < l_i[2] < \cdots < l_i[k-1]$，如 2 项集 $\{A,B\}$，按字典序 A<B。如果是中文，即按首字母拼音排序。当 $k > 2$ 时，L_{k-1} 中的项集可自连接，必须要求其前 $k-2$ 个项相同，即如果 L_{k-1} 中的项集为 l_1 和 l_2，当 $l_1[1]=l_2[1] \wedge l_1[2]=l_2[2] \wedge \cdots \wedge l_1[k-2]=l_2[k-2]$ 且 $l_1[k-1] < l_2[k-1]$ 时，l_1 和 l_2 是可连接的，条件 $l_1[k-1] < l_2[k-1]$ 是为了确保不产生重复，连接后的结果项是 $\{l_1[1], l_1[2], \cdots, l_1[k-1], l_2[k-1]\}$。

如频繁 2 项集 L_2 自连接，项集中第 1 项必须相同，右侧第 2 项必须大于左侧项集的第 2 项，所以满足条件的 C_3 只有 $\{A,B,C\}$。

(5) 由 C_3 得到 L_3 的过程如图 4.5 所示。

同理，如图 4.4 所示，C_3 中包含的所有 2 项子集都是频繁的，所以不需要剪枝，直接计算该候选 3 项集计数，并与最小支持度计数相比，得到 L_3 为空集，如图 4.5 所示。

图 4.5　由 C_3 得到 L_3 的过程

(6) 由 $L_3 = \varnothing$，算法结束，产生的所有频繁项集为 $L_1 \bigcup L_2$。

【例 4.3】设 $L_3 = \{\{A,B,C\}, \{A,B,D\}, \{A,C,D\}, \{A,C,E\}, \{B,C,D\}\}$，基于 Apriori 算法产生 C_4。

通过自连接并剪枝构建 C_4 的过程如图 4.6 所示。根据 Apriori 算法自连接的要求，对于频繁 3 项集，必须前 2 项相同，且右侧第 3 项大于左侧项集的第 3 项，才能进行自连接。自连接结果只有 $\{A,B,C,D\}$ 与 $\{A,C,D,E\}$。对于自连接所得的 4 项集 $\{A,B,C,D\}$，其所有的 3 项子集都属于频繁 3 项集 L_3，都是频繁的，不满足剪枝的条件。而对于自连接所得的 4 项集 $\{A,C,D,E\}$，其所有的 3 项子集中，$\{C,D,E\}$、$\{A,D,E\}$ 不属于频繁 3 项集 L_3，不是频繁的，所以它们的超集 $\{A,C,D,E\}$ 也必然是不频繁的，满足剪枝的条件。剪枝后最终的候选 4 项集为 $\{A,B,C,D\}$。

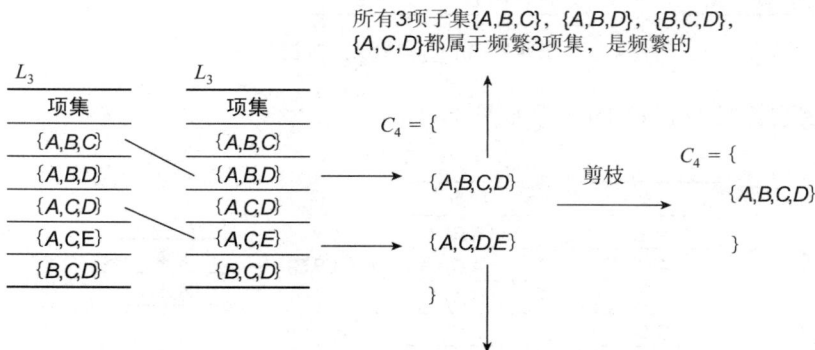

图 4.6　由 L_3 自连接并剪枝构建 C_4 的过程

4.3 关联规则的评价：提升度

基于 Apriori 算法，使用最小支持度阈值，可以高效地产生频繁项集，同时结合置信度阈值，能够找到强关联规则，但强关联规则是否一定是有趣的规则，即是否一定有助于我们作出有效决策呢？

4.3.1 强关联规则不一定是有趣的规则

【例 4.4】假定杭州某丝绸经营企业收集了 2000 人关于蚕丝被和滑雪的爱好信息，汇总在表 4.5 中，若最小支持度阈值和置信度阈值分别为 40% 和 60%，根据收集的数据分析企业企业可否根据规则：爱滑雪 ⇒ 喜欢蚕丝被，在滑雪场开展相应的促销活动，促销蚕丝被。

表 4.5 关于蚕丝被和滑雪的爱好分布

项目	爱滑雪	不爱滑雪	合计
喜欢蚕丝被	800	700	1500
不喜欢蚕丝被	400	100	500
合计	1200	800	2000

在 2000 人中，有 1200 人爱滑雪，1500 人喜欢蚕丝被，有 800 人既爱滑雪又喜欢蚕丝被，可得

$$\text{Support}(爱滑雪 \Rightarrow 喜欢蚕丝被) = \frac{|T(爱滑雪, 喜欢蚕丝被)|}{|T|} = \frac{800}{2000} = 40\%$$

$$\text{Confidence}(爱滑雪 \Rightarrow 喜欢蚕丝被) = \frac{|TT(爱滑雪, 喜欢蚕丝被)|}{|T(爱滑雪)|} = \frac{800}{1200} \approx 66.67\%$$

因为最小支持度阈值和置信度阈值分别为 40% 和 60%，则规则：爱滑雪 ⇒ 喜欢蚕丝被为强关联规则。但该企业是否就可以根据这条规则在滑雪场促销蚕丝被呢？我们的答案是否定的。因为全部 2000 人中，喜欢蚕丝被的有 1500 人，占 75%，而爱滑雪的人中喜欢蚕丝被的却只占 66.67%。这意味着，一个爱滑雪的人更可能倾向于不喜欢蚕丝被。因此，尽管规则：爱滑雪 ⇒ 喜欢蚕丝被符合了最小支持度阈值和置信度阈值的要求，但它并不是用户真正感兴趣的规则。我们如果在滑雪场促销蚕丝被，该促销活动将是无效的。

由此可见，强关联规则的置信度具有欺骗性，其缺陷在于忽略了规则后项(喜欢蚕丝被)的支持度。如果考虑喜欢蚕丝被的支持度，我们就能发现，爱滑雪的人中喜欢蚕丝被的人所占的比例低于所有人中喜欢蚕丝被的人所占的比例，这表明爱滑雪的人和喜

欢蚕丝被的人之间存在一种逆向关系。

4.3.2　基于提升度评价强关联规则

虽然规则是否有趣，是否有助于决策，只有使用者才能够最终评判，具有很强的主观性，但是我们可以使用客观性度量标准评价强关联规则，尽量过滤掉无趣的没有实际指导意义的强关联规则。

根据以上分析，我们需要一种度量规则前项和后项间的相关性或依赖性的指标，只有前项和后项间存在正向关系时，规则才具有实际意义，用户才有可能感兴趣。提升度(Lift)是一种简单便捷的相关性度量，设 X、Y 为规则的前项或后项，则 X 与 Y 间提升度的计算公式为

$$\text{Lift}(X \Rightarrow Y) = \frac{\text{Confidence}(X \Rightarrow Y)}{\text{Support}(Y)} = \frac{|T(X,Y)|}{|T(X)|} / \frac{|T(Y)|}{|T|} \tag{4-5}$$

或

$$\text{Lift}(Y \Rightarrow X) = \frac{\text{Confidence}(Y \Rightarrow X)}{\text{Support}(X)} = \frac{|T(X,Y)|}{|T(Y)|} / \frac{|T(X)|}{|T|} \tag{4-6}$$

由式(4-5)和式(4-6)可知，不管 X 与 Y 位于规则的前项还是后项，X 与 Y 间提升度的计算结果是一致的。所以我们把 X 与 Y 间的提升度统一表示为 $\text{Lift}(X,Y)$。当 X 与 Y 间提升度的值等于 1 时，表明 X 的出现与 Y 的出现相互独立；否则，X 的出现和 Y 的出现是相关的或依赖的。如果 $\text{Lift}(X,Y)<1$，则 X 的出现和 Y 的出现是负相关的，意味着 X 的出现反而可能导致 Y 的不出现。如果 $\text{Lift}(X,Y)>1$，则 X 的出现和 Y 的出现是正相关的，意味着 X 的出现会促进 Y 的出现。所以，只有当强关联规则前后项集间的提升度大于 1 时，规则才有可能具有实际意义，而且两者间的提升度越大越好，它反映了一个出现"提升"另一个出现的程度。

根据表 4.5，规则：爱滑雪 $\Rightarrow$ 喜欢蚕丝被，前后项间的提升度计算如下，结果为 0.89，小于 1，所以这条强关联规则不具有实际意义，应该过滤掉。

$$\text{Lift}(爱滑雪, 喜欢蚕丝被) = \frac{\text{Confidence}(爱滑雪 \Rightarrow 喜欢蚕丝被)}{\text{Support}(喜欢蚕丝被)}$$

$$= \frac{800}{1200} / \frac{1500}{2000} \approx 0.89$$

相反，我们再来分析爱滑雪与不喜欢蚕丝被之间的提升度，计算如下，结果为 1.33，大于 1，也就意味着与其他人相比，爱滑雪的人更不喜欢蚕丝被。

$$\text{Lift}(爱滑雪, 不喜欢蚕丝被) = \frac{\text{Confidence}(爱滑雪 \Rightarrow 不喜欢蚕丝被)}{\text{Support}(不喜欢蚕丝被)}$$

$$= \frac{400}{1200} / \frac{500}{2000} \approx 1.33$$

4.3.3　基于提升度的强关联规则提取

表 4.6 为某音乐平台 10 位听众的播放事务数据集，用 Apriori 算法进行分析，列出满足最小支持度阈值是 70%，最小置信度阈值是 75%的强关联规则，并基于提升度选取可用于推荐的规则。

表 4.6　某音乐平台 10 位听众的播放事务数据集

TID	项集
001	《父亲写的散文诗》《孤勇者》《青花瓷》《我和我的祖国》
002	《父亲写的散文诗》《孤勇者》《青花瓷》《十年》《我和我的祖国》
003	《父亲写的散文诗》《孤勇者》《少年中国说》《我和我的祖国》
004	《父亲写的散文诗》《青花瓷》《我和我的祖国》
005	《青花瓷》《少年中国说》《十年》《我和我的祖国》
006	《父亲写的散文诗》《青花瓷》《我和我的祖国》
007	《父亲写的散文诗》《给你给我》《少年中国说》
008	《孤勇者》《青花瓷》《少年中国说》《我和我的祖国》
009	《父亲写的散文诗》《青花瓷》《少年中国说》《十年》《我和我的祖国》
010	《父亲写的散文诗》《给你给我》《我和我的祖国》

1. 找出所有频繁项集

首先，扫描事务数据集，列出所有的候选 1 项集，歌曲名按首字母拼音字典序排列，并计算每个候选 1 项集支持度计数，如表 4.7 所示。

表 4.7　候选 1 项集 C_1

候选 1 项集	支持度计数
《父亲写的散文诗》	8
《给你给我》	2
《孤勇者》	4
《青花瓷》	7
《少年中国说》	5
《十年》	3
《我和我的祖国》	9

因为给定的最小支持度阈值为 70%，共有 10 项事务，所以最小支持度计数阈值为 7。由候选 1 项集，根据最小支持度计数阈值，找出所有的频繁 1 项集，如表 4.8 所示。

表 4.8　频繁 1 项集 L_1

频繁 1 项集	支持度计数
《父亲写的散文诗》	8
《青花瓷》	7
《我和我的祖国》	9

由频繁 1 项集自连接生成候选 2 项集，并再次扫描事务数据集，计算每个候选 2 项集支持度计数，如表 4.9 所示。

表 4.9　候选 2 项集 C_2

候选 2 项集	支持度计数
《父亲写的散文诗》《我和我的祖国》	7
《父亲写的散文诗》《青花瓷》	5
《青花瓷》《我和我的祖国》	7

根据最小支持度阈值，找出所有的频繁 2 项集，如表 4.10 所示。

表 4.10　频繁 2 项集 L_2

频繁 2 项集	支持度计数
《父亲写的散文诗》《我和我的祖国》	7
《青花瓷》《我和我的祖国》	7

由于两个频繁 2 项集中第 1 项不相同，不可自连接，所以不存在候选 3 项集，也就没有频繁 3 项集。

2. 从频繁项集产生强关联规则

由找到的频繁 2 项集可以产生相应的 4 条关联规则，每条规则的置信度分别为

$$\text{Confidence}(《父亲写的散文诗》\Rightarrow《我和我的祖国》) = \frac{|T(《父亲写的散文诗》,《我和我的祖国》)|}{|T(《父亲写的散文诗》)|}$$

$$= \frac{7}{8} = 87.5\%$$

$$\text{Confidence}(《我和我的祖国》\Rightarrow《父亲写的散文诗》) = \frac{|T(《父亲写的散文诗》,《我和我的祖国》)|}{|T(《我和我的祖国》)|}$$

$$= \frac{7}{9} \approx 77.78\%$$

$$\text{Confidence}(《青花瓷》\Rightarrow《我和我的祖国》) = \frac{|T(《我和我的祖国》,《青花瓷》)|}{|T(《青花瓷》)|}$$

$$= \frac{7}{7} = 100\%$$

$$\text{Confidence}(《我和我的祖国》\Rightarrow《青花瓷》) = \frac{|T(《我和我的祖国》,《青花瓷》)|}{|T(《我和我的祖国》)|}$$

$$= \frac{7}{9} \approx 77.78\%$$

由于给定的最小置信度阈值为 75%，所以以上 4 条规则都符合要求，都是强关联规则。

3. 基于提升度选取可用于推荐的规则

$$\text{Lift}(《父亲写的散文诗》,《我和我的祖国》) = \frac{\text{Confidence}(《父亲写的散文诗》\Rightarrow《我和我的祖国》)}{\text{Support}(《我和我的祖国》)}$$

$$= \frac{7}{8} \Big/ \frac{9}{10} \approx 0.97 < 1$$

《父亲写的散文诗》与《我和我的祖国》之间的提升度为 0.97，小于 1，说明两者是负相关的，基于这两者的关联规则不可用于推荐。

$$\text{Lift}(《青花瓷》,《我和我的祖国》) = \frac{\text{Confidence}(《青花瓷》\Rightarrow《我和我的祖国》)}{\text{Support}(《我和我的祖国》)}$$

$$= \frac{7}{7} \Big/ \frac{9}{10} \approx 1.11 > 1$$

《青花瓷》与《我和我的祖国》之间的提升度为 1.11，大于 1，说明两者是正相关的，用基于这两者的关联规则去推荐比纯随机推荐有效性提升 1.11 倍。

所以基于 Apriori 算法，我们找到可用于推荐的规则为：

(1) 《青花瓷》 ⇒ 《我和我的祖国》，向听过《青花瓷》的人推荐《我和我的祖国》，其接受的可能性为 100%；

(2) 《我和我的祖国》 ⇒ 《青花瓷》，向已听过《我和我的祖国》的人推荐《青花瓷》，其接受的可能性为 77.78%。

4.4 R 实践案例：购物篮分析

本案例使用 R 语言，对 arules 包中的 Groceries 数据集展开分析，该数据集是一食品杂货店一个月的真实交易数据，共有 9835 条交易记录，日均约 320 笔交易量，涉及 169 种不同的商品。数据集前 10 条交易记录如图 4.7 所示，每一行为一笔交易，因为每一笔交易的商品数不同，所以每一行具有不同的列数。

1	citrus fruit	semi-finished bread	margarine	ready soups	
2	tropical fruit	yogurt	coffee		
3	whole milk				
4	pip fruit	yogurt	cream cheese	meat spreads	
5	other vegetables	whole milk	condensed milk	long life bakery product	
6	whole milk	butter	yogurt	rice	abrasive cleaner
7	rolls/buns				
8	other vegetables	UHT-milk	rolls/buns	bottled beer	liquor (appetizer)
9	potted plants				
10	whole milk	cereals			

图 4.7 Groceries 数据集前 10 条记录

4.4.1 产生稀疏矩阵

Groceries 数据集自带在 arules 包中，安装并加载 arules 包后，可以使用 data()函数读取。为了后续分析的需要，我们通常选择使用 read.transactions()函数读取数据，产生符合 Apriori 算法所需的稀疏矩阵(事实表的形式)。在读取数据前，首先使用 write()函数将数据以 CSV 文件形式保存到 R 工作目录下，参数 sep=","表示文件中的项之间用逗号隔开。数据被读取之后，就保存在了一个名为 Groceries.trans 的对象中，它是一个类似于表 4.3 的稀疏矩阵。矩阵中每一行表示一笔交易记录，每列列名是购物篮中所有商品名称按字典序降序排列的结果。Groceries 数据集中涉及 169 种不同的商品，所以该矩阵包含了将近 167 万(9835×169)个元素，每个元素取值为 0 或 1。如果某笔交易包含了某种商品，则对应的元素为 1，否则为 0，所以由 read.transactions()函数产生的稀疏矩阵只关注某笔交易有没有买过某种商品，而不关注买了多少，符合 Apriori 算法对项集中无重复商品的要求。另外，相对于数据集中全部 169 种商品，每笔交易只涉及少量商品，所以矩阵中大部分的元素为 0，故称为稀疏矩阵。

```
# 安装并加载 arules 包
> install.packages("arules")
> library(arules)
# 先将数据保存在工作目录下
> write(Groceries, file = "Groceries.csv",sep=",")
> Groceries.trans<-read.transactions("Groceries.csv",sep=",")
```

4.4.2 了解数据概况

使用 summary()函数查看数据集的概要信息，共包括 4 部分内容。

```
> summary(Groceries.trans)
```

第一部分内容对稀疏矩阵进行了概述。"9835 rows"表示共有 9835 笔交易，"169 columns"表示所有交易项中共出现了 169 种商品。"a density of 0.02609146"表示稀疏矩阵中非 0 元素的占比为 2.609146%。

```
transactions as itemMatrix in sparse format with
9835 rows (elements/itemsets/transactions) and
169 columns (items) and a density of 0.02609146
```

第二部分内容显示了这一个月中交易次数位列前 5 的商品的交易次数，及其余(other)商品的交易次数总量。其中全脂牛奶(whole milk)是最受欢迎的商品，在 9835 次交易中出现了 2513 次，然后是其他蔬菜(other vegetables)等。

```
most frequent items:
whole milk    other vegetables   rolls/buns    soda    yogurt    (Other)
2513          1903               1809          1715    1372      34055
```

第三部分内容为交易规模的描述性统计分析结果，其中只购买一件商品的交易有 2159 次，购买商品数最多的 1 笔交易包含了 32 件商品。交易商品数量的四分之一位数为 2 件，均值为4.409，表示有25%的交易最多包含2件商品，每笔交易平均购买4.409件商品。

```
element (itemset/transaction) length distribution:
sizes
1     2     3     4     5     6     7     8     9    10    11    12   13   14   15   16   17
2159 1643 1299 1005  855   645   545   438   350  246   182  117   78   77   55   46   29
18    19    20    21   22    23    24    26    27   28    29    32
14    14     9    11    4     6     1     1     1    1     3     1
Min. 1st Qu. Median   Mean 3rd Qu.   Max.
1.000  2.000  3.000  4.409  6.000  32.000
```

第四部分为 Groceries.trans 稀疏矩阵中前三列商品的扩展信息，每列商品都有一个唯一标识符，并与其相应的标签相关联。例如标识符 1 对应的商品标签为擦洗剂(abrasive cleaner)。

```
includes extended item information - examples:
           labels
1 abrasive cleaner
2 artif. sweetener
3 baby cosmetics
```

使用 inspect()函数和向量运算的组合，可查看 Groceries.trans 稀疏矩阵任意行的内容。我们查看前 10 笔交易内容，结果如下所示，与图 4.7Groceries 数据集原始交易数据相比，Groceries.trans 稀疏矩阵每笔交易的商品名称已按首字母字典序降序排序。

```
>inspect(Groceries.trans[1:10])
   items
[1]  {citrus fruit, margarine, ready soups, semi-finished bread}
[2]  {coffee, tropical fruit, yogurt}
[3]  {whole milk}
[4]  {cream cheese, meat spreads, pip fruit, yogurt}
[5]  {condensed milk, long life bakery product, other vegetables, whole milk}
[6]  {abrasive cleaner, butter, rice, whole milk, yogurt}
[7]  {rolls/buns}
[8]  {bottled beer, liquor (appetizer), other vegetables, rolls/buns, UHT-milk}
[9]  {pot plants}
[10] {cereals, whole milk}
```

使用 itemFrequency()函数，可以查看 Groceries.trans 稀疏矩阵任意列商品的交易比例。我们使用 itemFrequency(Groceries.trans[,11:15])查看了稀疏矩阵中 11 至 15 列商品的交易比例，结果如下所示。[,11:15]表示所要查看的列位置参数，省略逗号前面的行位置参数，表示将访问指定列上的所有行，即统计所有交易中位于 11 至 15 列商品的交易比例。如11 列商品瓶装啤酒(bottled beer)的交易比例为 0.080528724，即在 9835 笔交易中被购买了约 792 次。

```
> itemFrequency(Groceries.trans[,11:15])
bottled beer   bottled water    brandy       brown bread      butter
 0.080528724    0.110523640   0.004168785   0.064870361   0.055414337
```

4.4.3 可视化数据

常用 itemFrequencyPlot()函数，结合 topN 与 type 参数，生成前 N 项商品购买频率的柱状图，type 参数指定了频率图的类型，可以是相对频率(relative)或绝对频数(absolute)，默认值为 "relative"。

```
> itemFrequencyPlot(Groceries.trans,topN=10,type="absolute")
```

结果如图 4.8 所示，显示了根据购买绝对频数降序排列的最受欢迎的 top10 商品。

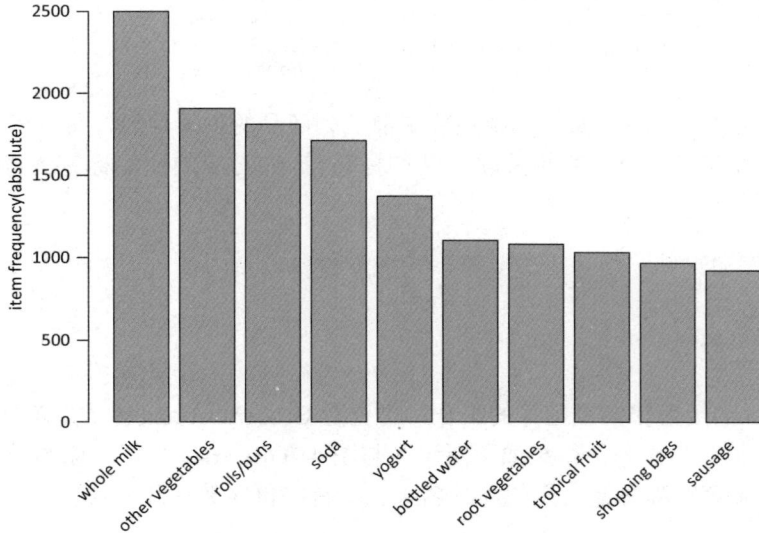

图 4.8　最受欢迎的 top10 商品

还可以使用 support 参数来控制柱状图绘制的商品的数量，图 4.9 显示了支持度在 10% 及以上的 8 种商品。

```
# type 参数可省略
> itemFrequencyPlot(Groceries.trans,support=0.1, type="relative")
```

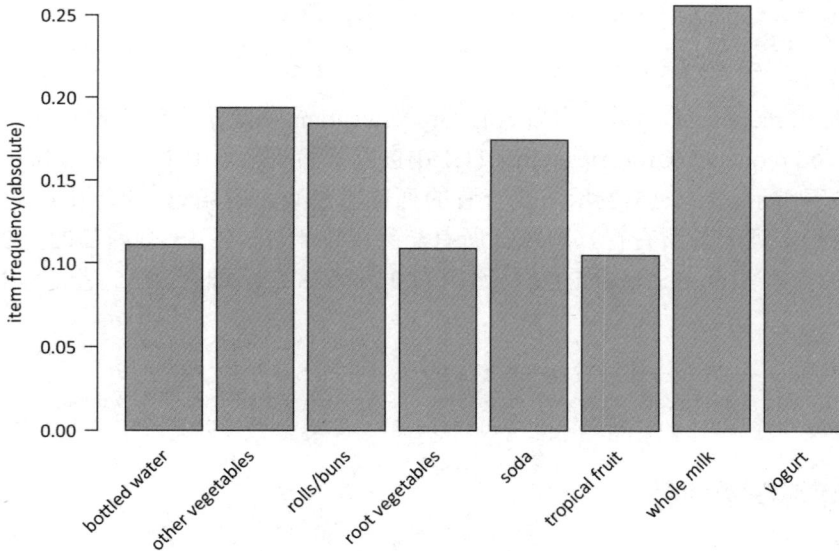

图 4.9　支持度在 10%及以上的商品

除了可视化商品的购买频率，也可以使用 image()函数可视化稀疏矩阵。

```
> image(Groceries.trans[30:50])
```

可视化第 30 至 50 笔交易的稀疏矩阵如图 4.10 所示。图中描绘了一个 20 行(交易)169 列
(商品)的矩阵，矩阵中有色单元表示在此笔交易中(行)该商品(列)被购买了。我们可以根据图
中某列有色单元密集程度识别某种商品受欢迎的程度，但是对于超大型的交易数据集，这种
可视化效果较差，会因为单元太小而无法识别。

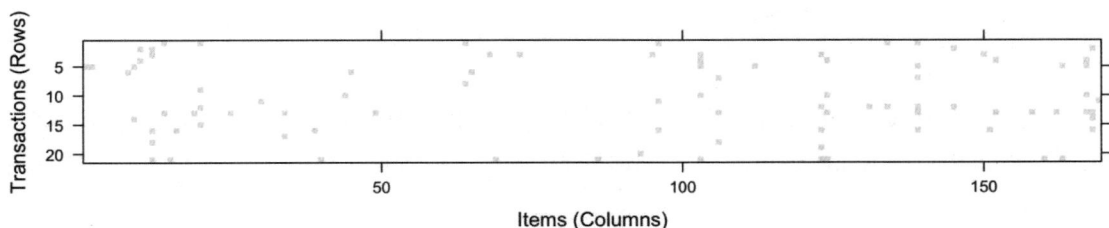

图 4.10   第 30 至 50 笔交易的稀疏矩阵

此外，还可以将 image()函数与 sample()函数结合，可视化一组随机抽样的交易。

```
> image(sample(Groceries.trans,100))
```

图 4.11 显示了随机抽取的 100 次交易的稀疏矩阵。

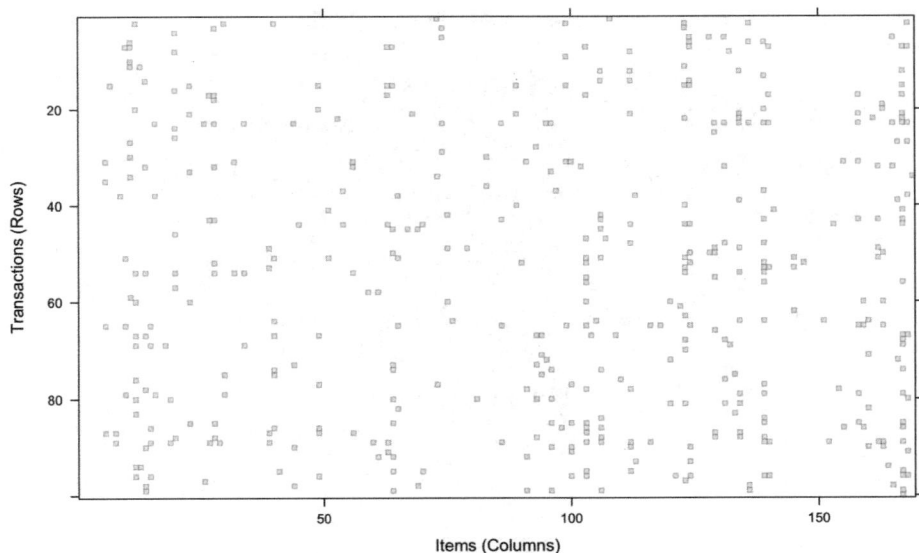

图 4.11   随机抽取的 100 次交易的稀疏矩阵

为了实现更好的可视化效果，可以使用 wordcloud2 来绘制商品词云图。首先，安装并
加载 wordcloud2。

```
> install.packages("wordcloud2")
> library(wordcloud2)
```

然后，使用 itemFrequency()函数计算 Groceries.trans 中每种商品的交易频率，使用 data.frame()函数将结果转换为数据框(data.frame)格式，并按照频率从高到低进行排序。数据框(data.frame)是 R 语言中一种常见的数据结构，类似于 Excel 表格的形式，包含多行和多列。同一列的数据类型需要一致，不同列可以有不同的数据类型，例如数值型、字符型、逻辑型等。数据框的每一列可以通过列名访问，也可以使用下标访问，这样就可以对数据框进行各种操作，例如下面我们对列 freg(商品交易频率)按降序排列。

```
> item_freq <- itemFrequency(Groceries.trans)
> item_df <- data.frame(item=names(item_freq),freq=item_freq,
                        stringsAsFactors = FALSE)
> item_df <- item_df[order(item_df$freq,decreasing = TRUE),]
```

接着，使用 wordcloud2()函数，绘制购物篮全部商品的词云图，size 参数用于设置词云图中词汇的字号，rotateRatio 参数控制词汇的旋转比例，fontFamily 参数设置词云图中使用的字体。

```
> wordcloud2(item_df,size=0.7,rotateRatio = 0.4,fontFamily = "微软雅黑")
```

结果如图 4.12 所示，购买频率较低的一些商品字号非常小，而购买频率较高的商品字号较大，如 whole milk、other vegetables、rolls/buns、soda、yogurt 等，这有助于我们直观地感受哪些是受欢迎的商品。

图 4.12　全部商品词云图(微软雅黑)

还可以绘制仅显示最受欢迎的 top(N)商品的词云图，shuffle 参数用于控制词云图中的词汇是否随机排列，取值可以是 TRUE 或 FALSE。默认情况下为 TRUE，即词汇会随机排列，可创建一个更为随机和美观的词云图。

```
> item_words <- item_df[1:30, ]
> wordcloud2(item_words, size = 0.8,rotateRatio = 0.6,minSize = 8,
            shuffle = "TRUE")
```

图 4.13 呈现的是最受欢迎的 top(30)商品的词云图，与图 4.12 相似，字号的大小直观地反映了商品的受欢迎程度。

图 4.13　top(30)商品词云图

4.4.4　挖掘关联规则

使用 arules 包中的 apriori()函数挖掘关联规则，虽然运行该函数非常简单，但是要找到有效的关联规则，通常需要结合实际多次尝试，确定合适的支持度与置信度阈值。结合该食品杂货店一个月的交易信息，我们假定一种商品平均每天至少被购买 2 次是较为频繁的，则可以设最低支持度阈值为 0.006，因为 $(2 \times 30) / 9835 \approx 0.006$。当支持度、置信度和项数的阈值分别为 0.006、0.5 和 2 时，使用 apriori()函数可产生 67 条强关联规则。由于生成的规则数较多，我们继续调整参数阈值，最终确定各参数阈值如下，产生的 19 条规则集命名为 Groceryrules。

```
> Groceryrules<-apriori(Groceries.trans,parameter=list(support=0.007,
                        confidence=0.55, minlen=2))
```

使用 summary()函数进一步了解产生的规则集概况。

```
> summary(Groceryrules)
```

结果如图 4.14 所示，共包含 4 部分信息。第一部分信息显示规则集中共有 19 条规则。第二部分信息反映规则所包含项数的分布(rule length distribution)，即规则左项(前项)加右项(后项)总共涉及的商品数。该规则集中有 4 条规则包含了 4 种商品，其余 15 条规则都包含了 3 种商品。所以 19 条规则包含项数的最大值为 4，最小值、四分之一位数、中位数和四分之三位数均为 3，均值为 3.211。第三部分信息为规则评价指标的描述性分析，包括支持度、置信度、覆盖度、提升度和支持度计数的最小值、四分之一位数、中位数、均值、四分之三位数和最大值。提升度的最小值为 2.162，即所有规则都是有指导意义的规则。第四部分信息为关联规则挖掘信息，包括数据集名称、交易项数、支持度与置信度阈值及 apriori()函数。

```
set of 19 rules

rule length distribution (lhs + rhs):sizes
 3  4
15  4

  Min. 1st Qu.  Median    Mean 3rd Qu.    Max.
 3.000  3.000   3.000   3.211  3.000   4.000

summary of quality measures:
    support          confidence         coverage            lift              count
 Min.   :0.007016  Min.   :0.5525   Min.   :0.01200   Min.   :2.162   Min.   : 69.00
 1st Qu.:0.007880  1st Qu.:0.5701   1st Qu.:0.01337   1st Qu.:2.238   1st Qu.: 77.50
 Median :0.009354  Median :0.5752   Median :0.01556   Median :2.279   Median : 92.00
 Mean   :0.009617  Mean   :0.5846   Mean   :0.01653   Mean   :2.441   Mean   : 94.58
 3rd Qu.:0.010930  3rd Qu.:0.5910   3rd Qu.:0.01886   3rd Qu.:2.498   3rd Qu.:107.50
 Max.   :0.014540  Max.   :0.6389   Max.   :0.02583   Max.   :3.030   Max.   :143.00

mining info:
             data ntransactions support confidence
 Groceries.trans       9835       0.007      0.55
                                                                        call
 apriori(data = Groceries.trans, parameter = list(support = 0.007, confidence = 0.55, minlen = 2))
```

图 4.14　Groceryrules 规则集概况

使用 inspect()函数可以查看每一条规则。下面，我们使用 inspect()函数查看 Groceryrules 规则集中的前 10 条规则。

```
> inspect(Groceryrules[1:10])
```

结果如图 4.15 所示。

```
     lhs                                   rhs                 support     confidence coverage   lift     count
[1]  {curd, yogurt}                     => {whole milk}        0.010066090 0.5823529 0.01728521 2.279125  99
[2]  {curd, other vegetables}           => {whole milk}        0.009862735 0.5739645 0.01718353 2.246296  97
[3]  {butter, root vegetables}          => {whole milk}        0.008235892 0.6377953 0.01291307 2.496107  81
[4]  {butter, yogurt}                   => {whole milk}        0.009354347 0.6388889 0.01464159 2.500387  92
[5]  {butter, other vegetables}         => {whole milk}        0.011489578 0.5736041 0.02003050 2.244885 113
[6]  {domestic eggs, root vegetables}   => {whole milk}        0.008540925 0.5957447 0.01433655 2.331536  84
[7]  {domestic eggs, other vegetables}  => {whole milk}        0.012302999 0.5525114 0.02226741 2.162336 121
[8]  {tropical fruit, whipped/sour cream} => {other vegetables} 0.007829181 0.5661765 0.01382816 2.926088  77
[9]  {tropical fruit, whipped/sour cream} => {whole milk}       0.007930859 0.5735294 0.01382816 2.244593  78
[10] {root vegetables, whipped/sour cream} => {whole milk}      0.009456024 0.5535714 0.01708185 2.166484  93
```

图 4.15　前 10 条规则

还可以结合使用 sort()函数，对规则进行排序。排序依据可以通过参数 by 指定为 "support" "confidence" 或 "lift"，默认情况下，按降序排列，如要按升序排列，可添加参数 decreasing= FALSE。我们查看按提升度降序排列的前 5 条规则，代码如下：

```
> inspect(sort(Groceryrules,by="lift")[1:5])
```

结果如图 4.16 所示。

```
    lhs                                        rhs                 support     confidence coverage   lift     count
[1] {citrus fruit, root vegetables}         => {other vegetables} 0.010371124 0.5862069 0.01769192 3.029608 102
[2] {root vegetables, tropical fruit, whole milk} => {other vegetables} 0.007015760 0.5847458 0.01199797 3.022057  69
[3] {root vegetables, tropical fruit}       => {other vegetables} 0.012302999 0.5845411 0.02104728 3.020999 121
[4] {tropical fruit, whipped/sour cream}    => {other vegetables} 0.007829181 0.5661765 0.01382816 2.926088  77
[5] {butter, yogurt}                        => {whole milk}       0.009354347 0.6388889 0.01464159 2.500387  92
```

图 4.16　按提升度降序排列的前 5 条规则

使用 write()函数可以将规则集保存到 CSV 文件中，文件会存到 R 工作目录下，quote= TRUE 表示将值用引号括起来，以确保在值中包含逗号时不会被解释为分隔符，row.names=FALSE 表示不将行名称写入文件。

```
>write(Groceryrules,file="Groceryrules.csv",sep=",",quote=TRUE,
    row.names=FALSE)
```

使用 subset()函数可以从规则集中提取所需要的子集,如我们想要提取包含酸奶(yougurt)的规则,可通过使用下面的命令,并把满足条件的规则存在一个名为 yogurtrules 的新对象中。然后使用 inspect()函数查看新生成的规则子集代码如下:

```
> yogurtrules<-subset(Groceryrules,items%in%"yogurt")
> inspect(yogurtrules)
```

结果如图 4.17 所示,共包含 6 条规则,酸奶(yougurt)都出现在规则的左项(前项)。运算符%in%表示至少有一项在定义的列表中可以找到,例如,items%in%("butter","yogurt")表示与 butter 或 yogurt 相匹配的规则。运算符%pin%表示部分匹配,例如,items%pin%"fruit"表示要找到所有包含 fruit 的规则,如 tropical fruit 与 citrus fruit 等。%ain%表示完全匹配,例如,items%ain%c("butter","yougurt")表示要找到既包含 butter 又包含 yogurt 的规则。

```
     lhs                              rhs                 support    confidence coverage   lift     count
[1]  {curd, yogurt}                => {whole milk}        0.01006609 0.5823529  0.01728521 2.279125  99
[2]  {whipped/sour cream, yogurt}  => {whole milk}        0.01087951 0.5245098  0.02074225 2.052747 107
[3]  {tropical fruit, yogurt}      => {whole milk}        0.01514997 0.5173611  0.02928317 2.024770 149
[4]  {root vegetables, yogurt}     => {other vegetables}  0.01291307 0.5000000  0.02582613 2.584078 127
[5]  {root vegetables, yogurt}     => {whole milk}        0.01453991 0.5629921  0.02582613 2.203354 143
[6]  {other vegetables, yogurt}    => {whole milk}        0.02226741 0.5128806  0.04341637 2.007235 219
```

图 4.17 yogurtrules 规则集

此外,如果将 apriori()函数的目标参数 target 设为 "frequent itemsets",便可获得满足要求的频繁项集。如下所示,寻找支持度阈值为 0.03 的频繁项集,频繁项集名为 itemsets_apr,sort 参数为-1,即结果按降序排列。然后使用 summary()查看 itemsets_apr 概况,代码如下:

```
> itemsets_apr=apriori(Groceries.trans,parameter=list(supp=0.03,
                       target=" frequent itemsets"),control=list(sort=-1))
> summary(itemsets_apr)
```

结果如图 4.18 所示,共包含 63 个频繁项集,其中 44 个为频繁 1 项集,19 个为频繁 2 项集。

```
set of 63 itemsets

most frequent items:
     whole milk other vegetables     rolls/buns      soda      yogurt      (Other)
          12             7              6            4          4           49

element (itemset/transaction) length distribution:sizes
1  2
44 19

    Min. 1st Qu. Median   Mean 3rd Qu.   Max.
   1.000  1.000   1.000  1.302   2.000  2.000
summary of quality measures:
     support         count
 Min.   :0.03010  Min.   : 296.0
 1st Qu.:0.03650  1st Qu.: 359.0
 Median :0.04962  Median : 488.0
 Mean   :0.06435  Mean   : 632.9
 3rd Qu.:0.07524  3rd Qu.: 740.0
 Max.   :0.25552  Max.   :2513.0
```

图 4.18 itemsets_apr 概况

4.4.5 可视化关联规则

arulesViz 包是 arules 的扩展包,用于可视化关联规则分析结果。它提供了多种图表和交互式工具，有助于更好地理解和解释关联规则分析的结果。以下介绍 arulesViz 包中一些常用的图表类型。

plot()函数可基于规则的支持度、置信度和提升度绘制散点图，体现规则特征。使用 plot() 函数按默认参数可视化 Groceryrules。

```
# 安装并加载关联规则可视化包
> install.packages("arulesViz")
> library(arulesViz)
> plot(Groceryrules)
```

结果如图 4.19 所示。

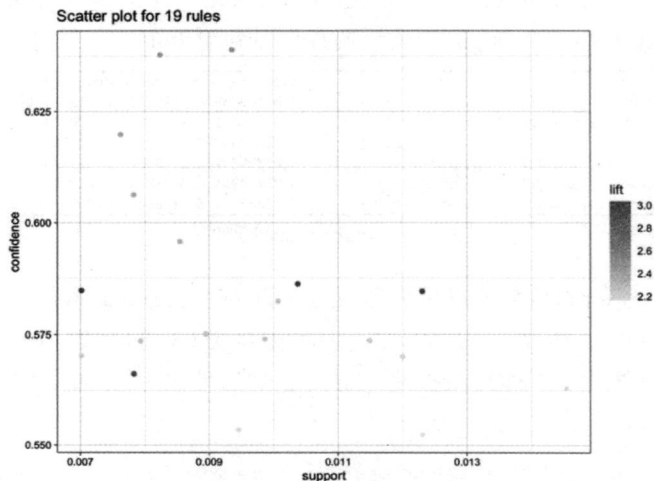

图 4.19　Groceryrules 规则集散点图

变换横、纵轴及颜色条对应的变量，绘制 Groceryrules 散点图。

```
> plot(Groceryrules,measure=c("support","lift"),shading="confidence")
```

结果如图 4.20 所示。

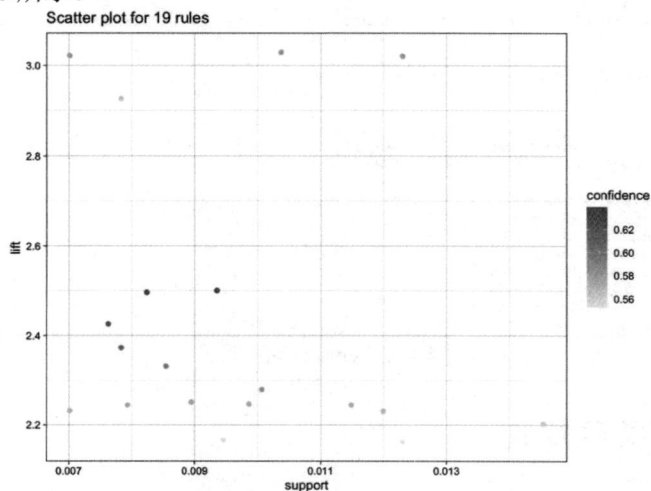

图 4.20　变换后的 Groceryrules 规则集散点图

将 shading 参数设置为"order",绘制 Two-key 图,横、纵轴分别为支持度与置信度,点的不同颜色表示该点所代表规则包含的商品数量。

```
> plot(Groceryrules,shading="order",control=list(main="Two-key plot"))
```

如图 4.21 所示,红色点表示的规则包含 3 种商品,蓝色点表示的规则包含 4 种商品。

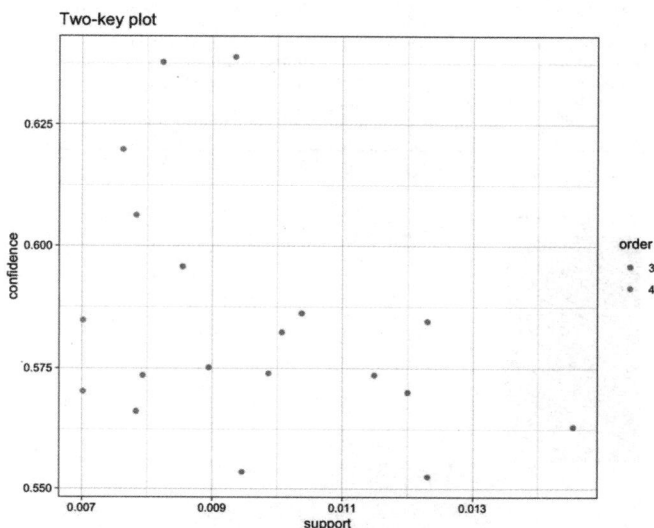

图 4.21　Groceryrules 规则集 Two-key 图

将 method 参数设置为"graph"。

```
>plot(Groceryrules, method="graph")
```

可以生成一个如图 4.22 所示的关联规则的网络图。

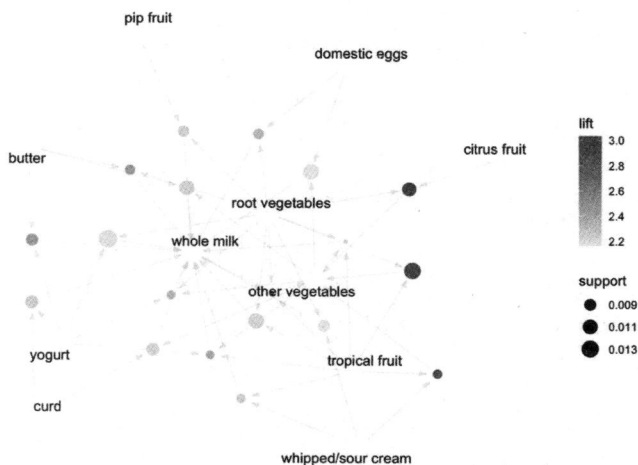

图 4.22　Groceryrules 规则集网络图

将 method 参数设置为"matrix""matrix3D",可分别绘制矩阵图和三维矩阵图,绘制结果会同时罗列出规则集左右项包含的所有商品(见图 4.23),然后在图中以数字体现商品(见图 4.24、图 4.25)。

```
> plot(Groceryrules,method="matrix",measure="lift")
```

```
Itemsets in Antecedent (LHS)
 [1] "{citrus fruit,root vegetables}"                 "{root vegetables,tropical fruit,whole milk}"
 [3] "{root vegetables,tropical fruit}"               "{tropical fruit,whipped/sour cream}"
 [5] "{butter,yogurt}"                                "{butter,root vegetables}"
 [7] "{other vegetables,tropical fruit,yogurt}"       "{other vegetables,root vegetables,yogurt}"
 [9] "{domestic eggs,root vegetables}"                "{curd,yogurt}"
 [11] "{pip fruit,root vegetables}"                   "{curd,other vegetables}"
 [13] "{butter,other vegetables}"                     "{other vegetables,root vegetables,tropical fruit}"
 [15] "{root vegetables,yogurt}"                       "{root vegetables,whipped/sour cream}"
 [17] "{domestic eggs,other vegetables}"
Itemsets in Consequent (RHS)
 [1] "{whole milk}"          "{other vegetables}"
```

图 4.23　Grocryrules 规则集左右项商品

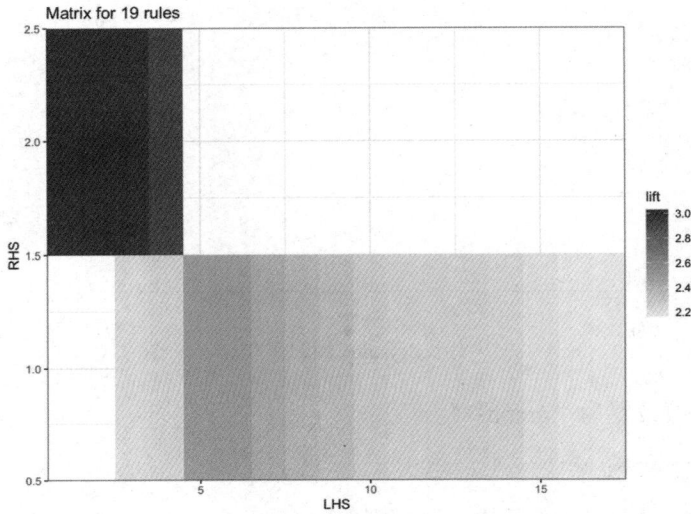

图 4.24　Groceryrules 规则集矩阵图

```
> plot(Groceryrules,method="matrix",engine = "3d",measure="lift")
```

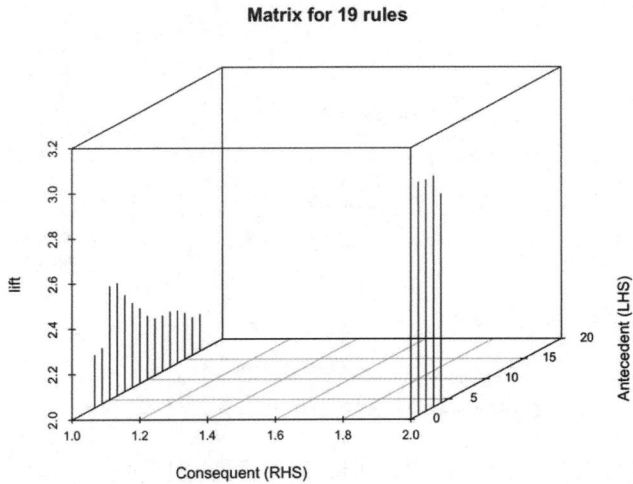

图 4.25　Groceryrules 规则集三维矩阵图

将 method 参数设置为"paracoord"，可以绘制规则的平行坐标图。

```
> plot(Groceryrules,method="paracoord")
```

结果如图 4.26 所示，图中纵坐标罗列了 19 条规则涉及的所有商品，横坐标 3、2 和 1 表示每条规则对应的左项商品，rhs 表示每条规则对应的右项商品 whole milk 或 other vegetables。

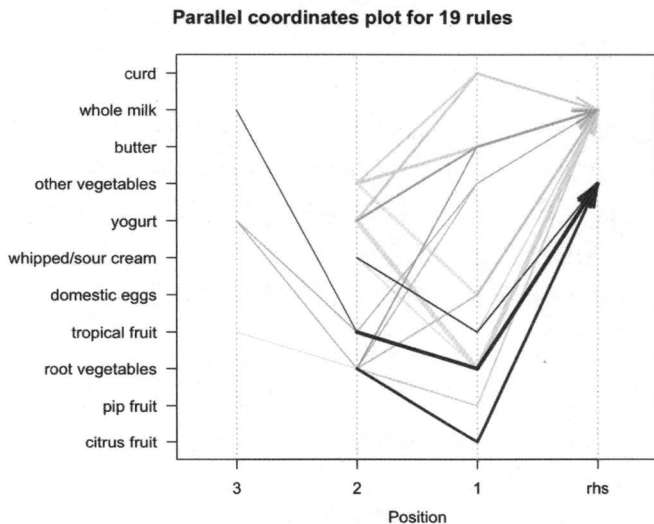

图 4.26　Groceryrules 规则集平行坐标图

此外，使用 interactive 参数，可以绘制互动散点图。

```
> plot(Groceryrules,interactive=TRUE)
```

结果如图 4.27 所示，在图下方有 5 个按钮。我们可通过两次单击，在图上选定感兴趣的点，然后单击 inspect 按钮获得选定点规则的详细信息。单击 filter 按钮后，再单击 lift 值，可以过滤掉小于单击值的点。

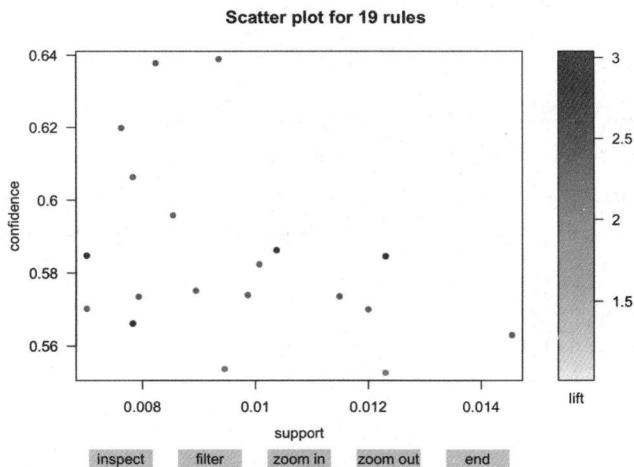

图 4.27　Groceryrules 规则集互动散点图

4.5　Python 实践案例：影片推荐

案例数据是某观影网站20年的用户影片观看记录，对原始数据经过初步预筛选后，数据集 Movie.xlsx 包含客户编号(userId)、影片名称(title)两个变量，共 856 558 条记录。

4.5.1　数据集初探

首先导入 pandas 库，然后使用 pandas 的 read_excel 方法读取 Movie.xlsx 数据集，查看数据集的基本信息。结果如下所示，数据集有 856 558 条记录，包含两个变量：userId 和 title。userId 是整数类型，title 是对象类型。另外，我们还可以看到数据集中没有缺失值。数据集占用的内存大小为 13.1MB，这个值是通过 pandas 库自动计算得出的，它会占用一定的系统资源，但可以帮助我们了解数据集的内存占用情况。最后的 None 表示没有返回值，即没有其他需要显示的信息。

```
import pandas as pd
# 读取 Excel 文件
movie_data = pd.read_excel("文件所在路径/Movie.xlsx")
# 获取数据集的基本信息
print("数据集的基本信息：")
print(movie_data.info())
```

输出结果如下：

```
数据集的基本信息：
<class 'pandas.core.frame.DataFrame'>
RangeIndex: 856558 entries, 0 to 856557
Data columns (total 2 columns):
 #   Column  Non-Null Count   Dtype
---  ------  --------------   -----
 0   userId  856558 non-null  int64
 1   title   856558 non-null  object
dtypes: int64(1), object(1)
memory usage: 13.1+ MB
None
```

接着，使用 head()函数查看数据集前几行信息，默认情况下，它会返回数据集的前 5 行。如果想要返回更多行，可以在括号中指定行数。例如，movie_data.head(10)会返回数据集前 10 行，包括 userId 和 title 两列数据。如下显示，数据集第 1 行是 userId 号为 1 的用户，他观看了 Godfather: Part II，第 2 至 5 行是 userId 号为 3 的用户观看影片的信息。

```
# 显示数据的前几行
print("数据的前 5 行：")
print(movie_data.head())
```

输出结果如下：

```
数据的前 5 行：
    userId                     title
0      1    Godfather: Part II, The (1974)
```

```
1     3      Up Close and Personal (1996)
2     3      Miracle on 34th Street (1994)
3     3   Shawshank Redemption, The (1994)
4     3                    Maverick (1994)
```

4.5.2 变量探索

首先使用 nunique()函数分析数据集中包含的用户数量和影片数量,如下所示,movie_data 数据集共包含 11 039 位用户, 16 841 部影片。

```
# 计算用户数量、影片数量
num_movies = movie_data["title"].nunique()
num_users = movie_data["userId"].nunique()
print("movie_data 数据集共有", num_users, "位用户。")
print("movie_data 数据集共有", num_movies, "部影片。")
```

输出结果如下:

```
movie_data 数据集共有 11039 位用户。
movie_data 数据集共有 16841 部影片。
```

然后使用 groupby()函数,对数据集分别按 userId 和 title 进行分组,并计算每位用户观看影片的次数,以及每部影片被观看的次数。再使用 sort_ values()函数对用户观看次数和影片被观看次数进行排序,并使用 head()函数显示结果。

```
# 按 userId 进行分组,计算每位用户观看影片的次数
user_counts = movie_data.groupby("userId")["title"].count()
# 显示观看次数 Top(10)的用户及其观看次数
top_users = user_counts.sort_values(ascending=False).head(10)
print("观看次数 Top(10)的用户及其观看次数: ")
print(top_users)
# 按 title 进行分组,计算每部影片被观看的次数
movie_counts = movie_data.groupby("title")["userId"].count()
# 显示最受欢迎的 Top(20)影片
top_movies = movie_counts.sort_values(ascending=False).head(20)
print("最受欢迎的 Top(20)影片及其被观看次数: ")
print(top_movies)
```

其中, 参数 ascending=False 表示按照降序排列,分析结果如图 4.28 和图 4.29 所示。观看次数 Top(10)的用户中, 前 9 位用户观看次数都超过 2000 次,其中有 2 位用户超过了 3000 次, 最高是 userId 为 8095 的用户, 累计观看了 3242 次。被观看次数 Top(20)的影片中, 有 4 部影片超过了 3000 次, 最受欢迎的是 *Shawshank Redemption*,其被观看累计次数达 3477 次。

```
观看次数Top(10)的用户及其观看次数:
userId
8095      3242
8703      3013
7245      2820
1132      2467
4352      2144
3174      2096
7347      2095
3499      2058
10935     2055
2315      1921
```

图 4.28　观看次数 Top(10)用户

```
最受欢迎的Top(20)影片及其被观看次数:
title
Shawshank Redemption, The (1994)                                              3477
Forrest Gump (1994)                                                          3411
Pulp Fiction (1994)                                                          3326
Silence of the Lambs, The (1991)                                             3302
Star Wars: Episode IV - A New Hope (1977)                                    2850
Matrix, The (1999)                                                           2771
Jurassic Park (1993)                                                         2723
Schindler's List (1993)                                                      2615
Toy Story (1995)                                                             2505
Braveheart (1995)                                                            2497
Terminator 2: Judgment Day (1991)                                            2341
Usual Suspects, The (1995)                                                   2324
Star Wars: Episode VI - Return of the Jedi (1983)                            2304
Star Wars: Episode V - The Empire Strikes Back (1980)                        2285
Fugitive, The (1993)                                                         2278
Raiders of the Lost Ark (Indiana Jones and the Raiders of the Lost Ark) (1981) 2264
Apollo 13 (1995)                                                             2226
Godfather, The (1972)                                                        2183
American Beauty (1999)                                                       2150
Fight Club (1999)                                                            2146
```

图 4.29　最受欢迎的 Top(20)影片

　　接着，使用 describe()对 user_counts 与 movie_counts 进行描述性统计分析，分析结果包括计数、平均值、标准差、最小值、25%分位数、中位数、75%分位数和最大值。如下所示，11 039 位用户观看次数位于[1,3242]范围内，平均值约为 78，其中 25%的用户观看了不到 11 部影片，50%的用户观看了不到 26 部影片，而 75%的用户观看了不到 77 部影片。16 841 部影片被观看次数位于[1,3477]范围内，平均值约为 51，25%的影片被观看次数不超过 1 次，50%的影片被观看次数不超过 5 次，而 75%的影片被观看次数不超过 23 次。两者的中位数都比平均值小得多，说明用户观看次数和影片被观看次数的分布都是右偏的，且分布较为分散。

```
# 对 user_counts 进行描述性统计分析
print("user_counts 的描述性统计量: ")
print(user_counts.describe())
```

```
# 对 movie_counts 进行描述性统计分析
print("movie_counts 的描述性统计量: ")
print(movie_counts.describe())
```

输出结果如下：

输出结果如下：

```
user_counts 的描述性统计量:
count    11039.000000
mean        77.593804
std        159.779634
```

```
movie_counts 的描述性统计量:
count    16841.000000
mean        50.861469
std        171.676183
```

min	1.000000		min	1.000000
25%	11.000000		25%	1.000000
50%	26.000000		50%	5.000000
75%	77.000000		75%	23.000000
max	3242.000000		max	3477.000000

4.5.3 影片词云分析

首先，导入用于绘制图像的 matplotlib.pyplot 库，并从用于生成词云图的 wordcloud 库中导入 WordCloud 类，然后从数据集中取出 title 列，使用 astype(str)将其转换为字符串类型，并使用 tolist()将其转换为一个列表，再使用" ".join()将列表中的所有元素用空格连接起来，形成一个字符串。

接着，创建一个 WordCloud 对象，设置词云图的宽度、高度、背景颜色和最小字体大小，并使用 generate()方法生成词云图。生成词云图的过程会根据输入的字符串中的词频信息进行词云的布局。

最后，设置窗口的大小和背景色，创建一个图像窗口，用于展示全部影片词云图。

```
import matplotlib.pyplot as plt
from wordcloud import WordCloud
# 将电影名称合并为一个字符串
all_titles = " ".join(movie_data["title"].astype(str).tolist())
# 生成词云图
wordcloud = WordCloud(width=800, height=800, background_color='white',
                      min_font_size=10).generate(all_titles)
# 显示词云图
plt.figure(figsize=(8, 8), facecolor=None)
plt.imshow(wordcloud)
plt.axis("off")
plt.tight_layout(pad=0)
plt.show()
```

结果如图 4.30 所示，由于星球大战为系列影片，在所有记录中与 Star Wars 相关的记录达 9743 条，所以 Star Wars、Wars Episode 等呈现较大字号。该系列影片是最受欢迎的系列影片之一。

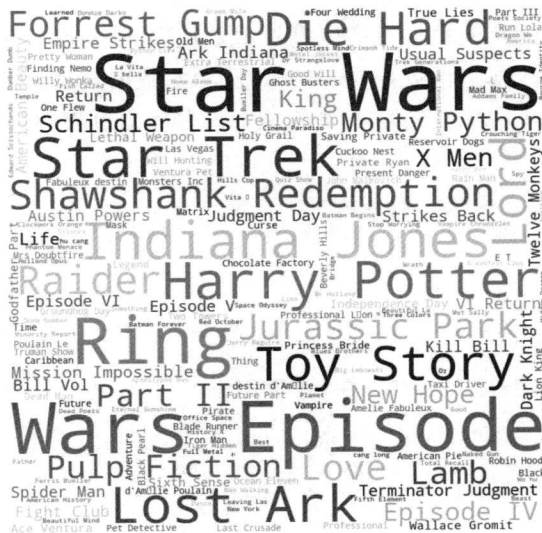

图 4.30 全部影片词云图

使用相同的方法，结合 movie_counts 绘制如上文所示的最受欢迎 Top(20)影片词云图。

```
# 将最受欢迎的 Top(20)影片名称合并为一个字符串
top_movies_titles = " ".join(top_movies.index.tolist())
# 生成 Top(20) 词云图
wordcloud = WordCloud(width=800, height=600, background_color="white",
        min_font_size=20, max_font_size=120).generate(top_movies_titles)
# 显示 Top(20) 词云图
plt.figure(figsize=(8,6))
plt.imshow(wordcloud, interpolation="bilinear")
plt.axis("off")
plt.show()
```

结果如图 4.31 所示。其中，interpolation 参数用于指定图像的插值方式，bilinear 插值会使用周围4个像素的颜色值的加权平均值来计算当前像素的颜色值，从而使图像更加平滑。

图 4.31　Top(20)影片词云图

4.5.4　数据预处理

为了提高规则推荐的有效性，我们先删除重复观看的记录，以及只观看过一部影片的用户。删除重复记录后数据集行数为 856 546，比原始数据集减少了 12 条记录。删除只观看了一部影片的用户后，用户数量为 10 816 位，比原始数据集中用户数减少了 223 位。

```
# 删除重复记录
movie_data.drop_duplicates(inplace=True)
print("删除重复记录后数据集行数: ", movie_data.shape[0])
```

输出结果如下：

```
删除重复记录后数据集行数: 856546
```

```
# 按 userId 进行分组，计算每位用户看了多少部不同的影片
user_movie_counts = movie_data.groupby("userId")["title"].nunique()
# 选择看了 2 部及以上不同影片的用户，并显示用户数量
selected_users = user_movie_counts.loc[user_movie_counts >= 2]
print("看了 2 部及以上不同影片的用户数量: ", len(selected_users))
```

输出结果如下：

看了 2 部及以上不同影片的用户数量： 10816

接着，读取原始数据集中这些用户的信息，并将数据转换成交易记录的格式（transactions）。转换过程先将数据按用户和电影标题进行分组，然后使用 unstack()函数将数据从长格式转换为宽格式，即将事务表数据转换为事实表数据，把每部影片名作为列名，再使用 reset_index()函数将 userId 转换为列，使用 fillna()函数将 NaN 值替换为 0，使用 set_index()函数将 userId 设置为索引。最后，使用 astype()函数将数据类型转换为布尔类型，即将所有非零值转换为 True，所有零值转换为 False，以便在 Apriori 算法中使用。

```
# 读取原始数据集中这些用户的信息
selected_data = movie_data.loc[movie_data["userId"].isin(selected_users. index)]
# 将数据转换为交易记录的格式
transactions = selected_data.groupby(["userId", "title"]).size().
                    unstack().reset_index().fillna(0).set_index("userId")
transactions = transactions.astype(bool)
```

4.5.5 关联规则挖掘

首先，安装 mlxtend 库后，导入库中的 Apriori 算法和 association_rules 函数。Apriori 算法用于从交易数据中找出频繁项集，而 association_rules 函数用于从频繁项集中挖掘关联规则。

```
from mlxtend.frequent_patterns import apriori
from mlxtend.frequent_patterns import association_rules
```

然后，设置最小支持度阈值为 0.12，置信度阈值为 0.8，并结合提升度大于 1，挖掘关联规则。

```
# 找出频繁项集
frequent_itemsets = apriori(transactions, min_support=0.12,
                            use_colnames= True)
# 提取关联规则并使用置信度筛选出置信度大于 0.8 的规则
rules = association_rules(frequent_itemsets, metric="confidence",
                          min_ threshold=0.8)
# 使用 lift 筛选出 lift 大于 1.0 的规则
rules = rules[rules['lift'] > 1.0]
# 选择输出的列
cols_to_keep = ["antecedents", "consequents", "support",
                "confidence", "lift"]
rules = rules[cols_to_keep]
pd.set_option('display.max_columns',None)
pd.set_option('display.width',None)
print(rules)
```

结果如图 4.32 所示，共找到 19 条规则。如果希望完整显示列中的文本，可以使用 pd.set_option('display.max_colwidth', None)来取消列宽限制。这样，pandas 将在显示数据时不截断列中的文本，而是将其全部显示出来。

	antecedents	consequents	support	confidence	lift
0	(Lord of the Rings: The Return of the King, Th...	(Lord of the Rings: The Fellowship of the Ring...	0.140255	0.857547	4.679730
1	(Lord of the Rings: The Two Towers, The (2002))	(Lord of the Rings: The Fellowship of the Ring...	0.143584	0.867598	4.734580
2	(Lord of the Rings: The Two Towers, The (2002))	(Lord of the Rings: The Return of the King, Th...	0.135447	0.818436	5.004071
3	(Lord of the Rings: The Return of the King, Th...	(Lord of the Rings: The Two Towers, The (2002))	0.135447	0.828151	5.004071
4	(Star Wars: Episode V - The Empire Strikes Bac...	(Star Wars: Episode IV - A New Hope (1977))	0.175481	0.830635	3.152331
5	(Jurassic Park (1993), Pulp Fiction (1994))	(Forrest Gump (1994))	0.123891	0.815085	2.590644
6	(Jurassic Park (1993), Shawshank Redemption, T...	(Forrest Gump (1994))	0.121209	0.834508	2.652352
7	(Jurassic Park (1993), Silence of the Lambs, T...	(Forrest Gump (1994))	0.130085	0.813295	2.584953
8	(Lord of the Rings: The Two Towers, The (2002)...	(Lord of the Rings: The Return of the King, Th...	0.126849	0.883451	5.401589
9	(Lord of the Rings: The Two Towers, The (2002)...	(Lord of the Rings: The Fellowship of the Ring...	0.126849	0.936519	5.110690
10	(Lord of the Rings: The Fellowship of the Ring...	(Lord of the Rings: The Two Towers, The (2002))	0.126849	0.904417	5.464899
11	(Matrix, The (1999), Star Wars: Episode V - Th...	(Star Wars: Episode IV - A New Hope (1977))	0.126479	0.904164	3.431381
12	(Matrix, The (1999), Star Wars: Episode IV - A...	(Star Wars: Episode V - The Empire Strikes Bac...	0.126479	0.849689	4.021987
13	(Pulp Fiction (1994), Seven (a.k.a. Se7en) (19...	(Silence of the Lambs, The (1991))	0.120747	0.802704	2.630127
14	(Silence of the Lambs, The (1991), Seven (a.k....	(Pulp Fiction (1994))	0.120747	0.849155	2.761412
15	(Silence of the Lambs, The (1991), Usual Suspe...	(Pulp Fiction (1994))	0.124353	0.852345	2.771786
16	(Raiders of the Lost Ark (Indiana Jones and th...	(Star Wars: Episode IV - A New Hope (1977))	0.131749	0.909962	3.453384
17	(Raiders of the Lost Ark (Indiana Jones and th...	(Star Wars: Episode V - The Empire Strikes Bac...	0.131749	0.874770	4.140705
18	(Star Wars: Episode V - The Empire Strikes Bac...	(Star Wars: Episode IV - A New Hope (1977))	0.138406	0.903440	3.428634
19	(Star Wars: Episode VI - Return of the Jedi (1...	(Star Wars: Episode V - The Empire Strikes Bac...	0.138406	0.828445	3.921427

图 4.32 关联规则

4.5.6 为用户推荐影片

我们为每位用户从符合的规则中选择置信度最高的规则进行推荐，推荐代码如下所示。首先，创建一个空列表 recommendations，用于存储为每位用户推荐的影片。然后，遍历所有用户，获取每位用户观看过的影片列表，并存储在 user_transactions 变量中。接着，初始化推荐影片列表 recommended_movies 为空集，并将最大置信度 max_confidence 初始化为 0，遍历所有关联规则，对于每条规则，判断其前项是否是当前用户已经观看过的影片。如果是当前用户已经观看过的影片，且该规则的置信度大于当前最大置信度，则更新 recommended_movies 和 max_confidence。如果 recommended_movies 非空，则将其转换为逗号分隔的字符串，并将该用户 ID 和推荐影片列表添加到 recommendations 列表中；如果 recommended_movies 为空，则将该用户 ID 和"没有可用推荐"添加到 recommendations 列表中。最后，将 recommendations 列表转换为 DataFrame，并设置列名为"User ID"和"Recommended Movies"，输出推荐表格。

```python
# 为每位用户推荐影片
recommendations = []
users = movie_data["userId"].unique()
for user in users:
    user_transactions = set(movie_data[movie_data["userId"] == user]["title"].values)
    recommended_movies = set()
    max_confidence = 0
    for rule in rules.itertuples():
        if rule.antecedents.issubset(user_transactions) and rule.confidence >
                max_confidence:
            recommended_movies = set(rule.consequents)
            max_confidence = rule.confidence
    if len(recommended_movies) > 0:
        recommendations.append((user,",".join(recommended_movies)))
    else:
        recommendations.append((user, "没有可用推荐"))
```

结果如图 4.33 所示，表格输出 11 039 位用户的推荐结果。为了完整查看推荐内容，还可进一步将推荐表格保存成 Excel 文件 recommendations.xlsx。

```
       User ID                          Recommended Movies
0            1                                   没有可用推荐
1            3                            Forrest Gump (1994)
2            5                                   没有可用推荐
3            6                                   没有可用推荐
4            7    Lord of the Rings: The Fellowship of the Ring,...
...        ...                                          ...
11034    10467                                  没有可用推荐
11035    10565                                  没有可用推荐
11036    10968                                  没有可用推荐
11037    10988                                  没有可用推荐
11038    11071                            Pulp Fiction (1994)

[11039 rows x 2 columns]
```

图 4.33　推荐结果

```
# 生成推荐表格
recommendations_table = pd.DataFrame(recommendations, columns=["User ID",
                                     "Recommended Movies"])
print(recommendations_table)
# 保存推荐表格到 Excel 文
recommendations_table.to_excel("recommendations.xlsx", index=False)
```

4.6　练习与拓展

◀ 即测即评

扫右侧二维码，完成客观题自测题。

即测即评

◀ 练习

1. 说明关联分析的基本过程。

2. 解释 Apriori 算法如何应用 Apriori 性质提升寻找频繁项集的效率？

3. 在关联规则中，如果同时满足支持度和置信度阈值，是否可以保证该关联规则一定是有用的？请说明理由。

4. 结合购物篮分析实践案例，调整案例中的参数，练习使用 R 语言实现关联分析。

5. 结合影片推荐实践案例，调整案例中的参数，练习使用 Python 实现基于关联规则的推荐。

◀ 拓展

1. 查阅相关资料，了解关联规则挖掘的其他算法，如 FP-tree 算法，并与 Apriori 算法比较，分析各自的优缺点。

2. 查阅相关资料，了解推荐的其他方法，如基于协同过滤的推荐。

3. 扫右侧二维码，观看视频，学习使用 IBM SPSS Modeler 实现关联挖掘与推荐。

教学视频

第**5**章

决 策 树

导　读

在中国社会主义制度下，有事好商量，众人的事情由众人商量，找到全社会意愿和要求的最大公约数，是人民民主的真谛。涉及人民利益的事情，要在人民内部商量好怎么办，不商量或者商量不够，要想把事情办成办好是很难的。我们要坚持有事多商量，遇事多商量，做事多商量，商量得越多越深入越好。涉及全国各族人民利益的事情，要在全体人民和全社会中广泛商量；涉及一个地方人民群众利益的事情，要在这个地方的人民群众中广泛商量；涉及一部分群众利益、特定群众利益的事情，要在这部分群众中广泛商量；涉及基层群众利益的事情，要在基层群众中广泛商量。在人民内部各方面广泛商量的过程，就是发扬民主、集思广益的过程，就是统一思想、凝聚共识的过程，就是科学决策、民主决策的过程，就是实现人民当家作主的过程。这样做起来，国家治理和社会治理才能具有深厚基础，也才能凝聚起强大力量。

——摘自习近平 2014 年 9 月 21 日在庆祝中国人民政治协商会议成立 65 周年大会上的讲话

知识导图

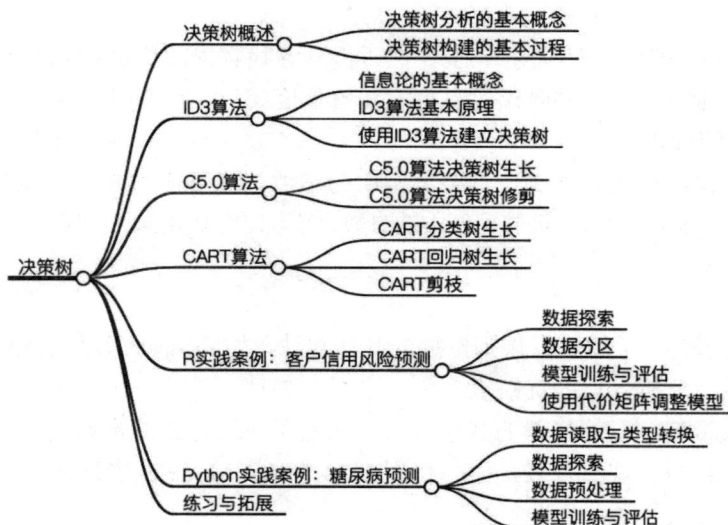

5.1 决策树概述

决策树分析方法通过模拟人类做决策的过程学习现有样本数据，建立树形结构模型，从而将样本空间划分为若干个互不重叠的子空间，每个子空间对应一种决策结果，用于对新样本进行分类或预测。

决策树分析方法属于有监督的学习方法，广泛应用于各个领域，以提供有效的决策支持。例如，在市场营销领域，可用于客户细分、市场定位、广告投放、营销策略制定等；在金融领域，可用于信用评估、风险管理、投资决策、金融欺诈检测等；在医疗领域，可用于疾病诊断和治疗、疾病风险评估、病情进展预测、药物疗效评估等；在工业领域，可用于生产流程优化、故障检测和设备维修、质量控制等；在社会科学领域，可用于社会调查、政策评估、职业规划等；在环境科学领域，可用于空气污染预测、水质评估、生态环境监测、地震预测等。

5.1.1 决策树分析的基本概念

1. 树结构相关概念

图 5.1 是基于是否参加某公益活动的样本数据学习所得的决策树。"性别"为该决策树的根节点，位于树的最上层，一棵决策树只有一个根节点。位于根节点下方且还有下一层的节点为中间节点，也称内部节点。中间节点可以分布在多个层中，如"年龄""是否党员"和"有无经验"均为中间节点。没有下一层的节点为叶节点，一棵决策树可以有多个叶节点，每个叶节点表示一种决策结果，如"参加"和"不参加"均为叶节点。

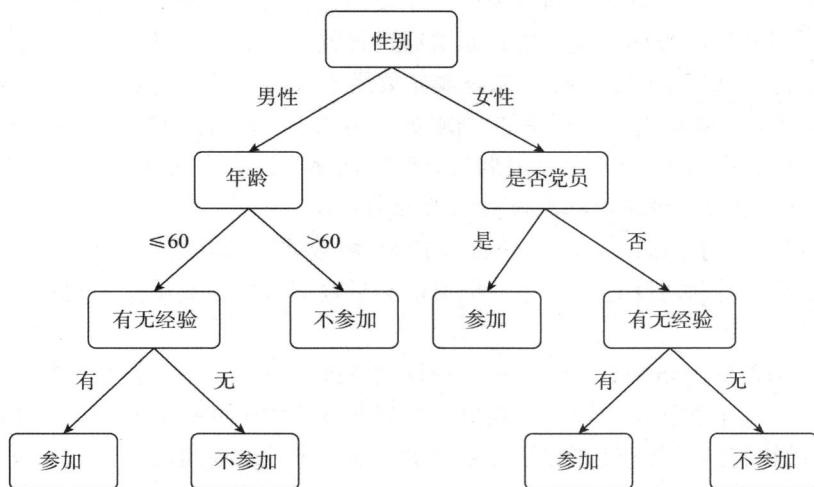

图 5.1 是否参加某公益活动决策树

上一层节点是下一层节点的父节点，下一层节点是上一层节点的子节点。如"年龄"是"有无经验"的父节点，是"性别"的子节点。根节点没有父节点，叶节点没有子节点。

具有同一个父节点的同层节点称为兄弟节点,如"年龄"和"是否党员"互为兄弟节点。

如果树中每个节点最多有两个子节点,这样的决策树称为二叉树,两个子节点分别称为左子节点和右子节点,图 5.1 所示即为一棵二叉树。如果树中有节点生长出两个以上的子节点,这样的决策树称为多叉树。

2. 分类树和回归树

决策树是一种有监督的学习方法,用于学习的数据包含输入变量(X)和输出变量(Y)。如果用于预测的输出变量是类别型变量,则称该决策树为分类树。如图 5.1 所示,输出变量是否参加只有两个取值:参加和不参加,为类别型变量,所以该决策树是一棵分类树。如果用于预测的输出变量是数值型变量,则称该决策树为回归树。一般,对于分类树,某个叶节点的预测值为该节点变量值的众数类别;对于回归树,某个叶节点的预测值为该节点变量值的算术平均数。

3. 训练集、测试集和验证集

训练集是用于训练模型的数据集。我们一般把模型的预测输出与样本实际输出之间的差异称为误差,模型在训练集上的误差称为训练误差或经验误差,在新样本集上的误差称为泛化误差。显然,我们希望得到训练误差和泛化误差都尽可能小的模型。在很多情况下,我们可以训练一个训练误差很小的模型,然而,当模型把训练样本学习得太好时,很可能会导致泛化性能下降,即在新数据集上预测可能产生较大的泛化误差,这种现象称为"过拟合",即模型过度依赖训练数据集而失去了较好的泛化能力。为了避免过拟合,我们通常使用测试集来测试模型对新样本的预测性能,然后以测试集上的测试误差作为泛化误差的近似来评估模型。最终,我们要尽量选择在训练集与测试集都表现好的模型用于分类和预测。

在有些情况下,某些算法在训练模型前需要预先设定一些参数,这类参数不能直接从训练数据中学习获得,被称为超参数。通常通过设置不同的值,训练不同的模型,来最终确定能获得性能最优模型的超参数。验证集主要用于选择模型的超参数与评价模型性能。

一般情况下,训练集占总数据集的比例较大(如 70%~80%),测试集和验证集的比例相对较小(各占 10%~15%),我们可以根据具体问题选择合适的方法进行划分。常见的划分方法有以下几种(以划分为训练集和测试集两部分为例)。

(1) 简单随机划分法(simple random sampling):将数据集随机划分为两个互斥的集合——训练集与测试集。这种方法比较简单,但可能会导致训练集与测试集之间样本数据分布存在较大差异。

(2) 分层抽样法(stratified sampling):根据类别或标签等特征,将数据集划分成若干子集,保证每个子集中的样本类别分布相似,然后从各子集中取相应比例的样本组成训练集和测试集。这种方法可以避免训练集与测试集类别分布不均衡的问题。

(3) 时间序列切割法(time series split):适用于时间序列数据,在时间上按顺序划分出多份数据集,前面的数据集作为训练集,后面的数据集作为测试集。这种方法能够较好反映出时间序列数据的特性。

(4) 交叉验证法(cross-validation):将数据集划分为多个大小相似的互斥子集,每个子集轮流作为测试集，其余子集都作为训练集。最常用的是 K 折交叉验证法(K-fold cross-validation)，即将数据集随机划分为 K 份，其中 K-1 份作为训练集，1 份作为测试集，轮流重复 K 次得到 K 个不同的训练集和测试集组合。K 常用的取值为 10，此时可称为 10 折交叉验证。还有一种较为特殊的交叉验证法，称为留一交叉验证法(leave-one-out cross-validation)，即每次留出一个样本作为测试集，其余 N-1 个样本作为训练集，轮流重复 N 次得到 N 个不同的训练集和测试集组合。这种方法适用于样本量非常少的情况。

(5) 自助法(bootstrapping)：依赖重抽样技术，从样本量为 N 的数据集中随机抽取一个样本，抽取后将样本放回，使得下一次抽样时仍有可能被抽到，重复进行 N 次，生成一个与原数据集大小一致的新数据集作为训练集，未出现在训练集中的其余样本构成测试集。

样本在 N 次抽样中始终不被抽到的概率为 $\left(1-\dfrac{1}{N}\right)^{N}$，取其极限可得

$$\lim_{N\to\infty}\left(1-\frac{1}{N}\right)^{N}=\frac{1}{e}\approx0.368 \tag{5-1}$$

即基于自助重抽样，原始数据集中约有 36.8%的样本不会出现在训练集中，可作为测试样本。使用该方法，可从原始数据集中产生多个不同的训练集与测试集。

5.1.2 决策树构建的基本过程

1. 决策树的生长过程

决策树的生长过程即使用训练数据集学习训练模型，完成决策树的建立过程，其本质是对训练样本不断分组的过程。在样本不断分组的过程中，逐渐生长出各个分支。有效的分支能使样本的输出变量值尽快趋同，差异迅速减小。一般当节点中的输出变量均为相同类别或差异很小，或达到指定的停止生长的标准时，该节点即为叶节点。

所以，决策树生长过程中，需要解决的主要问题是：

(1) 如何从众多的输入变量中选择一个当前最佳的分组变量，如图 5.1 所示的是否参加某公益活动决策树从所有因素中先选择性别作为根节点的分组变量，而不是其他因素；

(2) 如何从选定的分组变量中找到最佳的分割点用于分支，如对于年龄节点，是否参加某公益活动决策树把 60 岁作为最佳分割点，而不是其他岁数。

不同的解决方法形成了不同的决策树算法。

2. 决策树的剪枝过程

随着决策树的生长，越深层的节点代表的样本量越少，其一般代表性会越差。如一棵预测是否会购买《数据挖掘与机器学习》这本书的决策树，极端情况下基于树枝脉络可能会产生这样一条规则：身份为学生、年龄 20 岁、性别为女性且姓名为张一的人会购买，显而易见，这条规则失去了一般意义。所以，为了避免这种过拟合现象，我们需要对决策树进行修剪。其基本思想是：通过剪枝去掉一些不必要的节点和分支，从而使决策树变得

更简单、更易于理解，并提高模型的分类和预测准确率。

修剪技术主要分为预修剪(pre-pruning)和后修剪(post-pruning)两种。预修剪技术主要用于限制树的完全生长，常用的方法有：

(1) 节点中的样本均为同类或空时，停止生长；

(2) 指定节点样本量的最小值，当节点中样本量少于最小值时，停止生长；

(3) 指定树的深度，当树的深度达到指定值时，停止生长。

后修剪技术是等待决策树充分生长后再根据一定的标准进行修剪，剪去不具有一般代表性的树枝。采用后剪枝技术的决策树算法，其剪枝的标准也不尽相同。最基本的标准，如可以使用错误率，修剪的过程将不断计算父节点的错误率和其子节点的错误率，当子节点的错误率之和大于其父节点的错误率时，剪去子节点。

5.2　ID3算法

5.2.1　信息论的基本概念

1. 自信息量

信息是用来消除随机不确定性的度量。信息量的大小可由所消除的不确定性大小来计量。不确定性的程度与事件发生的概率有关，事件发生的可能性越大，不确定性程度越低，它所包含的信息量就越小，必定发生的事件，不存在不确定性，其信息量为零。反之，事件发生的概率越小，不确定性程度越高，它能给予观察者的信息量就越大。

自信息量表示事件发生时所包含的信息量，是事件发生概率的函数，事件 X 的自信息量计算公式为

$$I(X) = \log_2 \frac{1}{P(X)} = -\log_2 P(X) \tag{5-2}$$

式中，$P(X)$ 为事件 X 发生概率，$I(X)$ 实质上是无量纲的，为便于研究问题，$I(X)$ 的量纲根据对数的底来定义。对数取 2 为底，自信息量的单位是比特(bit)；取 e 为底(自然对数)，单位为奈特(nat)；取 10 为底(常用对数)，单位为哈特(hart)。一般情况下，我们使用以 2 为底的对数，单位为比特。

【例5.1】假设英文字母"m"出现的概率为 0.107，"q"出现的概率为 0.045，"t"出现的概率为 0.008。请分别计算它们的自信息量。

"m"的自信息量：$I(m) = -\log_2 P(m) = -\log_2 0.107 = 3.224$（比特）

"q"的自信息量：$I(q) = -\log_2 P(q) = -\log_2 0.045 = 4.474$（比特）

"t"的自信息量：$I(t) = -\log_2 P(t) = -\log_2 0.008 = 6.966$（比特）

2. 信息熵

自信息量度量的是一个具体事件发生了所带来的信息，而信息熵则是考虑一个随机变量所有可能发生的事件带来的信息量的期望，是随机变量平均不确定性的度量。其计算公

式为

$$E(X) = -\sum_{x \in X} p(x) \log_2 p(x) \tag{5-3}$$

如果 X 的所有可能发生的事件 x_i 具有相同的概率，则 X 的不确定性最大，信息熵达到最大。所以，$P(x_i)$ 差别越小，信息熵越大；$P(x_i)$ 差别越大，信息熵越小。

5.2.2　ID3 算法基本原理

ID3 算法是一种经典的决策树学习算法，最早由 Ross Quinlan 于 1986 年提出，主要通过信息增益的方式来选择最优划分属性。

1. 信息增益

假设训练数据集是关系数据表 S，共有 n 个记录和 $m+1$ 个属性，所有属性取值为离散值。其中，X_1，X_2，$\cdots$，X_m 为描述属性或条件属性，Y 为类别属性。类别属性 Y 的不同取值个数即类别数为 u，其值域为 $(y_1, y_2, \cdots, y_u)$，在 S 中类别属性 Y 取值为 $y_i (1 \leqslant i \leqslant u)$ 的记录个数为 S_i。

对于描述属性 $X_k (1 \leqslant k \leqslant m)$，它的不同取值个数为 v，其值域为 $(x_1, x_2, \cdots, x_v)$。在类别属性 Y 取值为 $y_i (1 \leqslant i \leqslant u)$ 的子区域中，描述属性 X_k 取值为 $x_j (1 \leqslant j \leqslant v)$ 的记录个数为 S_{ij}。

类别属性 Y 的先验熵，即 Y 未收到任何信息前各个类别取值的平均不确定性，即 Y 的信源熵、平均自信息量，计算公式为

$$E(Y) = -\sum_{i=1}^{u} P(y_i) \log_2 P(y_i) = -\sum_{i=1}^{u} \frac{s_i}{n} \log_2 \frac{s_i}{n} \tag{5-4}$$

式中，$P(y_i)$ 为 $Y = y_i (1 \leqslant i \leqslant u)$ 的概率。

对于描述属性 $X_k (1 \leqslant k \leqslant m)$，类别属性 Y 的条件熵，即 Y 收到描述属性 X_k 发出的信息后各个类别取值仍然存在的平均不确定性，即后验熵，计算公式为

$$E(Y \mid X_k) = -\sum_{j=1}^{v} P(x_j) \sum_{i=1}^{u} P(y_i \mid x_j) \log_2 P(y_i \mid x_j) = -\sum_{j=1}^{v} \frac{s_j}{n} \sum_{i=1}^{u} \frac{s_{ij}}{s_j} \log_2 \frac{s_{ij}}{s_j} \tag{5-5}$$

式中，$P(x_j)$ 为 $X = x_j (1 \leqslant j \leqslant v)$ 时的概率，$P(y_i \mid x_j)$ 为 $X = x_j (1 \leqslant j \leqslant v)$ 时 $Y = y_i$ $(1 \leqslant i \leqslant u)$ 的概率。

给定描述属性 $X_k (1 \leqslant k \leqslant m)$，其对类别属性 Y 产生的信息增益(information gain)即类别属性 Y 的先验熵减去后验熵，反映了描述属性 X_k 减少 Y 的不确定性程度，计算公式为

$$G(Y, X_k) = E(Y) - E(Y \mid X_k) \tag{5-6}$$

式中，$G(Y, X_k)$ 为描述属性 X_k 对类别属性 Y 产生的信息增益，$G(Y, X_k)$ 越大，对减少 Y 不确定性的贡献越大，或者说属性 X_k 对分类提供的信息越多。

2. ID3 算法描述

ID3 算法基本思想是在构建决策树时，每次优先选取对分类提供信息量最多的属性，即选择信息增益最大的属性作为划分属性，以构造一棵熵值下降最快的决策树，到叶子节点处的熵值为零，即每个叶子节点中的所有实例都属于同一类。

ID3 算法的步骤如下：

(1) 计算训练数据集的先验熵；

(2) 对每个属性计算后验熵及信息增益；

(3) 选择信息增益最大的属性作为划分属性，并将数据集按照该属性值的不同取值划分成不同的子集。

对于每个子集，重复上述步骤，直到所有子集都被划分为同一类别或没有其他可用的属性为止。这时停止并返回该节点为叶子节点。

ID3 算法决策树的产生过程 Generate_Decision_Tree(S, X)描述如下。

算法 5.1　ID3 算法

输入：训练数据集 S，描述属性集合 X 和类别属性集合 Y。

输出：决策树。

方法：

```
创建对应 S 的节点 Node(初始时为决策树的根节点)；
If (S 中的样本属于同一类别 y)
{    以 y 标识 Node 并将它作为叶子节点；
    Return；
}
If(X 为空)
{    以 S 中占多数的样本类别 y 标识 Node，并将它作为叶子节点；
    Return；
}
for(对于属性集合 X 中的每一个属性 Xk)
    Xi=MAX{G(Y, Xk)}
for(Xi 中的每个可能取值 xij)
{    产生 S 的一个子集 Sj；
    If(Sj 为空)
    {    创建对应 Sj 的节点 Nodej；
    以 S 中占多数的样本类别 y 标识 Nodej；
        将 Nodej 作为叶子节点，形成 Node 的一个分支；
    }
    else
        Generate_Decision_Tree(Sj, X-Xi)；
}
```

5.2.3　使用 ID3 算法建立决策树

【例 5.2】表 5.1 给出了一个关于学生是否参加 2025 年无偿献血的训练数据集，包含 14 名学生，描述属性分别为：在读阶段、已参与无偿献血次数、是否党员和性别，类别属性为是否参加。要求使用 ID3 算法生成决策树。

表 5.1　学生是否参加 2025 年无偿献血数据集

学生 ID 号	在读阶段	已参与无偿献血次数	是否党员	性别	是否参加
1	本科	大于 2 次	否	女	否
2	本科	大于 2 次	否	男	否
3	博士	大于 2 次	否	女	是
4	硕士	1～2 次	否	女	是
5	硕士	未曾参与	是	女	是
6	硕士	未曾参与	是	男	否
7	博士	未曾参与	是	男	是
8	本科	1～2 次	否	女	是
9	本科	未曾参与	是	女	是
10	硕士	1～2 次	是	女	是
11	本科	1～2 次	是	男	是
12	博士	1～2 次	否	男	是
13	博士	大于 2 次	是	女	是
14	硕士	1～2 次	否	男	否

1. 创建根节点

类别属性为是否参加，它有两个不同的值"是"和"否"，即有两个不同的类 y_1 和 y_2；设 y_1 对应"是"，y_2 对应"否"，则 s_1=9，s_2=5。

(1) 先计算数据集中是否参加类别属性的先验熵。

$$E(是否参加)=-\sum_{i=1}^{u}\frac{s_i}{n}\log_2\frac{s_i}{n}=-\left(\frac{9}{14}\log_2\frac{9}{14}+\frac{5}{14}\log_2\frac{5}{14}\right)=0.94$$

(2) 求描述属性集合{在读阶段，已参与无偿献血次数，是否党员，性别}中每个属性的信息增益，选取信息增益最大的属性作为根节点。

对于"在读阶段"属性，后验熵为

$$E(是否参加|在读阶段)=-\sum_{j=1}^{3}\frac{s_j}{n}\sum_{i=1}^{2}\frac{s_{ij}}{s_j}\log_2\frac{s_{ij}}{s_j}$$

(1) 在读阶段＝"本科"的样本数为 5，其中 2 名学生参加，3 名学生不参加。

$$E(是否参加|在读阶段=本科)=-\left(\frac{2}{5}\log_2\frac{2}{5}+\frac{3}{5}\log_2\frac{3}{5}\right)=0.971$$

(2) 在读阶段＝"博士"的样本数为 4，4 名学生都参加，不参加人数为 0。

$$E(是否参加|在读阶段=博士)=-\left(\frac{4}{4}\log_2\frac{4}{4}+0\right)=0$$

(3) 在读阶段＝"硕士"的样本数为 5，其中 3 名学生参加，2 名学生不参加。

$$E(是否参加|在读阶段=硕士)=-\left(\frac{3}{5}\log_2\frac{3}{5}+\frac{2}{5}\log_2\frac{2}{5}\right)=0.971$$

则

$$E(是否参加|在读阶段)=\left(\frac{5}{14}\times0.971+\frac{4}{14}\times0+\frac{5}{14}\times0.971\right)=0.694$$

所以

$$G(是否参加，在读阶段)=E(是否参加)-E(是否参加|在读阶段)=0.94-0.694=0.246$$

同理可得

$$G(是否参加，已参与无偿献血次数)=0.029$$
$$G(是否参加，是否党员)=0.151$$
$$G(是否参加，性别)=0.048$$

在属性集合中，属性"在读阶段"的信息增益最高，选取该描述属性来划分样本数据集。创建一个根节点，用在读阶段标记，并对每个属性值(本科、博士和硕士)引出一个分支。

2. 创建分支

(1) 分支在读阶段="本科"。样本数为5，其中2名学生参加，3名学生不参加。在这一分支下，是否参加类别属性的先验熵为

$$E(是否参加)=-\left(\frac{2}{5}\log_2\frac{2}{5}+\frac{3}{5}\log_2\frac{3}{5}\right)=0.971$$

分别计算已参与无偿献血次数、是否党员、性别三个属性产生的信息增益为

$$G(是否参加，已参与无偿献血次数)=0.571$$
$$G(是否参加，是否党员)=0.971$$
$$G(是否参加，性别)=0.02$$

所以，对于分支在读阶段="本科"，属性"是否党员"信息增益最高，选取该描述属性继续划分样本数据集。

分支是否党员="否"，由于所有记录是否参加属于同一类别"否"，所以分支是否党员="否"的节点为叶节点。

分支是否党员="是"，由于所有记录是否参加属于同一类别"是"，所以分支是否党员="是"的节点为叶节点。

(2) 分支在读阶段="博士"。由于所有记录是否参加属于同一类别"是"，所以分支在读阶段="博士"的节点为叶节点。

(3) 分支在读阶段="硕士"。样本数为5，其中3名学生参加，2名学生不参加。在这一分支下，是否参加类别属性的先验熵为

$$E(\text{是否参加}) = -\left(\frac{3}{5}\log_2\frac{3}{5} + \frac{2}{5}\log_2\frac{2}{5}\right) = 0.971$$

分别计算已参与无偿献血次数、是否党员、性别三个属性产生的信息增益为

$$G(\text{是否参加，已参与无偿献血次数}) = 0.02$$
$$G(\text{是否参加，是否党员}) = 0.02$$
$$G(\text{是否参加，性别}) = 0.97$$

所以，对于分支在读阶段＝"硕士"，属性"性别"信息增益最高，选取该描述属性继续划分样本数据集。

分支性别＝"男"，由于所有记录是否参加属于同一类别"否"，所以分支性别＝"男"的节点为叶节点。

分支性别＝"女"，由于所有记录是否参加属于同一类别"是"，所以分支性别＝"女"的节点为叶节点。

生成的决策树如图 5.2 所示。

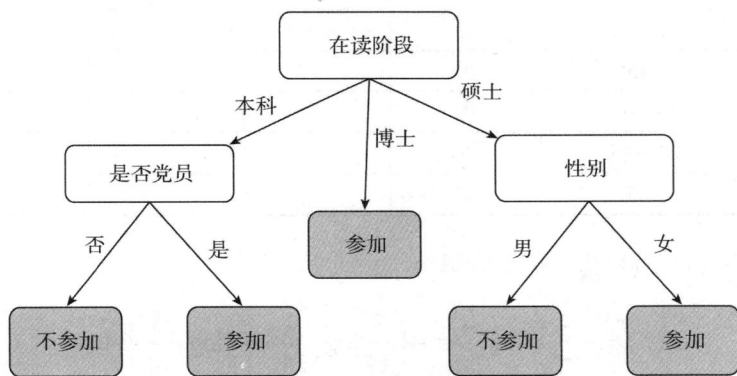

图 5.2　是否参加无偿献血决策树

5.3　C5.0 算法

1993 年 Ross Quinlan 在 ID3 算法基础上提出了其改进版本 C4.5 算法。随后，又在执行效率和内存使用方面进行了改进，提出了 C5.0 算法，优化了对大数据集的处理能力。本节通过分析 ID3 算法的局限性，主要介绍 C5.0 算法决策树的生长过程中分裂属性的选择标准和树的剪枝方法等。

5.3.1　C5.0 算法决策树生长

1. 最佳分裂属性选择标准
ID3 算法的核心是选择具有最大信息增益的离散属性作为决策树的分裂属性，我们结

合例 5.3 来分析在算法实际应用中，该方法可能存在的问题。

【例5.3】表 5.2 为某数字化学习平台上客户购买会员的数据集，包含 14 位客户，描述属性分别为年龄段(X_1)、性别(X_2)和浏览时间(X_3)，类别属性为购买会员(Y)。

表 5.2　某数字化学习平台客户购买会员数据集

客户 ID 号	年龄段(X_1)(岁)	性别(X_2)	浏览时间(X_3)(小时)	购买会员(Y)
1	>45	男	11	是
2	25～45	男	16	是
3	25～45	女	18	是
4	<25	男	20	否
5	>45	女	24	是
6	>45	女	26	是
7	<25	女	29	是
8	<25	女	31	是
9	<25	男	45	否
10	25～45	女	57	否
11	>45	男	60	是
12	25～45	男	63	否
13	25～45	女	74	否
14	<25	女	86	是

数据集中购买会员(Y)属性的先验熵为

$$E(Y) = -\sum_{i=1}^{u} \frac{s_i}{n} \log_2 \frac{s_i}{n} = -\left(\frac{9}{14} \log_2 \frac{9}{14} + \frac{5}{14} \log_2 \frac{5}{14} \right) = 0.94$$

收到年龄段(X_1)属性发出的信息后，购买会员(Y)属性的后验熵为

$$E(Y \mid X_1) = -\sum_{j=1}^{3} \frac{s_j}{n} \sum_{i=1}^{2} \frac{s_{ij}}{s_j} \log_2 \frac{s_{ij}}{s_j}$$

$$= -\left[\frac{5}{14} \times \left(\frac{3}{5} \log_2 \frac{3}{5} + \frac{2}{5} \log_2 \frac{2}{5} \right) + \frac{5}{14} \left(\frac{2}{5} \log_2 \frac{2}{5} + \frac{3}{5} \log_2 \frac{3}{5} \right) + \frac{4}{14} \times \left(\frac{4}{4} \log_2 \frac{4}{4} + 0 \right) \right]$$

$$= 0.694$$

年龄段(X_1)属性对购买会员(Y)属性产生的信息增益为

$$G(Y, X_1) = E(Y) - E(Y \mid X_1) = 0.94 - 0.694 = 0.246$$

假设年龄段(X_1)属性中把值 25～45 岁拆成两个取值，客户 ID 号为 2、10 和 12 的客户，年龄段值为 25～35，客户 ID 号为 3 和 13 的客户，年龄段值为 35～45，如表 5.3 所示。

表 5.3 年龄段取值调整后某数字化学习平台客户购买会员数据集

客户 ID 号	年龄段(X_1)(岁)	性别(X_2)	浏览时间(X_3)(小时)	购买会员(Y)
1	>45	男	11	是
2	25~35	男	16	是
3	35~45	女	18	是
4	<25	男	20	否
5	>45	女	24	是
6	>45	女	26	是
7	<25	女	29	是
8	<25	女	31	是
9	<25	男	45	否
10	25~35	女	57	否
11	>45	男	60	是
12	25~35	男	63	否
13	35~45	女	74	否
14	<25	女	86	是

重新计算变量年龄段(X_1)属性对购买会员(Y)属性的后验熵为

$$E(Y \mid X_1) = -\sum_{j=1}^{4} \frac{s_j}{n} \sum_{i=1}^{2} \frac{s_{ij}}{s_j} \log_2 \frac{s_{ij}}{s_j}$$

$$= -\left[\frac{5}{14} \times \left(\frac{3}{5} \log_2 \frac{3}{5} + \frac{2}{5} \log_2 \frac{2}{5} \right) + \frac{3}{14} \left(\frac{1}{3} \log_2 \frac{1}{3} + \frac{2}{3} \log_2 \frac{2}{3} \right) + \right.$$

$$\left. \frac{2}{14} \times \left(\frac{1}{2} \log_2 \frac{1}{2} + \frac{1}{2} \log_2 \frac{1}{2} \right) + \frac{4}{14} \times \left(\frac{4}{4} \log_2 \frac{4}{4} + 0 \right) \right]$$

$$= 0.687$$

则调整后的年龄段(X_1)属性对购买会员(Y)属性产生的信息增益为

$$G(Y, \ X_1) = E(Y) - E(Y \mid X_1) = 0.94 - 0.687 = 0.253$$

可见，调整后的信息增益比调整前增大了。属性本身取值增多，会增加其对类别属性(Y)产生的信息增益。所以，使用信息增益作为最佳分裂属性的选择标准，会使其倾向于选择取值类别多的属性。为了避免这个问题，C5.0 算法使用信息增益率作为选择标准，既考虑了属性信息增益的大小，又去除了属性自身取值不确定性对信息增益的影响，计算公式为

$$\text{GainsR}(Y, X_k) = G(Y, X_k) / E(X_k) \tag{5-7}$$

所以，调整前年龄段(X_1)属性对购买会员(Y)属性的信息增益率为

$$
\begin{aligned}
\text{GainsR}(Y, X_1) &= G(Y, X_1) / E(X_1) \\
&= 0.246 / \left[-\left(\frac{5}{14} \log_2 \frac{5}{14} + \frac{5}{14} \log_2 \frac{5}{14} + \frac{4}{14} \log_2 \frac{4}{14} \right) \right] \\
&= 0.246/1.577 \\
&= 0.156
\end{aligned}
$$

调整后年龄段(X_1)属性对购买会员(Y)属性的信息增益率为

$$
\begin{aligned}
\text{GainsR}(Y, X_1) &= G(Y, X_1) / E(X_1) \\
&= 0.253 / \left[-\left(\frac{5}{14} \log_2 \frac{5}{14} + \frac{3}{14} \log_2 \frac{3}{14} + \frac{2}{14} \log_2 \frac{2}{14} + \frac{4}{14} \log_2 \frac{4}{14} \right) \right] \\
&= 0.253 / 1.924 \\
&= 0.131
\end{aligned}
$$

可见，剔除了年龄段(X_1)属性自身取值的不确定性影响后，调整后年龄段的信息增益率没有增大。

2. 对连续型属性的处理

ID3 算法只能处理离散型属性，C5.0 算法在生成决策树的过程中，采用有监督的离散化方法，自动把连续型属性离散化成两类。

以【例 5.3】为例，对表中浏览时间(X_3)(已排序)进行离散化，类别属性(Y)为"购买会员"。分组前"购买会员"属性的信息熵为 0.94。假定取客户 ID 号为 7 和 8 的浏览时间 29 和 31 的平均值 30 为候选划分点，即将浏览时间(X_3)离散化为两组：小于 30 和大于 30，则分组后"浏览时间"属性对购买会员(Y)属性的后验熵为

$$
\begin{aligned}
E(Y \mid X_3) &= -\sum_{j=1}^{2} \frac{s_j}{n} \sum_{i=1}^{2} \frac{s_{ij}}{s_j} \log_2 \frac{s_{ij}}{s_j} \\
&= -\left[\frac{7}{14} \times \left(\frac{1}{7} \log_2 \frac{1}{7} + \frac{6}{7} \log_2 \frac{6}{7} \right) + \frac{7}{14} \times \left(\frac{3}{7} \log_2 \frac{3}{7} + \frac{4}{7} \log_2 \frac{4}{7} \right) \right] \\
&= 0.7884
\end{aligned}
$$

分组后"浏览时间"属性对购买会员(Y)属性的信息增益为

$$
G(Y, X_3) = E(Y) - E(Y \mid X_3) = 0.94 - 0.7884 = 0.1516
$$

可以理解，如果某个候选划分点分成两个组后，输出属性"购买会员"分别取"是"和"否"，那么这个候选划分点对预测输出属性是最优的。此时后验熵最小，信息增益最大。所以，信息增益越大，说明根据该候选划分点离散化"浏览时间"属性越有意义。

按照上述方法，可计算出按所有可能候选划分点分组后的信息增益，然后选择信息增益最大的候选划分点把连续型属性离散化成两类。

3. 对具有缺失值属性的处理

ID3 算法不能处理带有缺失值的数据集，所以在运用 ID3 算法构建决策树前需要对数据集中的缺失值进行预处理。C5.0 算法在生成决策树的过程中，增加了对缺失值的处理策略。

C5.0 算法选择最佳分裂属性时，如果遇到属性值有缺失，会将带有缺失值的样本临时剔除，并进行权重调整处理。

假设表 5.2 中，ID 号为 1 的客户年龄段(X_1)属性取值缺失，如表 5.4 所示。

表 5.4　带有缺失值的某在线视频平台客户购买会员数据集

客户 ID 号	年龄段(X_1)(岁)	性别(X_2)	浏览时间(X_3)(小时)	购买会员(Y)
1	—	男	11	是
2	25～45	男	16	是
3	25～45	女	18	是
4	<25	男	20	否
5	>45	女	24	是
6	>45	女	26	是
7	<25	女	29	是
8	<25	女	31	是
9	<25	男	45	否
10	25～45	女	57	否
11	>45	男	60	是
12	25～45	男	63	否
13	25～45	女	74	否
14	<25	女	86	是

采用 C5.0 算法计算年龄段(X_1)属性的信息增益率过程如下。

(1) 计算购买会员(Y)属性的先验熵。

$$E(Y) = -\sum_{i=1}^{u}\frac{s_i}{n}\log_2\frac{s_i}{n} = -\left(\frac{8}{13}\log_2\frac{8}{13} + \frac{5}{13}\log_2\frac{5}{13}\right) = 0.961$$

(2) 计算年龄段(X_1)属性对购买会员(Y)属性的后验熵。

$$E(Y\,|\,X_1) = -\sum_{j=1}^{3}\frac{s_j}{n}\sum_{i=1}^{2}\frac{s_{ij}}{s_j}\log_2\frac{s_{ij}}{s_j}$$

$$= -\left[\frac{5}{13}\times\left(\frac{3}{5}\log_2\frac{3}{5}+\frac{2}{5}\log_2\frac{2}{5}\right) + \frac{5}{13}\times\left(\frac{2}{5}\log_2\frac{2}{5}+\frac{3}{5}\log_2\frac{3}{5}\right) + \frac{3}{13}\times\left(\frac{3}{3}\log_2\frac{3}{3}+0\right)\right]$$

$$= 0.747$$

(3) 计算经权重调整的年龄段(X_1)属性对购买会员(Y)属性的信息增益。

调整权重使用：(数据集样本总数量-缺失值样本数量)/数据集中样本总数量，表示所在属性具有已知值样本的概率。

$$G(Y, X_1) = \frac{13}{14} \times [E(Y) - E(Y \mid X_1)] = \frac{13}{14} \times (0.961 - 0.747) = 0.199$$

(4) 计算年龄段(X_1)属性对购买会员(Y)属性的信息增益率。

$$\begin{aligned} \text{GainsR}(Y, X_1) &= G(Y, X_1) / E(X_1) \\ &= 0.199 \bigg/ \left[-\left(\frac{5}{13} \log_2 \frac{5}{13} + \frac{5}{13} \log_2 \frac{5}{13} + \frac{3}{13} \log_2 \frac{3}{13} \right) \right] \\ &= 0.199 / 1.549 \\ &= 0.128 \end{aligned}$$

5.3.2 C5.0 算法决策树修剪

C5.0 算法采用后剪枝方法从叶节点向上逐层修剪，其核心问题是对误差的估计和修剪标准的设置。

1. 悲观估计法

通常，决策树的修剪应基于测试集数据的预测误差，C5.0 算法是基于训练集数据，利用置信区间的估计方法，直接在训练样本集上估计误差。

(1) 对决策树的每个节点，以输出属性的众数类别作为预测类别。

(2) 设第 i 个节点包含 N_i 个样本，有 E_i 个预测错误的样本，则错误率(即误差)的计算公式为

$$f_i = E_i / N_i \tag{5-8}$$

(3) 在近似正态分布假设的基础上，对第 i 个节点的真实误差 e_i 进行区间估计，置信度为 $1 - \alpha$，则有

$$P\left[\frac{f_i - e_i}{\sqrt{\dfrac{f_i(1 - f_i)}{N_i}}} < |z_{\alpha/2}| \right] = 1 - \alpha \tag{5-9}$$

式中，$z_{\alpha/2}$ 为临界值，第 i 个节点 e_i 的置信上限，即 e_i 的悲观估计为

$$e_i = f_i + z_{\alpha/2} \sqrt{\frac{f_i(1 - f_i)}{N_i}} \tag{5-10}$$

当置信度为 $1 - 0.25 = 75\%$，即 α 为 0.25 时，$z_{\alpha/2} = 1.15$。实际分析中，可以根据需要调整置信度。正因为 C5.0 算法使用了区间估计的上限，即把最大可能的错误作为错误率的估计值，才有了悲观估计之称。

2. 修剪标准

在悲观估计法的基础上，C5.0 算法将根据"是否减少误差"的标准判断是否对子节点进行修剪。

如果待剪子树中子节点的加权误差大于父节点的误差，如式(5-11)，则剪掉子节点，否则保留子节点。

$$\sum_{i=1}^{k} p_i e_i > e \qquad (i = 1, 2, \ldots, k) \tag{5-11}$$

式中，k 为待剪子树节点的个数，p_i 为第 i 个子节点的样本量占整个子树样本量的比例，e_i 为第 i 个子节点的估计误差，e 为父节点的估计误差。

【例 5.4】图 5.3 为决策树的某一分支，椭圆为叶节点，方框为中间节点。括号中第一个数字表示该节点所含样本量，第二个数字表示预测错误的样本量。判断是否应该剪掉 B 节点下的三个叶子节点 D、E、F。

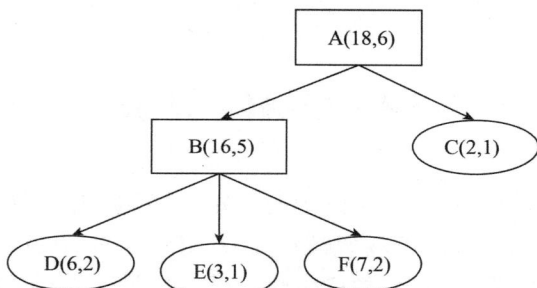

图 5.3　决策树修剪

假设 $1-\alpha$ 取默认值 0.75，则 $z_{\alpha/2}=1.15$。

(1) D、E、F 节点的估计误差为

$$e_D = f_D + Z_{\alpha/2} \sqrt{\frac{f_D(1-f_D)}{N_D}} = \frac{2}{6} + 1.15 \times \sqrt{\frac{\frac{2}{6} \times \frac{4}{6}}{6}} = 0.55$$

同理，分别求出 E、F 节点的估计误差为 0.65 和 0.48。

(2) 叶子节点的加权估计误差为

$$\sum_{i=1}^{k} p_i e_i = \frac{6}{16} \times 0.55 + \frac{3}{16} \times 0.65 + \frac{7}{16} \times 0.48 = 0.54$$

(3) 父节点的估计误差为

$$e_B = f_B + Z_{\alpha/2} \sqrt{\frac{f_B(1-f_B)}{N_B}} = \frac{5}{16} + 1.15 \times \sqrt{\frac{\frac{5}{16} \times \frac{11}{16}}{16}} = 0.45$$

(4) 判定是否应修剪。

根据式(5-11)，叶子节点的加权估计误差 0.54 大于父节点的估计误差 0.45，应剪掉叶子节点 D、E、F。

以上的修剪标准，只考虑了误差的大小，而没有区分不同类型的错误对预测带来的损失大小，比如，银行在客户风险分析中，把优质客户预测为会违约的客户而拒绝其贷款申请，把违约客户预测为优质客户而对其放贷，带给银行的损失是不同的。所以，C5.0 算法允许选择使用损失矩阵，将"是否减少误差"调整为"是否减少损失"进行剪枝。通过判断待剪子树中子节点的加权损失是否大于父节点的损失来修剪，如果大于就剪掉，则

$$\sum_{i=1}^{k} p_i e_i c_i > ec \qquad (i=1,2,\cdots,k) \tag{5-12}$$

式中，k 为待剪子树节点的个数，p_i 为第 i 个子节点的样本量占整个子树样本量的比例，e_i 为第 i 个子节点的估计误差，c_i 为第 i 个子节点的错判损失，e 为父节点的估计误差，c 为父节点的错判损失。

5.4　CART 算法

CART (Classification And Regression Tree，分类与回归树)算法由 Leo Breiman 等人于 1984 年提出，顾名思义，相较于 ID3 算法和 C5.0 算法，它不仅可以用于分类问题，还可以用于回归问题。CART 算法在决策树的生长过程中采用基尼指数(Gini Index)或误差平方和作为分类树或回归树节点属性的选择标准，递归地选择基尼指数值或误差平方和最小的属性及切分点将当前训练样本集划分为两个子样本集，生成一棵二叉树。在此基础上，为了避免过拟合，使用后剪枝方法进行剪枝。

5.4.1　CART 分类树生长

1. 基尼指数(Gini Index)

基尼指数用于衡量数据集中各类别分布的不均匀程度，其计算公式为

$$\text{Gini}(D) = 1 - \sum_{k=1}^{K} \left(\frac{|C_k|}{|D|} \right)^2 \tag{5-13}$$

式中，D 为数据集，K 为数据集中不同类别的数量，C_k 是第 k 个类别的样本集合，$|D|$是数据集 D 中的样本量，$|C_k|$是数据集中类别 C_k 的样本量。

基尼指数的值介于 0 到 1 之间。值越接近 1，表示数据集越不纯；值越接近 0，表示数据集越纯。当数据集 D 只有一个类别时，Gini(D)=0。

假设使用数据集中的属性 X 对数据集进行划分，若 X 为离散特征，则根据 X 的某一可能取值 α 可将 D 划分为 D_1 和 D_2，即 $D_1 = \{D \mid X = \alpha\}$，$D_2 = \{D \mid X \neq \alpha\}$。在此划分下，数

据集 D 的基尼指数为

$$\text{Gini}(D, X) = \frac{|D_1|}{|D|}\text{Gini}(D_1) + \frac{|D_2|}{|D|}\text{Gini}(D_2) \tag{5-14}$$

式中，$|D_1|$、$|D_2|$ 分别为数据集 D_1、D_2 中的样本量。$\text{Gini}(D, X)$ 的取值越大，样本的不确定性也越大，所以选择 X 及其切分点 α 的标准是 $\text{Gini}(D, X)$ 的取值越小越好。

2. 生长过程

若设定基尼指数阈值和切分的最小样本个数阈值，从根节点开始，使用训练集数据递归建立 CART 分类树的过程如下：

(1) 如果当前节点的数据集 D 所含样本个数小于给定的阈值或没有属性，则返回决策子树，当前节点停止递归；

(2) 计算数据集 D 的基尼指数，如果基尼指数小于给定的阈值，则返回决策子树，当前节点停止递归；

(3) 计算当前节点各个属性的各个切分点的基尼指数；

(4) 选择基尼指数最小的属性 X 及其对应的切分点 α 作为最优属性和最优切分点，根据选定的最优属性和最优切分点将当前节点的数据集划分成两部分 D_1 和 D_2，同时生成当前节点的两个子节点，左子节点的数据集为 D_1，右子节点的数据集为 D_2；

(5) 对左右子节点递归调用(1)～(4)，生成 CART 分类树。

3. 分类树生长示例

【例5.5】表5.5为客户是否违约数据集，包含10位客户，描述属性分别为：是否有房、婚姻状况和年收入，分类属性为是否违约，要求以此数据集为训练样本集，使用 CART 算法生成决策树。

表 5.5　客户是否违约数据集

客户 ID 号	是否有房	婚姻状况	年收入(万元)	是否违约
1	否	已婚	8	否
2	否	未婚	9.5	否
3	否	已婚	12	否
4	否	未婚	12.5	是
5	否	未婚	14	是
6	否	离婚	15.5	是
7	否	已婚	18	否
8	是	已婚	20	否
9	是	未婚	22	否
10	是	离婚	28	是

(1) 创建根节点。

计算每个属性的基尼指数值。

是否有房属性有两个取值:"是"和"否"。

$$\text{Gini}(D,\text{是否有房}) = \frac{3}{10} \times \left(1 - \left(\frac{1}{3}\right)^2 - \left(\frac{2}{3}\right)^2\right) + \frac{7}{10} \times \left(1 - \left(\frac{3}{7}\right)^2 - \left(\frac{4}{7}\right)^2\right) = 0.476$$

婚姻状况属性有三个取值:"已婚""未婚"和"离婚",以下按不同的候选切分点分别计算相应的 Gini 指数值。

当切分为{已婚}和{未婚,离婚}时:

$$\text{Gini}(D,\text{婚姻状况}) = \frac{4}{10} \times \left(1 - \left(\frac{0}{4}\right)^2 - \left(\frac{4}{4}\right)^2\right) + \frac{6}{10} \times \left(1 - \left(\frac{4}{6}\right)^2 - \left(\frac{2}{6}\right)^2\right) = 0.267$$

当切分为{未婚}和{已婚,离婚}时:

$$\text{Gini}(D,\text{婚姻状况}) = \frac{4}{10} \times \left(1 - \left(\frac{2}{4}\right)^2 - \left(\frac{2}{4}\right)^2\right) + \frac{6}{10} \times \left(1 - \left(\frac{2}{6}\right)^2 - \left(\frac{4}{6}\right)^2\right) = 0.467$$

当切分为{离婚}和{已婚,未婚}时:

$$\text{Gini}(D,\text{婚姻状况}) = \frac{2}{10} \times \left(1 - \left(\frac{2}{2}\right)^2 - \left(\frac{0}{2}\right)^2\right) + \frac{8}{10} \times \left(1 - \left(\frac{2}{8}\right)^2 - \left(\frac{6}{8}\right)^2\right) = 0.3$$

所以,对于婚姻状况属性,最优切分点为{已婚}和{未婚,离婚}。

年收入属性为连续型属性,表 5.5 中数据已按升序排列,由于有 10 个不同的取值,CART 算法将考虑把这些取值作为候选切分点。此外,还可以考虑把这些取值之间的中点作为候选切分点,以下按取值之间的中点作为候选切分点分别计算相应的 Gini 指数值。

当候选切分点为 8.75 万元时,年收入小于 8.75 万元的样本属于左子节点,年收入大于 8.75 万元的样本属于右子节点,此时:

$$\text{Gini}(D,\text{年收入}) = \frac{1}{10} \times \left(1 - \left(\frac{0}{1}\right)^2 - \left(\frac{1}{1}\right)^2\right) + \frac{9}{10} \times \left(1 - \left(\frac{4}{9}\right)^2 - \left(\frac{5}{9}\right)^2\right) = 0.444$$

同理可得,其余取值之间的 8 个中点相应的 Gini 指数值。其中,当候选切分点为 12.25 万元时,取得最小的 Gini 指数值 0.343。所以,对于年收入属性,最优切分点为 12.25 万元。

比较以上三个描述属性 Gini 指数的计算结果可知最优属性为婚姻状况,对应的最优切分点为{已婚}和{未婚,离婚}。所以,选择婚姻状况为根节点属性,婚姻状况为已婚的样本属于左子节点,婚姻状况为未婚和离婚的样本属于右子节点。

(2) 创建分支。

当婚姻状况为已婚时,样本是否违约取值均为"否",所以左分支生长结束,左子节点即为叶节点。

当婚姻状况为{未婚,离婚},递归计算各属性的 Gini 指数值,可得是否有房的 Gini 指数值为 0.417，婚姻状况的 Gini 指数值为 0.333，年收入属性最优切分点为 11 万元，相应的 Gini 指数值为 0.267，所以选取年收入为最优属性，年收入小于 11 万元的样本属于左子节点，年收入大于 11 万元的样本属于右子节点。

年收入小于 11 万元时，样本只有 1 个，且是否违约的取值为"否"。年收入大于 11 万元时，有 5 个样本，递归计算各属性的 Gini 指数值，可得是否有房的 Gini 指数值为 0.2，婚姻状况的 Gini 指数值为 0.267，年收入属性最优切分点为 18.75 万元，相应的 Gini 指数值为 0.2。此时是否有房和年收入两个属性具有相同的 Gini 指数值，且都为最小值。可以随机选择其中一个作为最优属性，也可以优先选择其中具有较少类别或值的属性，使树的分支更为清晰。基于以上分析，选取是否有房为最优属性。是否有房为否的样本属于左子节点，是否有房为是的样本属于右子节点。

当是否有房为否时，样本是否违约取值均为"是"，所以左分支生长结束。当是否有房为是时，只有两个样本，递归计算各属性的 Gini 指数值，可得是否有房的 Gini 指数值为 0.5，婚姻状况和年收入的 Gini 指数值均为 0，可任选其中一个属性作为最优属性。

最后生成的分类树如图 5.4 所示。

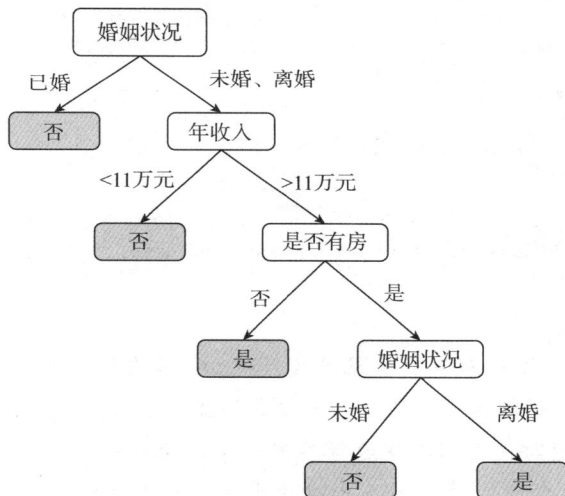

图 5.4 CART 分类树

拓展：Python 实现与结果解读

Decision Tree Classifier 类要求所有输入特征是数值型或布尔型，所以当原始数据属性值不符合要求时，可以使用 LabelEncoder 或 pd.get_dummies 等将分类属性转换为数值型，或者将字符型二分类变量转换成布尔型。以下统一使用 LabelEncoder 将是否有房和婚姻状况类别属性值转换为数值型，也可以将是否有房转换成布尔型。

```
import pandas as pd
from sklearn.preprocessing import LabelEncoder
from sklearn.tree import DecisionTreeClassifier, plot_tree
import matplotlib.pyplot as plt
```

```
# 设置中文字体
plt.rcParams['font.sans-serif'] = ['STHeiti']
#数据集
dataSet = [
    ('否', '已婚', '8', '否'),
    ('否', '未婚', '9.5', '否'),
    ('否', '已婚', '12', '否'),
    ('否', '未婚', '12.5', '是'),
    ('否', '未婚', '14', '是'),
    ('否', '离婚', '15.5', '是'),
    ('否', '已婚', '18', '否'),
    ('是', '已婚', '20', '否'),
    ('是', '未婚', '22', '否'),
    ('是', '离婚', '28', '是'),
]
# 特征集
labels = ['是否有房', '婚姻状况', '年收入', '违约情况']
# 将数据转换为 DataFrame
df = pd.DataFrame(dataSet, columns=labels)
#将数值型特征从字符串转换为浮点数
df['年收入'] = pd.to_numeric(df['年收入'], errors='coerce')
#使用 LabelEncoder 处理类别型特征
label_encoder = LabelEncoder()
df['是否有房'] = label_encoder.fit_transform(df['是否有房'])
df['婚姻状况'] = label_encoder.fit_transform(df['婚姻状况'])
# 划分特征和目标变量
X = df.drop('违约情况', axis=1)
y = df['违约情况']
#使用 DecisionTreeClassifier 来构建模型
clf = DecisionTreeClassifier()
clf.fit(X, y)
# 绘制决策树
plot_tree(clf, filled=True, feature_names=X.columns, class_names=['class_否',
        'class_是'])
plt.show()
```

结果如图 5.5 所示，图中节点最优属性及最优切分点与图 5.4 一致。如前所述，连续型属性的候选切分点可以是属性值本身，也可以是各属性值之间的中点值，当多个属性具有相同的最小 Gini 指数值时，可以随机选择其中一个，所以分类树结果不唯一。图 5.5 分类树包含 1 个根节点、3 个中间节点和 5 个叶子节点。根节点和中间节点显示了最优属性及其最优切分点，所有节点均罗列了节点包含样本的 Gini 值、样本量、不同类别样本个数及预测类型。要注意的是，图中节点的 Gini 值体现的是当前节点所包含样本的类别不纯度，而不是所选最优属性最优切分点对应的 Gini 值。以根节点为例，分类属性为婚姻状况，已婚、未婚与离婚标签编码后分别赋值为 0、1、2，最优切分点为 0.5，即把已婚的样本共 4 位划分为左子节点，把未婚与离婚的样本共 6 位划分为右子节点。根节点的样本量为 10，即所有训练数据。其中，违约样本有 4 位，不违约样本有 6 位，以众数类别作为预测类别，所以预测结果是"否"。该节点的 Gini 值计算如下：

$$Gini(D) = 1 - \left(\frac{6}{10}\right)^2 - \left(\frac{4}{10}\right)^2 = 0.48$$

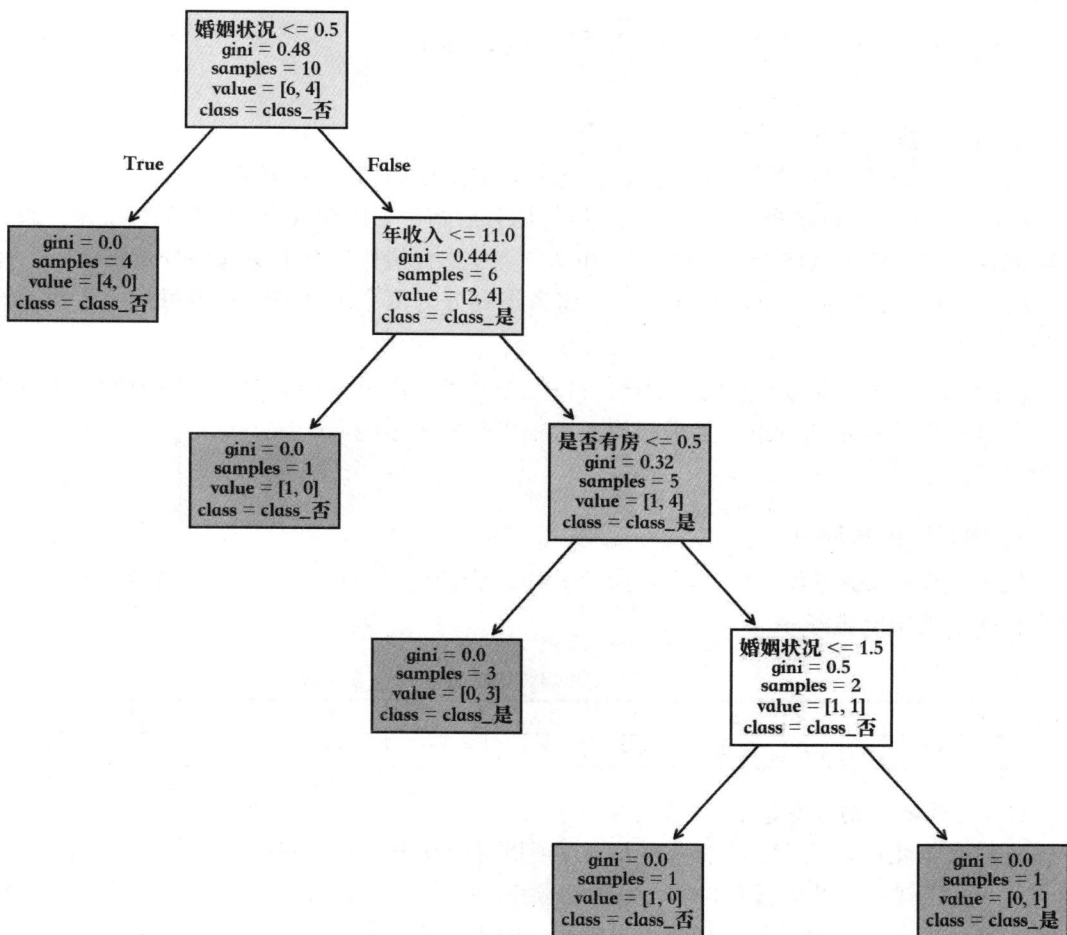

图 5.5　CART 分类树 python 结果

5.4.2　CART 回归树生长

1. 划分准则

给定训练数据集 D，$D = \{(x_1, y_1), (x_2, y_2), \cdots, (x_N, y_N)\}$，其中，$x_i = (x_i^{(1)}, x_i^{(2)}, \cdots, x_i^{(n)})^T$ 为输入变量，n 为变量个数，$i = 1, 2, \cdots, N$，N 为样本容量，y 为连续型变量。假设选择第 j 个变量 $x^{(j)}$ 和其取值 s 作为切分变量和切分点，那么切分后两个区域分别为

$$R_1(x^{(j)}, s) = \{x \mid x^{(j)} \leqslant s\} \text{ 和 } R_2(x^{(j)}, s) = \{x \mid x^{(j)} > s\}$$

划分准则为

$$\min_{x^{(j)}, s} \left\{ \min_{C_1} \sum_{i \in R_1} (y_i - C_1)^2 + \min_{C_2} \sum_{i \in R_2} (y_i - C_2)^2 \right\} \tag{5-15}$$

其中，i 为训练集中的样本，y_i 为样本 i 的输出变量值，C_1、C_2 分别为两个区域所包含样本的输出变量均值，计算公式如式(5-16)所示，式中 m 取 1 或 2。

$$C_m = \frac{1}{N_m} \sum_{x_{i \in R_m}} y_i , \quad \text{m=1,2} \tag{5-16}$$

2. 生长过程

从根节点开始，使用训练集数据递归建立 CART 回归树的过程如下。

(1) 对于每个可能的属性和切分点，计算切分后两个子区域 R_1 和 R_2 的平方误差；遍历所有属性，选择满足式(5-15)的属性 $x^{(j)}$ 和切分点 s 作为最优切分变量与切分点。

(2) 使用选定的属性和切分点 $(x^{(j)}, s)$ 将数据划分为两个子区域，确定每个子区域的输出值 C_1、C_2。

(3) 对每个新生成的子区域递归调用(1)和(2)，直到满足停止条件。可能的停止条件包括：子区域内的样本数量小于某个阈值；进一步的分裂不能显著减小平方误差；达到预设的最大树深度。

3. 回归树生长示例

表 5.6 为训练数据集，共包含了 10 个样本。为简化分析过程，以一维属性 x 为例，且表中样本已按 x 值排好序。

表 5.6　回归树训练数据集

x	1	3	4	5	6	8	9	10	11	12
y	3.8	4.4	4.9	5.6	5.4	6.8	6.4	7.9	9.6	9.8

(1) 选择最优切分变量 $x^{(j)}$ 与最优切分点 s。

训练数据集中，只有一个特征变量 x，所以最优切分变量自然是 x。特征 x 包含了 10 个元素，且已排序，以相邻值的中点作为切分点，可得 2、3.5、4.5、5.5、7、8.5、9.5、10.5、11.5 共 9 个切分点，对于每个切分点求出相应的 R_1、R_2、C_1、C_2。

当 $s = 2$ 时，子区域 $R_1 = \{1\}$，$R_2 = \{3,4,5,6,8,9,10,11,12\}$；

$C_1 = 3.8$，$C_2 = \frac{1}{9} \times (4.4 + 4.9 + 5.6 + 5.4 + 6.8 + 6.4 + 7.9 + 9.6 + 9.8) = 6.76$；

则 $L(s)$ 为

$$\sum_{i \in R_1} (y_i - C_1)^2 + \sum_{i \in R_2} (y_i - C_2)^2$$
$$= (3.8 - 3.8)^2 + (4.4 - 6.76)^2 + (4.9 - 6.76)^2 + (5.6 - 6.76)^2 + (5.4 - 6.76)^2$$
$$\quad + (6.8 - 6.76)^2 + (6.4 - 6.76)^2 + (7.9 - 6.76)^2 + (9.6 - 6.76)^2 + (9.8 - 6.76)^2$$
$$= 30.96$$

同理，得到其他各切分点的 C_1、C_2 和 $L(s)$ 值，如表 5.7 所示。

表 5.7　各切分点的 C_1、C_2 和 $L(s)$ 值

s	2	3.5	4.5	5.5	7	8.5	9.5	10.5	11.5
C_1	3.8	4.1	4.37	4.68	4.82	5.15	5.33	5.65	6.09
C_2	6.76	7.05	7.36	7.65	8.1	8.43	9.1	9.7	9.8
$L(s)$	30.96	24.9	20.04	17.58	11.93	12.08	8.95	12.58	26.43

所以，当 s 取 9.5 时，$L(s)$ 值最小，对于 x 变量，最优切分点为 9.5。

(2) 用选定的($x^{(j)}, s$)划分区域并确定相应的输出值。

划分区域为 $R_1 = \{1,3,4,5,6,8,9\}$，$R_2 = \{10,11,12\}$；相应子区域的输出值 $C_1 = 5.33$，$C_2 = 9.1$。回归树为

$$T_0(x) = \begin{cases} 5.33, & x < 9.5 \\ 9.1, & x \geqslant 9.5 \end{cases}$$

(3) 若有多个变量，递归调用(1)和(2)，直到满足停止条件。

5.4.3 CART 剪枝

CART 剪枝算法由两部分组成：首先，从之前生成的决策树底端开始不断剪枝，直到树的根节点，形成一个子树序列 $\{T_0, T_1, \cdots, T_m\}$；然后，通过交叉验证法在独立的验证数据集上对这一子树序列进行测试，从中选出最优子树。

1. 形成一个子树序列

决策树 T 的损失函数为

$$L_\alpha(T) = C(T) + \alpha|T| \tag{5-17}$$

其中，T 为任意子树，$C(T)$ 为训练数据集上的误差，$|T|$ 为树 T 的叶节点个数，α 为参数，用以权衡训练数据的拟合程度与模型复杂度，$L_\alpha(T)$ 是参数为 α 时的树 T 的整体损失。

以 t 为单节点树的损失函数为

$$L_\alpha(t) = C(t) + \alpha \tag{5-18}$$

以 t 为根节点的子树 T_t 损失函数为

$$L_\alpha(T_t) = C(T_t) + \alpha|T_t| \tag{5-19}$$

若令 $L_\alpha(t) = L_\alpha(T_t)$，可得

$$\alpha = \frac{C(t) - C(T_t)}{|T_t| - 1} \tag{5-20}$$

此时，单节点树 t 与子树 T_t 有相同的损失函数值，但 t 的节点少，模型的复杂度更小，所以 t 比 T_t 更可取，故可对 T_t 进行剪枝。

对决策树中的每一个内部节点，都可以计算

$$g(t) = \frac{C(t) - C(T_t)}{|T_t| - 1} \tag{5-21}$$

以上得到的一系列 $g(t)$ 即 α，都能使得在每种情况下剪枝前和剪枝后的损失值相等。不同的 $g(t)$ 表示剪枝后整体损失减少的程度。循环对 $g(t)$ 最小的节点进行剪枝，若有多个节点同时取到最小值时可取叶子节点最多的节点进行剪枝，直到只剩下根节点，可得到一系列的剪枝树 $\{T_0, T_1, \cdots, T_m\}$，其中 T_0 为原始的决策树，T_m 为根节点，T_{i+1} 为 T_i 剪枝后的结果。

2. 交叉验证选出最优子树

基于独立的验证数据集，测试子树序列 $\{T_0, T_1, \cdots, T_m\}$ 中各棵子树的基尼指数值或平方误差，选出基尼指数值或平方误差最小的子树为最优决策树。在子树序列中，每棵子树 $T_0, T_1, \cdots, T_m$ 都对应一个 $g(t)$，即参数 $\alpha_0, \alpha_1, \cdots, \alpha_m$。所以，当最优子树确定时，对应的 α 也确定了。

5.5 R 实践案例：客户信用风险预测

案例数据集是德国一个信贷机构的贷款数据，来自 UCI 机器学习数据仓库(machine learning data repository)[①]，由汉堡大学的 Hans Hofmann 捐赠。此数据集 credit.csv 已在原始数据基础上做了一些预处理，我们在分析前可以把该数据集保存到 R 工作目录下。

5.5.1 数据探索

1. 数据集初探
使用 read.csv()函数读取数据，并使用 str()函数显示数据集内部结构。

```
> credit<-read.csv("credit.csv",stringsAsFactors=TRUE)
> str(credit)
```

结果如图 5.6 所示，credit.csv 数据集共有 1000 个样本，17 个变量，包含了贷款申请者的个人财务信息和信用历史，分别为支票账户余额(checking_balance)、贷款期限(months_loan_duration)、历史信用(credit_history)、贷款目的(purpose)、贷款金额(amount)、储蓄账户余额(savings_balance)、工作年限(employment_duration)、贷款/收入比(percent_of_income)、居住年限(years_at_ residence)、年龄(age)、其他信用记录(other_credit)、房产类型(housing)、现有贷款账户数(existing_loans_count)、工作类型(job)、受抚养人数(dependents)、是否有电话(phone)，以及一个是否违约的标签变量(default)。在每个变量名后面，列出了变量类型及最前面的几个值。变量类型分为两大类——整数型和因子型，对于因子型，还列出了因子取值水平。

---

① UCI 数据集的网址为 http://archive.ics.uci.edu/ml，从这里可以获取更多相关信息。

```
'data.frame':   1000 obs. of  17 variables:
 $ checking_balance    : Factor w/ 4 levels "< 0 DM","> 200 DM",..: 1 3 4 1 1 4 4 3 4 3 ...
 $ months_loan_duration: int  6 48 12 42 24 36 24 36 12 30 ...
 $ credit_history      : Factor w/ 5 levels "critical","good",..: 1 2 1 2 4 2 2 2 2 1 ...
 $ purpose             : Factor w/ 5 levels "business","car",..: 4 4 3 4 2 3 4 2 4 2 ...
 $ amount              : int  1169 5951 2096 7882 4870 9055 2835 6948 3059 5234 ...
 $ savings_balance     : Factor w/ 5 levels "< 100 DM","> 1000 DM",..: 5 1 1 1 1 5 4 1 2 1 ...
 $ employment_duration : Factor w/ 5 levels "< 1 year","> 7 years",..: 2 3 4 4 3 3 2 3 4 5 ...
 $ percent_of_income   : int  4 2 2 2 3 2 3 2 2 4 ...
 $ years_at_residence  : int  4 2 3 4 4 4 4 2 4 2 ...
 $ age                 : int  67 22 49 45 53 35 53 35 61 28 ...
 $ other_credit        : Factor w/ 3 levels "bank","none",..: 2 2 2 2 2 2 2 2 2 2 ...
 $ housing             : Factor w/ 3 levels "other","own",..: 2 2 2 1 1 1 2 3 2 2 ...
 $ existing_loans_count: int  2 1 1 1 2 1 1 1 1 2 ...
 $ job                 : Factor w/ 4 levels "management","skilled",..: 2 2 4 2 2 4 2 1 4 1 ...
 $ dependents          : int  1 1 2 2 2 1 1 1 1 1 ...
 $ phone               : Factor w/ 2 levels "no","yes": 2 1 1 1 1 2 1 2 1 1 ...
 $ default             : Factor w/ 2 levels "no","yes": 1 2 1 1 2 1 1 1 1 2 ...
```

图 5.6　credit 数据集概况

2. 类别型变量探索

我们用来探索类别型变量的一个简单且常用的函数为 table()函数，该函数可以快速统计一个或多个因子(类别型变量)在数据集中每个水平的观测数并创建频数表。但在处理大数据集时可能会消耗大量内存，因为它会存储所有可能的类别组合。当类别变量中包含缺失值(NA)时，table()会将它们作为一个单独的类别进行计数。

使用 table()函数分别对 default、credit_history、purpose 和 job 4 个类别型变量进行分析，发现在 1000 个样本中，违约者占了 30%。客户历史信用分为 5 类，表现为 "good" 及以上的有 619 位，占所有样本的 61.9%。贷款目的共有 5 类，其中最大用途为购买家具和家电，占 47.3%，其次为购车，占 34.9%。在所有借贷者中，工作类别为技术类的占比最高，为 63%，无业者仅为 2.2%。

```
> table(credit$default)
 no  yes
700  300
> table(credit$credit_history)
critical      good perfect      poor very good
     293       530      40        88        49
> table(credit$purpose)
business       car education  furniture/appliances  renovations
      97       349        59                   473           22
> table(credit$job)
management   skilled unemployed  unskilled
       148       630         22        200
```

使用 table()函数探索 default 变量与 credit_history 变量的交叉分布关系。我们发现，历史信用为 "perfect" 的组违约率最高，达到 62.5%；其次为 "very good" 组，违约率为 57.14%；而违约率最低的组为 "critical" 组，仅为 17.06%。这个结果和我们的基本判断刚好相反。

```
> table(credit$default,credit$credit_history)
      critical  good perfect poor very good
no         243   361      15   60        21
yes         50   169      25   28        28
```

使用 table()函数探索 default 变量分别与 checking_balance 和 savings_balance 变量的交叉分布关系。我们看到，支票账户余额和储蓄账户余额最低级别的组违约人数占比最高，储蓄账户余额更为明显，这符合我们基本的判断。

```
> table(credit$default,credit$checking_balance)
      < 0 DM  > 200DM   1 - 200DM  unknown
No      139     49        164       348
yes     135     14        105        46
> table(credit$default,credit$savings_balance)
      < 100 DM  > 1000DM   100 - 500DM  500 - 1000DM  unknown
no       386      42          69           52         151
yes      217       6          34           11          32
```

除了 table()函数，R 语言中 gmodels 包还提供了一个功能更强大的 CrossTable()函数，用于生成交叉表并提供详细的统计分析。如下所示，参数 format 用于指定输出格式，可以是 SPSS、SAS 等，以模拟这些统计软件的输出风格。参数 dnn 用于指定行和列的名称。

```
> install.packages("gmodels")
> library(gmodels)
> CrossTable(credit$purpose, credit$default, format = "SPSS",prop.chisq = FALSE, dnn
          = c("Purpose", "Default"))
```

分析结果如图 5.7 所示，反映了不同贷款目的的违约情况。例如，用于"Business"的贷款，有 63 例未违约，占 Business 总数的 64.948%，占所有未违约的 9.000%，占总数的 6.300%；有 34 例违约，占 Business 总数的 35.052%，占所有违约的 11.333%，占总数的 3.400%。

```
                     | Default
          Purpose |      no  |     yes  | Row Total |
-------------------|----------|----------|-----------|
         business |      63  |      34  |       97  |
                  |  64.948% |  35.052% |   9.700%  |
                  |   9.000% |  11.333% |           |
                  |   6.300% |   3.400% |           |
-------------------|----------|----------|-----------|
              car |     238  |     111  |      349  |
                  |  68.195% |  31.805% |  34.900%  |
                  |  34.000% |  37.000% |           |
                  |  23.800% |  11.100% |           |
-------------------|----------|----------|-----------|
        education |      36  |      23  |       59  |
                  |  61.017% |  38.983% |   5.900%  |
                  |   5.143% |   7.667% |           |
                  |   3.600% |   2.300% |           |
-------------------|----------|----------|-----------|
furniture/appliances|    349  |     124  |      473  |
                  |  73.784% |  26.216% |  47.300%  |
                  |  49.857% |  41.333% |           |
                  |  34.900% |  12.400% |           |
-------------------|----------|----------|-----------|
       renovations |     14  |       8  |       22  |
                  |  63.636% |  36.364% |   2.200%  |
                  |   2.000% |   2.667% |           |
                  |   1.400% |   0.800% |           |
-------------------|----------|----------|-----------|
     Column Total |     700  |     300  |     1000  |
                  |  70.000% |  30.000% |           |
-------------------|----------|----------|-----------|
```

图 5.7　CrossTable()分析结果

此外，还可以使用条形图、饼图等图形来分析类别型变量。以下使用 ggplot2 包创建一个条形图，显示变量 purpose 与 default 的关系。在 ggplot2 中，+符号用于添加图层或元素到图形中。每个+后面跟随一个图层或者图形设置，它们被叠加起来以构建最终的图形。首先，基于 ggplot()初始化一个 ggplot 对象，指定数据集为 credit，并通过 aes()函数设置美学映射。美学映射(Aesthetic Mapping)是指将数据中的变量(或称为属性)映射到图形的美学属性上，这些属性包括颜色、形状、大小、文本等视觉元素。以下设定 x 轴是 purpose 变量，fill 是 default 变量。接着，使用 geom_bar()添加条形图层，position = "dodge"参数可使不同 default 状态的条形并排显示。stat= "count"指定了统计方式为计数，这是 geom_bar()的默认统计方式，可以省略。然后，使用 labs()设置图表的标签，包括 x 与 y 轴的标签，以及参数 fill 指定的图例标签"Default"，如果需要图标题，可添加 title 参数来指定。再使用 theme_classic()应用一个经典主题，使得图形看起来更加清晰和专业。最后，使用 scale_fill_manual()自定义图例的颜色。

```
> ggplot(credit, aes(x = purpose, fill = default)) +
geom_bar(position = "dodge", stat = "count") +
labs(x = "Purpose", y = "Count", fill = "Default") +
theme_classic() +
scale_fill_manual(values = c("no" = "grey", "yes" = "blue"))
```

结果如图 5.8 所示。

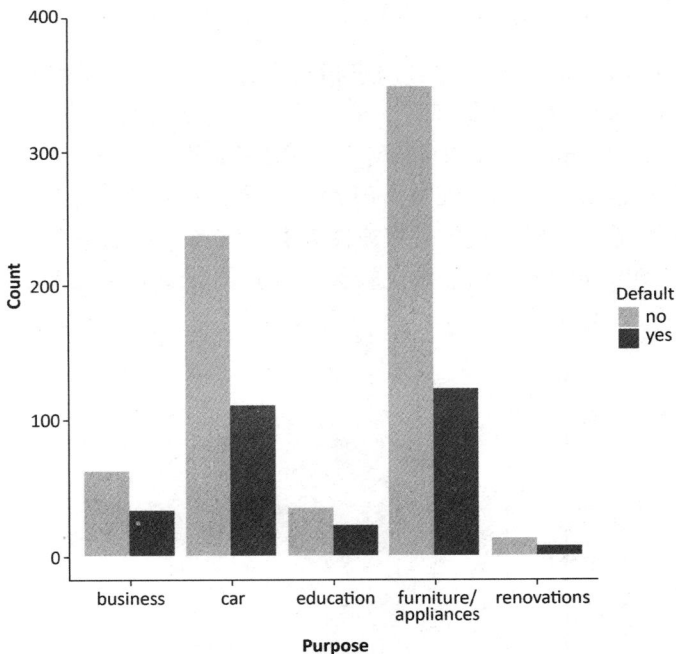

图 5.8　贷款目的与是否违约条形图

3. 数值型变量探索

对于单个或多个数值型变量，我们可以使用 summary()函数得到常用的 6 个汇总统计量：最小值、四分之一位数、中位数据、算术平均数、四分之三位数和最大值。

```
> summary(credit$age)
Min.    1st Qu.  Median  Mean   3rd Qu.  Max.
19.00   27.00    33.00   35.55  42.00    75.00
```

在所有贷款者中，最大年龄为 75 岁，最小年龄为 19 岁，年龄差距比较大。年龄中位数为 33 岁。后续我们可以通过箱线图或直方图来进一步反映具体分布。

```
> summary(credit[c("months_loan_duration","amount")])
 months_loan_duration     amount
 Min.    : 4.0         Min.    :  250
 1st Qu. :12.0         1st Qu. : 1366
 Median  :18.0         Median  : 2320
 Mean    :20.9         Mean    : 3271
 3rd Qu. :24.0         3rd Qu. : 3972
 Max.    :72.0         Max.    :18424
```

贷款期限最短为 4 个月，最长为 72 个月，中位数为 18 个月。贷款金额最小为 250 马克，最大为 18 424 马克，中位数为 2320 马克。

除了使用常用的汇总统计量反映数值型变量特征，还可以使用直方图、箱线图、散点图等统计图来进一步观察数值型变量的分布及其与是否违约的关系。

使用 ggplot()为变量 age 绘制直方图。

```
> ggplot(credit, aes(x = age)) +
  geom_histogram(bins = 13, fill = "grey", color = "black") +
  labs(x = "Age", y = "Frequency") + theme_classic()
```

结果如图 5.9 所示。其中 bins 参数用于指定直方图中条形(bin)的数量，根据指定数值将数据的整个范围分成连续的等宽区间，每个区间的宽度由数据的范围(最大值减最小值)除以条形的数量决定的。bins=13，即每个区间的宽度大约是整个年龄范围的 1/13。bins 的数值太小，可能会掩盖数据分布的细节，而太大可能会使图形显得杂乱，具体可以根据数据的分布和分析目标进行调整。从年龄直方图来看，它属于右偏分布，主要集中在 20～40 岁，说明处于该年龄区间的人贷款需求比较大。分布频数最大的组为 25～30 岁。

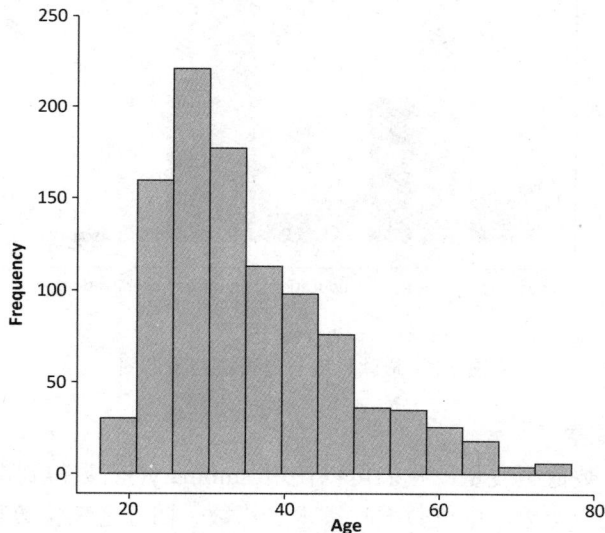

图 5.9　年龄直方图

进一步按是否违约对变量 age 绘制直方图。

```
> ggplot(credit, aes(x = age, fill = default)) +
  geom_histogram(bins = 13, alpha = 0.8) +
  labs(x = "Age", y = "Frequency") +theme_classic() +
  scale_fill_manual(values = c("no" = "grey", "yes" = "blue"))
```

结果如图 5.10 所示。其中 alpha 参数用于设置条形的透明度，取值范围从 0 到 1，0 表示完全透明，1 表示完全不透明。

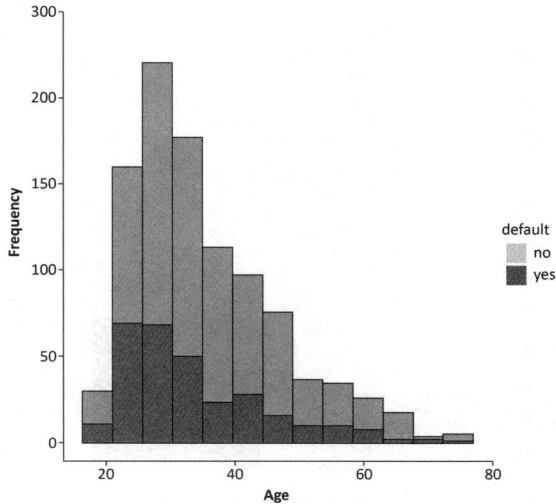

图 5.10　年龄与是否违约直方图

按是否违约对变量 months_loan_duration 绘制直方图。

```
> ggplot(credit, aes(x = months_loan_duration, fill = default)) +
  geom_histogram(bins = 12, alpha = 0.8) + theme_classic() +
  labs(x = "months_loan_duration", y = "Frequency") +
  scale_fill_manual(values = c("no" = "grey", "yes" = "blue"))
```

结果如图 5.11 所示。

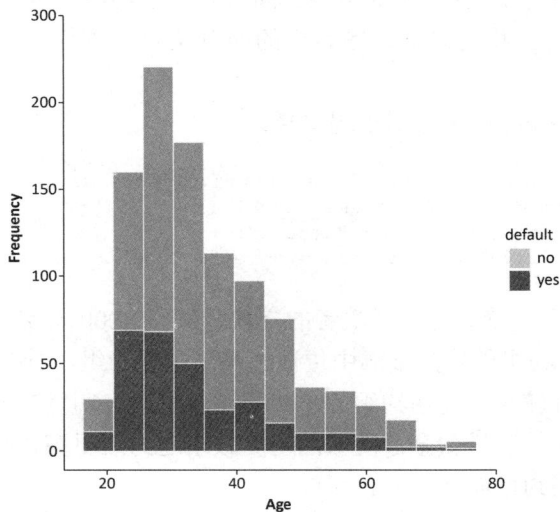

图 5.11　贷款期限与是否违约直方图

按是否违约对变量 months_loan_duration 绘制箱线图。

```
> ggplot(credit, aes(x = default, y = months_loan_duration, fill = default)) +
  geom_boxplot() + theme_classic() +
  labs(x = "Default Status", y = "Months of Loan Duration") +
  scale_fill_manual(values = c("no" = "grey", "yes" = "blue"))
```

结果如图 5.12 所示。

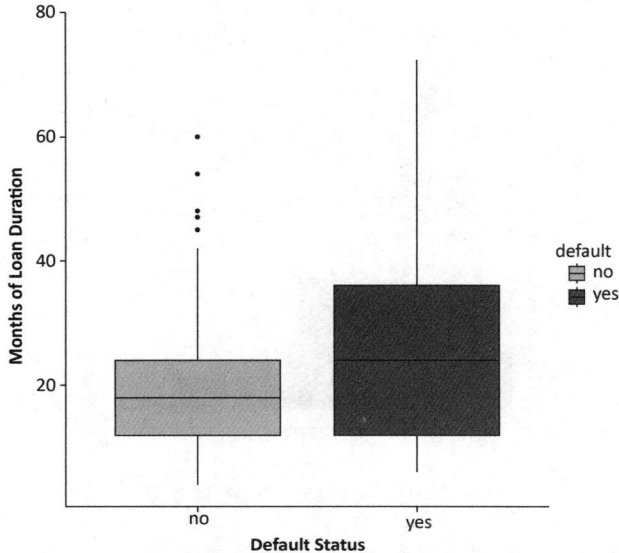

图 5.12　贷款期限与是否违约箱线图

从直方图来看，贷款期限主要集中在 25 个月以内，说明贷款者对于额度不大的消费贷款，还款预期较多集中在两年以内。从箱线图可以看出，违约组的中位数高于未违约组的中位数，表明较长的贷款期限可能与更高的违约风险相关，这可能是由于借款人在更长的时间内面临更多的经济不确定性。同时，未违约组的四分位数范围较窄，表明贷款期限的变异性较小。相比之下，违约组的四分位数范围较宽，表明贷款期限的变异性较大。

按是否违约对变量 amount 绘制小提琴图。

```
> ggplot(credit, aes(x = default, y = amount, fill = default)) +
  geom_violin(trim = FALSE) + theme_classic() +
  labs(x = "Default Status", y = "amount") +
  scale_fill_manual(values = c("no" = "grey", "yes" = "blue"))
```

结果如图 5.13 所示。绝大部分贷款者的贷款金额在 4000 马克以下，说明贷款需求以较低额度贷款为主。违约组的贷款金额中位数略高于未违约组，未违约组的小提琴图较窄，表明贷款金额的变异性较小，而违约组的小提琴图较宽，表明贷款金额的变异性较大，分布更加偏斜。违约组在较高贷款金额区域的密度较未违约组更高，分布尾部更长，这可能意味着高金额贷款的违约可能性更大。

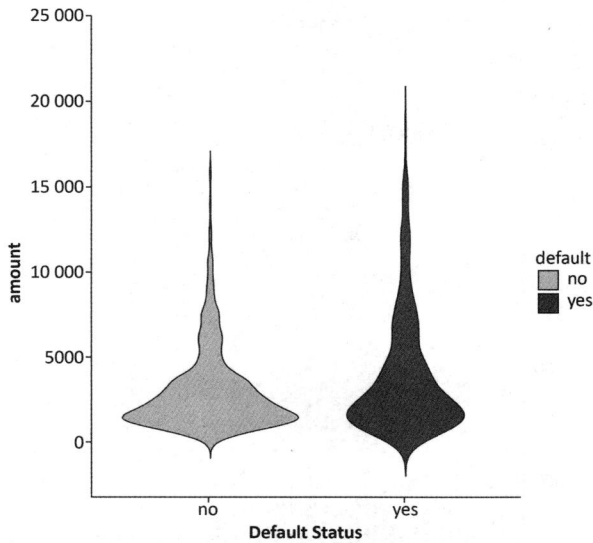

图 5.13　贷款金额与是否违约小提琴图

使用 ggplot()函数分别绘制变量 age 与 months_loan_duration、age 与 amount、amount 与 months_loan_duration 的散点图，探索相应两个变量之间的关系。

```
> ggplot(credit, aes(x = age, y = months_loan_duration)) +
  geom_point(alpha = 0.6) + theme_classic() +
  labs(x = "Age", y = "Months of Loan Duration")
```

结果如图 5.14 所示。

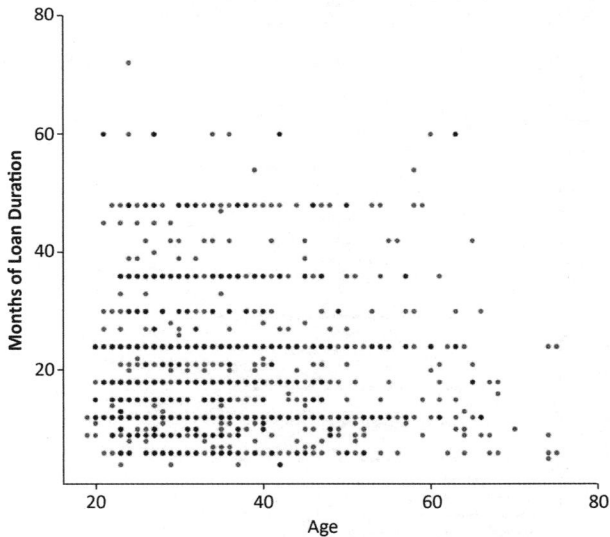

图 5.14　年龄与贷款期限散点图

年龄和贷款期限不存在明显的相关关系，从散点图的分布密集程度来看，主要集中在图形左下方，说明以中青年、短期贷款者居多。

```
> ggplot(credit, aes(x = age, y = amount)) +
  geom_point(alpha = 0.6) + theme_classic() + labs(x = "Age", y = "Amount")
```

结果如图 5.15 所示。

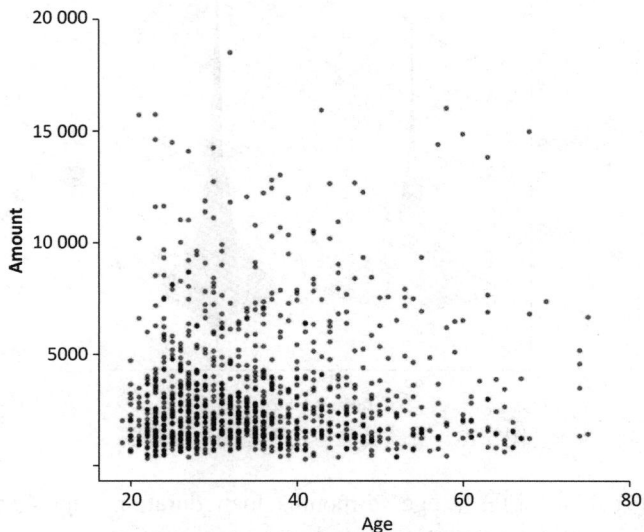

图 5.15　年龄与贷款金额散点图

年龄与贷款金额也不存在明显的相关关系，但相比年龄与贷款期限散点图，其图形左下方的点更为集中，说明中青年贷款者以小额贷款为主。

```
> ggplot(credit, aes(x = amount, y = months_loan_duration)) +
  geom_point(alpha = 0.6) + theme_classic() +
  labs(x = "Amount", y = "Months of Loan Duration")
```

结果如图 5.16 所示。

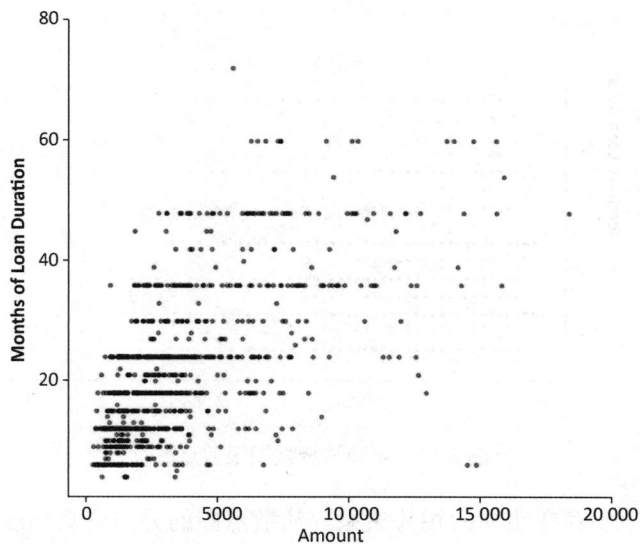

图 5.16　贷款金额与贷款期限散点图

从贷款金额与贷款期限散点图来看，小额贷款者较多选择较短的期限来还款，而额度较大的贷款者较多倾向于选择较长的还款期限。10 000 马克以上的贷款者基本上选择 25 个月以上的还款期限。

5.5.2 数据分区

使用 set.seed()函数设置随机种子，以确保每次运行代码时获得相同的分割结果。继而使用 caTools 包中的 sample.split()函数将数据集随机分为训练集和测试集，SplitRatio 参数用于设置训练集的占比，0.75 表示数据集中 75%的数据用于训练集。

```
> install.packages("caTools")
> library(caTools)
> set.seed(123)
> splitIndex <- sample.split(credit$default, SplitRatio = 0.75)
> credit_train <- credit[splitIndex, ]
> credit_test <- credit[!splitIndex, ]
```

使用 prop.table()函数可分析训练集与测试集 default 变量是否违约的比例，较为理想的状态是希望两者都接近 30%。

```
> prop.table(table(credit_train$default))
 no      yes
 0.7     0.3
> prop.table(table(credit_test$default))
 no      yes
 0.7     0.3
```

分析结果显示，训练集与测试集违约比例均为 30%，分区效果非常理想。

5.5.3 模型训练与评估

1. 模型训练
使用 C50 包中的 C5.0 函数来训练决策树模型，先安装 C50 包并加载。

```
> install.packages("C50")
> library(C50)
```

使用 C5.0 函数建立决策树模型，其中 formula = default ~ .指定了模型的目标变量和特征变量，default 为目标变量，.表示数据集中的所有其他变量都将作为特征变量，并将决策树模型命名为 credit_C5.0tree。

```
> credit_C5.0tree <- C5.0(formula = default ~ ., data = credit_train)
```

我们可以通过输入决策树模型名称来查看模型概况，显示的模型概况包括生成决策树的函数、模型类型(Classification Tree)、建模样本量、特征变量个数及决策树的大小(即决策树的规则数，29)。

```
> credit_C5.0tree
Call:
C5.0.formula(formula = default ~ ., data = credit_train)
```

```
Classification Tree
Number of samples: 750
Number of predictors: 16

Tree size: 29
```

使用 summary()函数可以进一步查看模型的详细信息。输出结果主要包含三部分内容：第一部分为决策树的规则；第二部分输出一个混淆矩阵，反映模型对训练数据集的分类效果；第三部分输出变量重要性排序。

```
>summary(credit_C5.0tree)
C5.0 [Release 2.07 GPL Edition]
-------------------------------

Class specified by attribute `outcome'

Read 750 cases (17 attributes) from undefined.data

Decision tree:

checking_balance = unknown: no (307/34)
checking_balance in {< 0 DM,> 200 DM,1 - 200 DM}:
:...credit_history in {perfect,very good}:
    :...housing = rent: yes (11)
    :   housing = other:
    :   :...employment_duration in {< 1 year,> 7 years,1 - 4 years,
    :   :   :                       4 - 7 years}: yes (10)
    :   :   employment_duration = unemployed: no (2)
    :   housing = own:
    :   :...savings_balance = < 100 DM: yes (17/5)
    :       savings_balance in {> 1000 DM,500 - 1000 DM,unknown}: no (6)
    :       savings_balance = 100 - 500 DM:
    :       :...months_loan_duration <= 14: yes (2)
    :           months_loan_duration > 14: no (3)
    credit_history in {critical,good,poor}:
    :...months_loan_duration <= 15:
```

credit_C5.0tree 决策树模型总共有 29 条规则，上面的结果仅显示了部分规则。支票账户余额(checking_balance)为根节点，第 1 条规则为"如果支票账户余额未知，则预测为不违约"。括号内 307/34 表示有 307 个样本符合该规则，其中有 34 位被错误预测为不违约。

```
Evaluation on training data (750 cases):
        Decision Tree
      ----------------
      Size      Errors
      29        120(16.0%)   <<
      (a)   (b)      <-classified as
     ----  ----
      496    29    (a): class no
      91    134    (b): class yes
```

混淆矩阵说明训练样本 750 位贷款者中，共有 120 位预测错误，其中有 29 位不违约的被预测为违约，有 91 位违约的被预测为不违约，整体错误率为 16%。

```
    Attribute usage:
    100.00%  checking_balance
     59.07%  credit_history
     52.93%  months_loan_duration
```

```
40.93%   other_credit
34.13%   savings_balance
24.93%   phone
19.07%   job
 8.27%   amount
 6.80%   housing
 3.07%   years_at_residence
 1.60%   employment_duration
 1.47%   age
```

由以上变量的重要性排序可知，最重要的前 4 个属性为：支票账户余额、历史信用、贷款期限和其他信用记录。

2. 模型评估

先使用 predict()函数创建预测分类值向量，然后可以基于 caret 包中 confusionMatrix()函数评估模型在测试集上的表现，该函数可生成混淆矩阵，并能计算分类模型的性能指标，如准确率、敏感性、特异性、Kappa 统计量等，也可以使用 gmodles 包中的 CrossTable()函数。

```
> predictions_C5.0 <- predict(credit_C5.0tree, credit_test)
# install.packages("caret")
# library(caret)
# confusionMatrix(predictions_C5.0, credit_test$default)
> CrossTable(credit_test$default,predictions_C5.0,prop.chisq =FALSE,prop.r =
             FALSE,dnn = c('actual default','predicted default'))
```

结果如图 5.17 所示。

```
Total Observations in Table:  250


               | predicted default
actual default |       no |      yes | Row Total |
---------------|----------|----------|-----------|
            no |      153 |       22 |       175 |
               |    0.781 |    0.407 |           |
               |    0.612 |    0.088 |           |
---------------|----------|----------|-----------|
           yes |       43 |       32 |        75 |
               |    0.219 |    0.593 |           |
               |    0.172 |    0.128 |           |
---------------|----------|----------|-----------|
  Column Total |      196 |       54 |       250 |
               |    0.784 |    0.216 |           |
---------------|----------|----------|-----------|
```

图 5.17   credit_C5.0tree 模型测试集预测结果

在 250 位贷款者中，credit_C5.0tree 模型正确预测了 153 位实际不违约客户，32 位实际违约的客户，模型整体准确率为 74%。其中实际不违约被预测为违约的有 22 位，实际违约而被预测为不违约的有 43 位，占所有违约客户的 57.3%，即该模型对违约客户的识别能力较弱，不足 50%。违约客户会给信贷机构带来严重的后果，所以需要进一步提升模型对违约客户的识别能力。

5.5.4 使用代价矩阵调整模型

对信贷机构而言，给一位很有可能违约的客户贷款比不给一位很有可能不会违约的客户贷款所犯的错误要严重得多，所以我们通过使用代价矩阵来调整不同错误的代价，从而提升模型对违约客户的识别能力。

先建立代价矩阵。

```
> matrix_dimensions<-list(c("no","yes"),c("no","yes"))
> names(matrix_dimensions)<-c("predicted","actual")
> matrix_dimensions
$predicted
[1] "no"  "yes"
$actual
[1] "no"  "yes"
> error_cost<-matrix(c(0,1,3.3,0),nrow=2,dimnames=matrix_dimensions)
> error_cost
          actual
predicted no yes
      no   0  3.3
      yes  1  0
```

该代价矩阵表示，正确预测的代价为 0，实际为违约而预测为不违约所犯的错误的代价是实际为不违约而预测为违约所犯错误的 3.3 倍。使用 C5.0()函数的 costs 参数训练模型，并将生成的模型命名为 credit_C5.0treecost，该模型共包含了 34 条规则。

```
> credit_C5.0treecost <- C5.0(formula = default ~ ., data = credit_train, costs =
                              error_cost)
> credit_C5.0treecost
    Call:
C5.0.formula(formula = default ~ ., data = credit_train, costs = error_cost)
Classification Tree
Number of samples: 750
Number of predictors: 16

Tree size: 34
```

使用 summary()函数查看模型详细信息，在训练集上的混淆矩阵结果如下。

```
> summary(credit_C5.0treecost)
Evaluation on training data (750 cases):
        Decision Tree
      ----------------------
    Size      Errors      Cost
     34     196(26.1%)    0.30  <<

    (a)    (b)     <-classified as
    ----   ----
    340    185     (a): class no
     11    214     (b): class yes
```

混淆矩阵说明 750 位训练样本中，共有 196 位预测错误，其中 185 位是实际不违约客户被预测成违约客户，11 位是实际违约客户被预测为不违约客户。虽然模型整体错误率从 16%上升到 26.1%，但对于违约客户的识别能力从 59.6%提升到了 95.1%。继续观察其在测试集上的表现：

```
> credit_C5.0treecost_pred<-predict(credit_C5.0treecost,credit_test)
> CrossTable(credit_test$default,credit_C5.0treecost_pred,prop.chisq=FALSE,
             prop.r=FALSE,dnn=c('actual default','predict default'))
```

结果如图 5.18 所示。

```
Total Observations in Table:  250


               | predict default
actual default |        no |       yes | Row Total |
---------------|-----------|-----------|-----------|
            no |        93 |        82 |       175 |
               |     0.861 |     0.577 |           |
               |     0.372 |     0.328 |           |
---------------|-----------|-----------|-----------|
           yes |        15 |        60 |        75 |
               |     0.139 |     0.423 |           |
               |     0.060 |     0.240 |           |
---------------|-----------|-----------|-----------|
  Column Total |       108 |       142 |       250 |
               |     0.432 |     0.568 |           |
---------------|-----------|-----------|-----------|
```

图 5.18　credit_C5.0treecost 模型测试集预测结果

在 250 位贷款者中，credit_C5.0treecost 模型正确预测了 93 位实际不违约客户，60 位实际违约的客户，模型整体准确率为 61.2%，错误率为 38.8%。与 credit_C5.0tree 模型相比，credit_treecost 模型整体准确率下降了，但是其对违约客户的识别能力有较大的提升，在测试集上由 42.7%提升到了 80%。

5.6　Python 实践案例：糖尿病预测

案例数据集来自 Kaggle 平台的糖尿病预测数据集(Diabetes prediction dataset)。该数据集收集了 10 万个样本的医疗和人口统计数据，我们使用该数据集探索不同医疗和人口统计因素与患糖尿病之间的关系，并构建糖尿病决策树预测模型。

5.6.1　数据读取与类型转换

导入 pandas 库后使用 pandas 的 read_csv 方法读取数据集，查看数据集的基本信息。结果显示，Diabetes prediction dataset.csv 数据集共有 10 万个样本，9 个变量，分别为性别(gender)、年龄(age)、高血压(hypertension)、心脏病(heart_disease)、吸烟史(smoking_history)、体重指数(bmi)、糖化血红蛋白(Hemoglobin A1c，缩写为 HbA1c)水平(HbA1c_level)、血糖水平(blood_glucose_level)及糖尿病(diabetes)。每个变量名后列出了变量类型，主要涉及三类：对象型、浮点型和整数型。另外，我们还可以看到数据集中没有缺失值。数据集占用的内存大小为 6.9MB。

```
import pandas as pd
# 读取 CSV 文件
```

```
diabetes = pd.read_csv("文件所在路径/Diabetes prediction dataset.csv")
# 获取数据集的基本信息
print(diabetes.info())
<class 'pandas.core.frame.DataFrame'>
RangeIndex: 100000 entries, 0 to 99999
Data columns (total 9 columns):
 #   Column               Non-Null Count    Dtype
---  ------               --------------    -----
 0   gender               100000 non-null   object
 1   age                  100000 non-null   float64
 2   hypertension         100000 non-null   int64
 3   heart_disease        100000 non-null   int64
 4   smoking_history      100000 non-null   object
 5   bmi                  100000 non-null   float64
 6   HbA1c_level          100000 non-null   float64
 7   blood_glucose_level  100000 non-null   int64
 8   diabetes             100000 non-null   int64
dtypes: float64(3), int64(4), object(2)
memory usage: 6.9+ MB
None
```

查看数据集中前几行每个变量的取值情况，以了解变量真实类型。

```
# 调整 pandas 设置，显示所有列的数据(而不是用省略号)
pd.set_option('display.max_columns', None)
# 设置足够的宽度(1000，可以根据需要调整)以在同一行显示所有列
pd.set_option('display.width', 1000)
print(diabetes.head())
```

结果如图 5.19 所示。

	gender	age	hypertension	heart_disease	smoking_history	bmi	HbA1c_level	blood_glucose_level	diabetes
0	Female	80.0	0	1	never	25.19	6.6	140	0
1	Female	54.0	0	0	No Info	27.32	6.6	80	0
2	Male	28.0	0	0	never	27.32	5.7	158	0
3	Female	36.0	0	0	current	23.45	5.0	155	0
4	Male	76.0	1	1	current	20.14	4.8	155	0

图 5.19　diabetes 数据集前 5 行

发现性别(gender)、高血压(hypertension)、心脏病(heart_disease)、吸烟史(smoking_history)及糖尿病(diabetes)均为类别型变量，所以将这些变量类型均转换为 category 类型。

```
# 将类别型变量统一转换为 category 类型
diabetes['gender'] = diabetes['gender'].astype('category')
diabetes['hypertension'] = diabetes['hypertension'].astype('category')
diabetes['heart_disease'] = diabetes['heart_disease'].astype('category')
diabetes['smoking_history'] = diabetes['smoking_history'].astype('category')
diabetes['diabetes'] = diabetes['diabetes'].astype('category')
```

5.6.2　数据探索

1. 类别型变量探索

使用 value_counts()对数据集中的类别型变量进行分析。结果显示，对于性别(gender)变量，除了正常的女性(Female)、男性(Male)取值外，还有 18 位取值为其他(Other)；在所有样本中，糖尿病、高血压及心脏病患者分别为 8500、7485 及 3942 位，从未吸烟的有 35 816 位。

```
print(diabetes['gender'].value_counts())
Female    58552
Male      41430
Other        18
print(diabetes['diabetes'].value_counts())
0    91500
1     8500
print(diabetes['hypertension'].value_counts())
0    92515
1     7485
print(diabetes['heart_disease'].value_counts())
0    96058
1     3942
print(diabetes['smoking_history'].value_counts())
No Info       35816
never         35095
former         9352
current        9286
not current    6447
ever           4004
```

相对于性别取值正常的样本量，18 位占比非常小，考虑直接去除这 18 个样本数据，后续分析使用的数据集仅保留性别(gender)取值正常的样本。

```
# 筛选出 gender 变量取值为"Female"或"Male"的样本
diabetes= diabetes[diabetes['gender'].isin(["Female", "Male"])]
# 将 gender 变量重新指定类别
diabetes['gender']=pd.Categorical(diabetes['gender'],categories=["Female", "Male"])
print(diabetes['gender'].value_counts())
Female    58552
Male      41430
```

使用 pd.crosstab()探索糖尿病(diabetes)与性别(gender)、高血压(hypertension)、心脏病(heart_disease)、吸烟史(smoking_history)之间的交叉分布关系，并绘制相应的柱状图。

```
print(pd.crosstab(diabetes['diabetes'], diabetes['gender']))
gender    Female   Male
diabetes
0          54091  37391
1           4461   4039
print(pd.crosstab(diabetes['diabetes'], diabetes['hypertension']))
hypertension      0      1
diabetes
0             86085   5397
1              6412   2088
print(pd.crosstab(diabetes['diabetes'], diabetes['heart_disease']))
heart_disease     0      1
diabetes
0             88807   2675
1              7233   1267
print(pd.crosstab(diabetes['diabetes'], diabetes['smoking_history']))
smoking_history No Info current  ever former  never  not current
diabetes
0                 34356    8338  3531   7762  31746         5749
1                  1454     948   472   1590   3346          690
# 可视化两个类别型变量之间的关系
import seaborn as sns
import matplotlib.pyplot as plt
# 绘制性别和糖尿病关系的柱状图(改变 X 变量可得高血压、心脏病、吸烟史与糖尿病关系的柱状图)
```

```
sns.countplot(x='gender', hue='diabetes', data=diabetes)
plt.title('Diabetes by Gender')
plt.show()
```

结果如图 5.20 至图 5.23 所示。我们发现，男性糖尿病患病率要高于女性，有高血压或心脏病的人糖尿病患病率远超没有高血压或心脏病的人，均大于 4 倍，而除了吸烟史信息不详的情况，其他几类有吸烟史的人糖尿病患病率均高于从未吸烟的人。

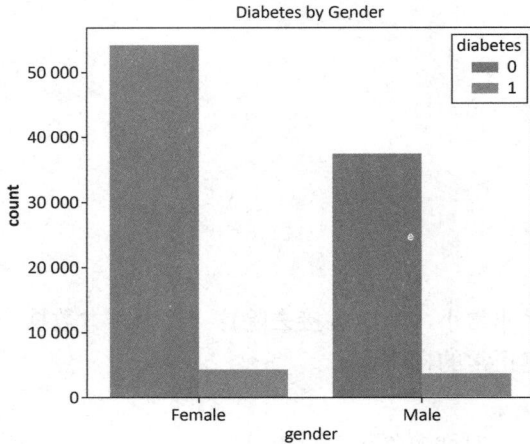

图 5.20　性别与糖尿病关系柱状图

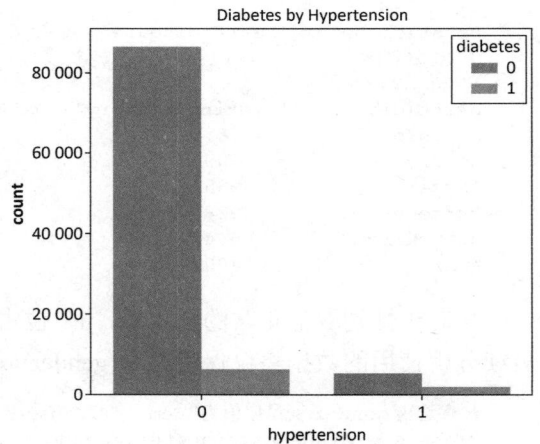

图 5.21　高血压与糖尿病关系柱状图

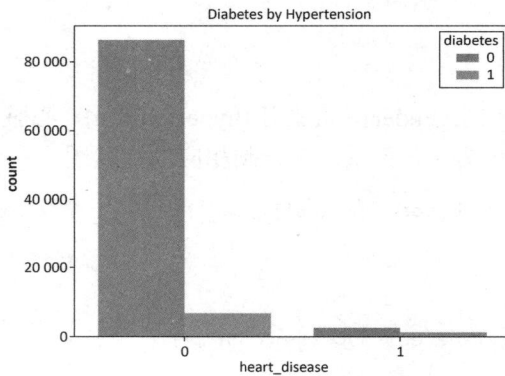

图 5.22　心脏病与糖尿病关系柱状图

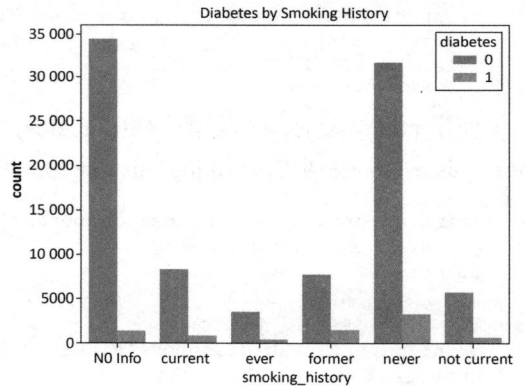

图 5.23　吸烟史与糖尿病关系柱状图

2. 数值型变量探索

对于数值型变量，我们使用 describe()函数查看常用的描述性统计量：最小值、四分之一位数、中位数、算术平均数、四分之三位数和最大值。

```
# 选择多个数值型变量
numerical_columns = ['age', 'bmi', 'HbA1c_level', 'blood_glucose_level']
# 使用 describe()函数一次性查看多个数值型变量的描述性统计信息
description = diabetes[numerical_columns].describe()
# 打印描述性统计信息
print(description)
```

结果如图 5.24 所示。在所有样本中，年龄最大为 80 岁，最小为 0.08 岁，差距很大。

四分之一位数、中位数及四分之三位数分别为 24 岁、43 岁及 60 岁，平均数为 41.89 岁。体重指数(bmi)的最小值为 10.01，四分之一位数为 23.63，中位数和平均数均为 27.32，四分之三位数为 29.58，最大值为 95.69。糖化血红蛋白水平(HbA1c_level)最小为 3.5，最大为 9，中位数为 5.8。血糖水平(blood_glucose_level)最小值为 80，四分之一位数、中位数、均值及四分之三位数分别为 100、140、138.1、159，最大值为 300。

	age	bmi	HbA1c_level	blood_glucose_level
count	99982.000000	99982.000000	99982.000000	99982.000000
mean	41.888076	27.320757	5.527529	138.057810
std	22.517206	6.636853	1.070665	40.709469
min	0.080000	10.010000	3.500000	80.000000
25%	24.000000	23.630000	4.800000	100.000000
50%	43.000000	27.320000	5.800000	140.000000
75%	60.000000	29.580000	6.200000	159.000000
max	80.000000	95.690000	9.000000	300.000000

图 5.24　数值型变量的描述性统计量

我们选用直方图和箱线图继续探索各数值型变量在糖尿病患者与非糖尿病患者的分布特征，结果如图 5.25 至图 5.32 所示。

年龄分组直方图(见图 5.25)显示年龄整体分布较均匀，40～50 岁所在组人数最多，年龄越大，糖尿病患者的人数越多。从年龄分组箱线图(见图 5.26)我们可以看到，两组年龄差异明显，糖尿病患者的年龄存在一些较小的异常值，四分之一位数、中位数及四分之三位数均明显高于未患糖尿病组。

```
# 绘制按是否糖尿病分组的年龄分布直方图
sns.histplot(data=diabetes, x='age', hue='diabetes', binwidth=10, kde=False,
            palette='viridis')
# 添加图表坐标轴标签
plt.xlabel('Age')
plt.ylabel('Frequency')
# 显示图表
plt.show()
# 绘制年龄分组箱线图
sns.boxplot(x='diabetes', y='age', data=diabetes)
plt.show()
```

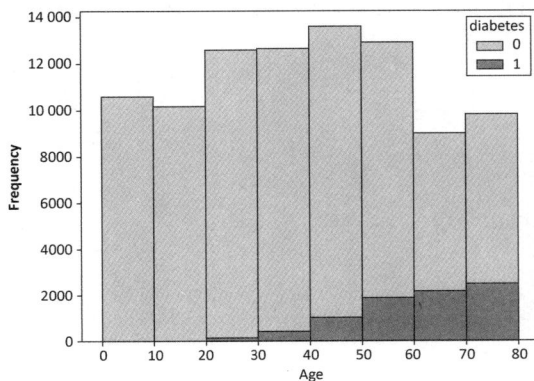

图 5.25　年龄分布分组直方图

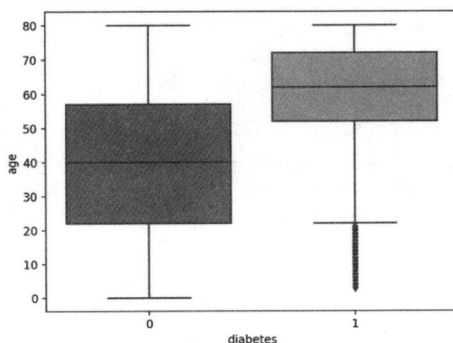

图 5.26　年龄分组箱线图

体重指数分组直方图(见图 5.27)显示超过一半的样本体重指数集中在 20～30 所在组，糖尿病人的体重指数大都在 20 以上。从体重指数分组箱线图(见图 5.28)我们可以看到，两组均存在较大和较小异常值，糖尿病组的体重指数的四分之一位数、中位数及四分之三位数均高于未患糖尿病组。

```
# 绘制按是否糖尿病分组的体重指数分布直方图
sns.histplot(data=diabetes, x='bmi', hue='diabetes', binwidth=10, kde=False,
             palette='viridis')
# 添加图表坐标轴标签
plt.xlabel('bmi')
plt.ylabel('Frequency')
# 显示图表
plt.show()
# 绘制体重指数分组箱线图
sns.boxplot(x='diabetes', y='bmi', data=diabetes)
plt.show()
```

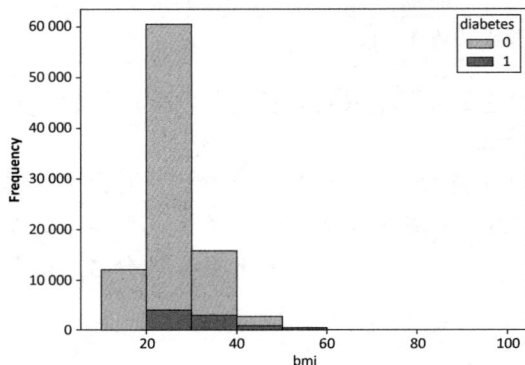

图 5.27　体重指数分布分组直方图

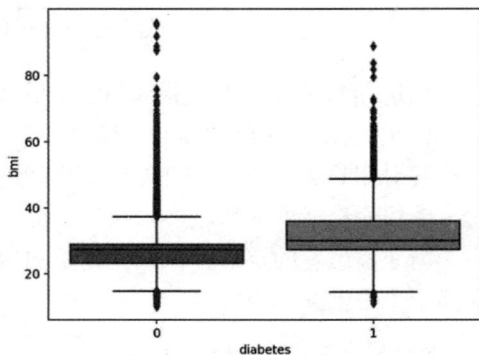

图 5.28　体重指数分组箱线图

糖化血红蛋白水平分组直方图(见图 5.29)显示人数最多的组糖化血红蛋白值为 6～6.5，糖尿病人的糖化血红蛋白值都大于 5.5，当该值大于 7 时，则均为糖尿病人。从糖化血红蛋白水平分组箱线图(见图 5.30)我们可以看到，两组均不存在异常值，但糖尿病组的糖化血红蛋白水平各值均明显高于未患糖尿病组，未患糖尿病组的最高值与糖尿病组的中位数相近。

```
# 绘制按是否糖尿病分组的糖化血红蛋白水平分布直方图
sns.histplot(data=diabetes, x='HbA1c_level', hue='diabetes', binwidth=0.5, kde=False,
             palette='viridis')
# 添加图表坐标轴标签
plt.xlabel('HbA1c_level')
plt.ylabel('Frequency')
# 显示图表
plt.show()
# 绘制糖化血红蛋白水平分组箱线图
sns.boxplot(x='diabetes', y='HbA1c_level', data=diabetes)
plt.show()
```

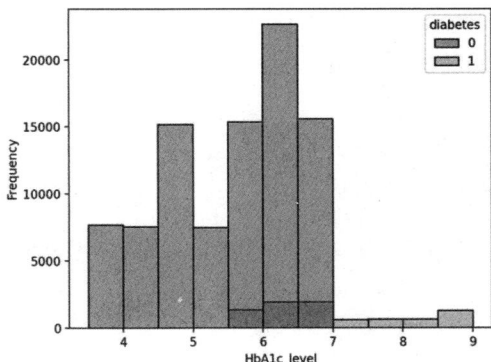

图 5.29 糖化血红蛋白水平分布分组直方图

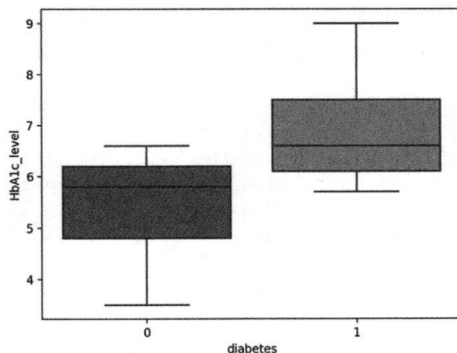

图 5.30 糖化血红蛋白水平分组箱线图

血糖水平分组直方图(见图 5.31)显示人数最多的组血糖水平值为 140~160，糖尿病人的血糖水平值都大于 120，当该值大于 220 时，则均为糖尿病人。从血糖水平分组箱线图(见图 5.32)我们可以看到，两组均不存在异常值，但糖尿病组的血糖水平各值均明显高于未患糖尿病组，糖尿病组的最小值与未患糖尿病组的中位数相近。

```python
# 绘制按是否糖尿病分组的血糖水平分布直方图
sns.histplot(data=diabetes, x='blood_glucose_level', hue='diabetes', binwidth=20,
             kde=False, palette='viridis')
# 添加图表坐标轴标签
plt.xlabel('blood_glucose_level')
plt.ylabel('Frequency')
# 显示图表
plt.show()
# 绘制血糖水平分组箱线图
sns.boxplot(x='diabetes', y='blood_glucose_level', data=diabetes)
plt.show()
```

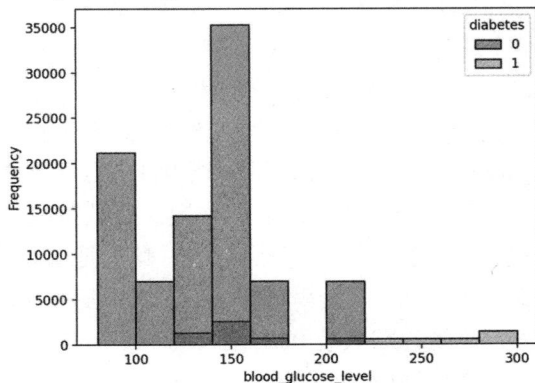

图 5.31 血糖水平分布分组直方图

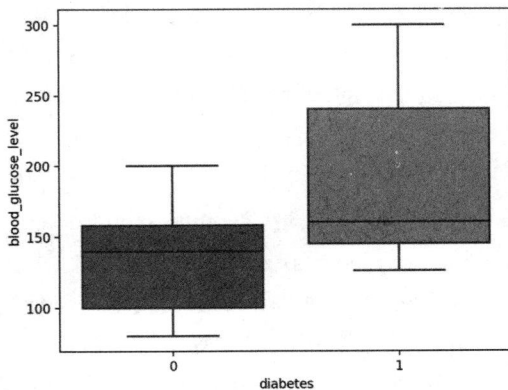

图 5.32 血糖水平分组箱线图

5.6.3 数据预处理

首先，创建一个预处理器，对类别型变量进行独热编码。然后，定义特征集和目标变量，参数 axis=1 表示对列进行操作，即把数据集中除去 diabetes 列后的所有列归为特征变量。最后，使用 train_test_split()函数将数据集划分成训练集和测试集。test_size=0.3 表示随机选取 30%的数据作为测试集，random_state 用于控制随机数生成器的种子，以确保每次运行代码时分割的数据都是一样的，11 就是指定的随机种子值。

```python
# 数据预处理
from sklearn.preprocessing import OneHotEncoder
from sklearn.compose import ColumnTransformer
from sklearn.model_selection import train_test_split
# 定义类别型变量的列名
categorical_cols = ['gender', 'smoking_history', 'hypertension', 'heart_disease']
# 创建一个预处理器，对类别型变量进行独热编码
preprocessor = ColumnTransformer(
    transformers=[
        ('cat', OneHotEncoder(), categorical_cols)
    ],
    remainder='passthrough'  # 保持其他数值型变量不变
)
# 定义特征变量和目标变量
X = diabetes.drop('diabetes', axis=1)  # 特征集
y = diabetes['diabetes']  # 目标变量
# 将数据集分为训练集和测试集
X_train, X_test, y_train, y_test = train_test_split(X, y, test_size=0.3, random_state=11)
# 预处理训练集和测试集
X_train = preprocessor.fit_transform(X_train)
X_test = preprocessor.transform(X_test)
```

5.6.4　模型训练与评估

使用 scikit-learn 库中的 Decision Tree Classifier 类构建决策树模型，常用参数有 criterion、splitter、max_depth、min_samples_split、min_samples_leaf、min_impurity_decrease、class_weight、ccp_alpha 等。其中，criterion 用于选择节点分裂的准则，默认是'gini'，表示使用基尼指数，另一选项是'entropy'，表示使用信息熵；splitter 用于选择分裂策略，默认是'best'，表示选择使不纯度最小化的最优特征和阈值，另一选项是'random'，表示随机选择特征和阈值；max_depth 用于指定树的最大深度，默认是 None，表示树会生长到所有叶子都是纯净的，或者生长到所有叶子包含的样本少于 min_samples_split 个；min_samples_split 表示分裂内部节点所需的最小样本数，默认是 2；min_samples_leaf 表示叶节点上所需的最小样本数，默认是 1；min_impurity_decrease 表示节点分裂的最小不纯度减少量，使用非负浮点数，默认是 0.0；class_weight 用于处理不平衡类权重，可使用字典、'balanced'字符串或 None，默认是 None；ccp_alpha 用于剪枝的成本复杂性参数，使用非负浮点数，默认是 0.0，意味着不进行剪枝。为防止过拟合，cart_model 设定叶节点上所需的最小样本数为 5，其他参数均为默认值。

```python
# 模型训练与评估
from sklearn.tree import DecisionTreeClassifier
from sklearn.metrics import confusion_matrix, accuracy_score
# 创建 CART 决策树模型
cart_model = DecisionTreeClassifier(min_samples_leaf=5)
# 训练模型
cart_model.fit(X_train, y_train)
# 预测训练集和测试集
y_train_pred = cart_model.predict(X_train)
y_test_pred = cart_model.predict(X_test)
```

```
# 计算训练集和测试集的混淆矩阵
train_conf_mat = confusion_matrix(y_train, y_train_pred)
test_conf_mat = confusion_matrix(y_test, y_test_pred)
# 打印混淆矩阵
print("Training set confusion matrix:")
print(train_conf_mat)
Training set confusion matrix:
[[63757   348]
 [ 1139  4743]]
print("\nTest set confusion matrix:")
print(test_conf_mat)
Test set confusion matrix:
[[26972   405]
 [ 749  1869]]
# 计算准确率
train_accuracy = accuracy_score(y_train, y_train_pred)
test_accuracy = accuracy_score(y_test, y_test_pred)
# 打印准确率
print(f"\nTraining set accuracy: {train_accuracy:.4f}")
print(f"Test set accuracy: {test_accuracy:.4f}")
Training set accuracy: 0.9788
Test set accuracy: 0.9615
# 计算 auc 值
from sklearn.metrics import roc_curve, roc_auc_score
fpr, tpr, thresholds = roc_curve(y_test, cart_model.predict_proba(X_test)[:, 1])
auc = roc_auc_score(y_test, cart_model.predict_proba(X_test)[:, 1])
print(f"AUC: {auc}")
AUC: 0.9003209033316959
# 绘制 ROC 曲线
plt.figure()
plt.plot(fpr, tpr, color='darkorange', lw=2, label='ROC curve (area = %0.2f)'%auc)
plt.plot([0, 1], [0, 1], color='navy', lw=2, linestyle='--')
plt.xlim([0.0, 1.0])
plt.ylim([0.0, 1.05])
plt.xlabel('False Positive Rate')
plt.ylabel('True Positive Rate')
plt.title('Receiver Operating Characteristic')
plt.legend(loc="lower right")
plt.show()
```

cart_model 在训练集与测试集上的准确率分别为 97.87%、96.13%，在测试集上的 AUC 值达到 90%(见图 5.33)，模型整体分类性能优异。

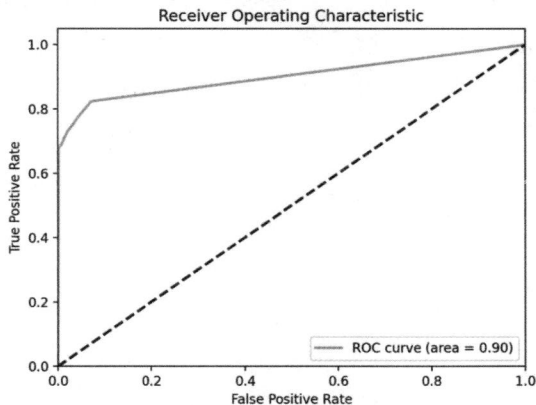

图 5.33　cart_model ROC 曲线(测试集)

5.7 练习与拓展

扫右侧二维码，完成客观题自测题。

（练习）

1. 简述决策树构建的基本过程。
2. 结合 ID3 算法的基本原理，分析其优缺点。
3. 分析 C5.0 算法较 ID3 算法做了哪些改进？
4. 解释 CART 算法是如何工作的，它如何实现分类和回归问题。
5. 简述分类模型常用的评价指标。
6. 结合客户信用风险预测实践案例，练习使用 R 语言实现决策树分类，并调整案例中的参数以优化模型性能。
7. 结合糖尿病预测实践案例，练习使用 Python 实现决策树分类，并改进 Decision Tree Classifier 类的相关参数或对数据集进行平衡处理以提升模型对糖尿病人的识别能力。

（拓展）

1. 举例说明 ROC 曲线的绘制过程。
2. 查阅相关资料，了解模型参数调优的常用方法。
3. 学习使用 scikit-learn 库中的 GridSearchCV 寻找 max_depth、min_samples_split、min_samples_leaf 等最佳的参数组合。
4. 扫右侧二维码，观看视频，学习使用 IBM SPSS Modeler 实现决策树分析。

第6章

集 成 学 习

导　读

改革要更加注重系统集成，坚持以全局观念和系统思维谋划推进，加强各项改革举措的协调配套，推动各领域各方面改革举措同向发力、形成合力，增强整体效能，防止和克服各行其是、相互掣肘的现象。

——摘自习近平2024年5月23日在企业和专家座谈会上的讲话

知识导图

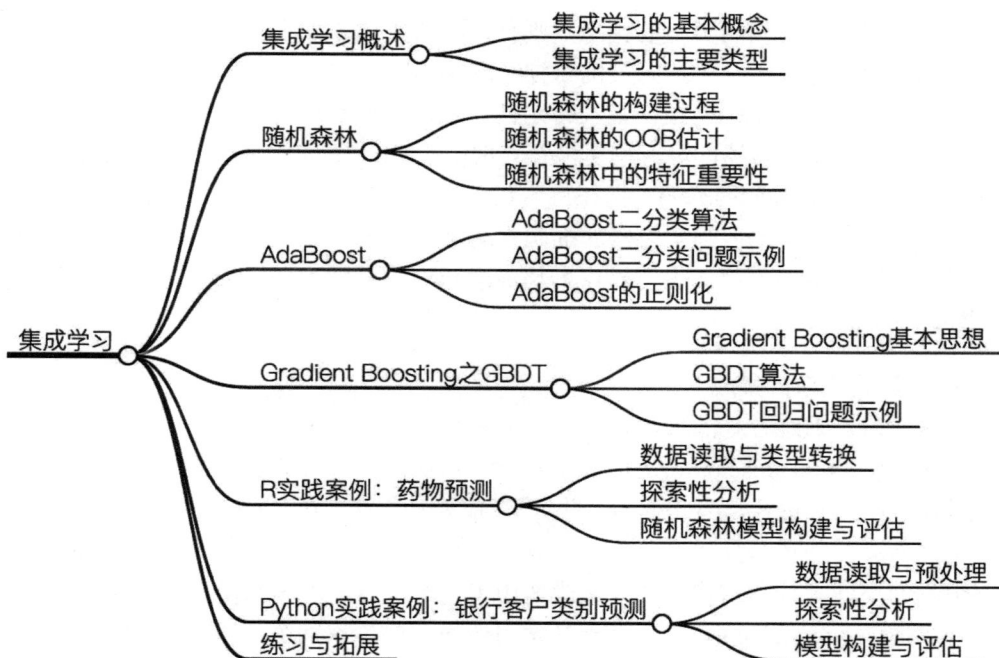

6.1 集成学习概述

集成学习(ensemble learning)是非常热门的机器学习方法，其核心思想是"集思广益"。它通过构建若干个基学习器，并采用一定的组合策略，最终获得一个强学习器，以达到"博采众长"的目的，完成学习任务。

集成学习可以是分类问题的集成，如应用在风险评估、客户细分、疾病诊断等领域，以提高分类的准确性；也可以是回归问题的集成，如应用在能源消耗预测、产品需求预测等领域，以提高预测的稳定性和准确性；还可以是异常点检测或特征选取等问题的集成，如应用在欺诈监测、网络安全等领域以提高异常行为识别能力，应用在高维数据集中以提取最有影响力的特征，从而简化模型并提升模型性能等。

6.1.1 集成学习的基本概念

1. 学习器

基学习器(base learner)是集成学习中的一个核心概念，它指的是构成集成模型的单个学习器。基学习器可以是任何类型的机器学习模型，如回归模型、决策树、神经网络等。在集成学习中，通常选取简单且易于训练的模型作为基学习器，以便于快速构建和组合。如果所有的基学习器都是相同类型的模型，则称为同质集成。如果基学习器由不同类型的模型构成，如包含了决策树、支持向量机和神经网络等，则称为异质集成。

弱学习器(weak learner)是指在某一特定任务上，其性能仅略优于随机猜测的学习器。如在分类问题中，弱学习器的准确率可能在 50%～70%。集成学习中的基学习器通常为弱学习器。强学习器(strong learner)是指在特定任务上表现良好的学习器，其性能显著优于随机猜测，如在分类问题中，强学习器的准确率通常高于 80%，并且能够有效处理复杂的模式。强学习器可以单独使用，也可以作为集成学习中的基学习器，通过组合多个强学习器进一步提高性能。

2. 并行集成与串行集成

根据基学习器训练方式的不同，集成可分为并行集成与串行集成。

并行集成(parallel ensemble)是指每个基学习器在每个训练数据子集上独立训练，互不干扰，所以可以同时进行，因此称为"并行"。根据基学器的类型是否相同，并行集成可进一步分为同质并行集成与异质并行集成。并行集成的主要思想是增加学习器的多样性，以便捕捉数据的不同特征和结构。并行集成适用于需要快速训练和高多样性的场景。

串行集成(sequential ensemble)是指基学习器按顺序依次训练，每个学习器的训练都依赖于前一个或多个学习器的结果，不能同时进行，因此称为"串行"。在这一过程中，若后续的学习器在训练时通过自适应地更新训练样本权重等不断修正之前训练的学习器所犯的错误，以逐步提升整体模型的性能，这类串行集成称为自适应提升集成；若后续的学习器根据之前训练的学习器的残差进行训练，通过最小化残差，以逐步纠正之前训练的学习器所犯的错误，这类串行集成称为梯度提升集成。串行集成适用于需要逐步改进模型性能的场景。

3. 偏差与方差

在机器学习中，偏差(bias)和方差(variance)是评估模型性能的两个重要概念，它们描述了学习器在训练数据上的表现及对新数据的适应能力。

偏差(bias)指的是学习器的预测结果与真实数据之间差异的期望值，评判的是模型的准确性。偏差越小，模型准确性越高，如图 6.1 所示，即每次打靶，都能比较靠近靶心。高偏差模型通常过于简化，无法捕捉数据中的复杂关系，导致其在训练数据上的表现很差。偏差高的模型通常被称为"欠拟合"模型。

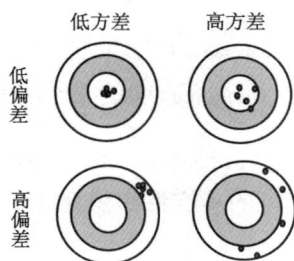

图 6.1　偏差和方差

方差(variance)指的是学习器预测结果的变化程度，反映了模型对训练数据中噪声的敏感度，评判的是模型的稳定性。方差越小，模型稳定性越好。即每次打靶，不管有没有击中靶心，击中点都比较靠近。高方差模型对训练数据中的每个小波动都很敏感，试图完美地拟合训练数据，包括其中的噪声和异常值，导致模型在新数据上的泛化性能差。方差高的模型通常被称为"过拟合"模型。

理想的模型应该具有低偏差和低方差，这意味着模型既能捕捉数据的基本结构，又对训练数据中的噪声和异常值不太敏感，能在新数据上保持良好的泛化能力。在机器学习中，通常需要在偏差和方差之间寻找平衡，这就是所谓的偏差—方差权衡(bias-variance tradeoff)。一般是先降低偏差，再尽可能降低方差。

6.1.2　集成学习的主要类型

1. Bagging 法

Bagging 法(bootstrap aggregating)又称袋装法，由 Leo Breiman 于 1996 年提出，是最为经典的并行集成方法之一。其核心思想是通过自助采样(bootstrap sampling)从原始数据集中随机抽取 k 个新的数据集，然后在每个新数据集上独立训练一个基学习器，从而获得 k 个不同的基学习器，最后通过投票或平均的方式将 k 个基学习器的预测结果结合起来，形成最终的预测。这种方法可以有效地减少模型的方差，提高整体模型的泛化能力。

图 6.2 显示了 Bagging 法训练集学习过程。

在分类问题中，Bagging 法通常使用多数投票法来决定最终的类别，即遵循"少数服从多数"的原则，把 k 个基学习器预测结果中最多的那类作为最终预测结果；而在回归问题中，则通常使用简单平均法来计算最终的预测值。Bagging 法的一个关键特点是，它可以通过 Out-of-Bag(OOB)样本来评估模型的性能，这些样本是在自助采样过程中未被选中的样本，因此可以作为模型验证的数据集。

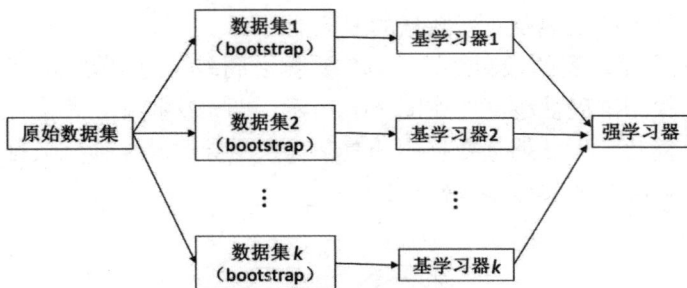

图 6.2　Bagging 法训练集学习过程

Bagging 法的一个著名实现是随机森林(random forest)，它在 Bagging 的基础上增加了特征的随机选择，进一步增强了模型的多样性和稳定性。

2. Boosting 法

Boosting 法又称提升法，其核心思想是通过迭代训练 k 个弱学习器，每个学习器都尝试纠正前一个学习器"做得不够好"的地方，从而逐步提升模型的性能。这种方法可以有效地减小模型的偏差，但可能会增大模型的方差，特别是在数据噪声较多的情况下。为了防止过拟合，Boosting 算法通常包括正则化机制。图 6.3 显示了 Boosting 法训练集学习过程。

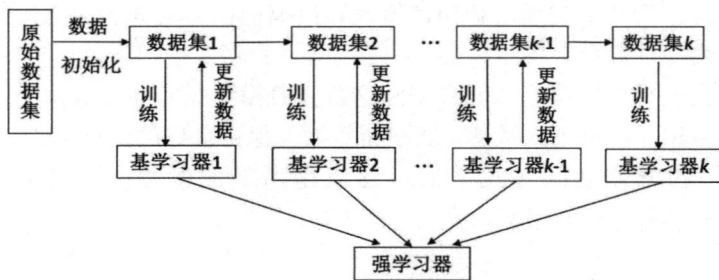

图 6.3　Boosting 法训练集学习过程

在分类问题中，Boosting 法通常使用加权多数投票法来决定最终的类别，权重通常与学习器的性能成比例；而在回归问题中，则可能使用加权平均法来计算最终的预测值。

Boosting 法的一个著名实现是 AdaBoost，它通过调整样本权重来关注难以分类的样本。其他流行的 Boosting 实现包括 Gradient Boosting Decision Tree(GBDT)、XGBoost、LightGBM 和 CatBoost，这些算法在处理大规模数据集和提高训练效率方面均做出了显著优化。

3. Stacking 法

Stacking 法又称堆叠法，其核心思想是使用原始数据集训练一组基学习器，这些基学习器可以是不同类型的机器学习模型，如决策树、朴素贝叶斯、神经网络等，然后每个基学习器对原始数据集进行预测,这些预测结果作为新的特征,即"堆叠特征",来训练一个元学习器(Meta-Learner),最后由元学习器做出最终预测。这种方法通过模型多样性和层次化的学习框架,提高了模型的泛化能力和预测性能。图 6.4 显示了 Stacking 法训练集学习过程。

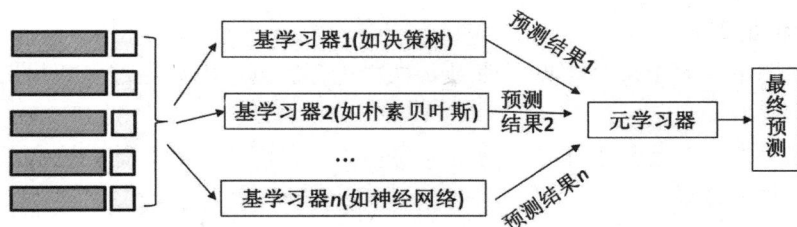

图 6.4 Stacking 法训练集学习过程

Stacking 法通常使用 K 折交叉验证法训练基学习器,这样生成的堆叠特征更有助于降低过拟合的风险。

6.2 随机森林

随机森林由 Leo Breiman 于 2001 年提出,是一种结合决策树与 Bagging 思想的集成学习算法。其核心思想是通过随机构建多棵决策树,并将它们组合成森林进行预测,以提高分类或回归的准确性。在每棵决策树的训练过程中,在依托 Bagging 法训练样本随机性的基础上,进一步增加了特征随机性,使得模型具有更高的多样性和鲁棒性。

6.2.1 随机森林的构建过程

当数据集包含 N 个样本和 M 个特征变量时,随机森林的构建过程描述如下。

1. 生成训练数据集

对于每棵决策树,使用自助采样从原始数据集中有放回地随机抽取 N 个样本,形成新的训练集。这意味着同一样本可能被多次抽中,而某些样本可能一次也不被抽到。

2. 特征选择

对于每棵树的每个节点,从 M 个特征中随机选择 m 个特征,形成特征候选集。参数 m 控制了特征随机性的引入程度,通常,$m = [\sqrt{M}]$ 或者 $m = [\log_2^M]$,其中[ ]表示取整数。

3. 构建决策树

基于自助采样得到的样本集,从选定的 m 个特征中选择最佳分支变量与分裂点进行分裂,创建两个子节点。每个子节点的分裂过程可递归地进行,直到满足预设的停止条件,如节点中的样本数小于最小样本数(min_samples_split)、达到每棵树的最大深度(max_depth)或节点中的样本属于同一类别等。

4. 集成多棵决策树

重复步骤 1 到 3，构建全部的决策树(数量为 n_estimators)，每棵树的构建可并行进行，最终形成随机森林。

5. 分类和回归

在分类问题中，对于每个样本，使用 n 棵树进行预测，然后通过多数投票的方式确定最终的类别。

在回归问题中，对于每个样本，使用 n 棵树给出预测值，然后计算这些预测值的平均值作为最终的预测结果。

6.2.2　随机森林的 OOB 估计

由于随机森林使用自助采样来创建训练集，这意味着在每个训练数据集中，大约有 36.8%的原始数据不会被选中(即留在"袋外")，这些未被选中的数据构成了 OOB(Out-of-Bag) 样本集。使用这些数据来评估模型的性能称为 OOB 估计。

使用 OOB 样本进行模型评估的过程通常如下。

(1) 对于随机森林中的每棵树，确定哪些样本未被选入该树的训练集。

(2) 对于这些 OOB 样本，使用已经训练好的树进行预测。

(3) 记录所有树对 OOB 样本的预测结果。

(4) 对于分类问题，通过多数投票确定最终预测类别；对于回归问题，计算预测值的平均值。

(5) 比较 OOB 样本的预测结果和实际标签，计算误差率或其他性能指标。

通过比较 OOB 样本在随机森林中的预测结果和实际标签，可以估计模型的泛化误差。由于 OOB 样本是随机选择的，通常代表了整个数据集的分布，因此可以较好地估计模型的泛化性能。

6.2.3　随机森林中的特征重要性

随机森林中的特征重要性用于反映每个特征对模型预测能力的影响大小，主要通过对每个特征在随机森林中的每棵树上所作的贡献取平均来反映。贡献量通常用 OOB 样本的错误率或基尼指数来度量。

1. 基于 OOB 样本的错误率度量特征重要性

对每一棵决策树，选择相应的 OOB 样本计算袋外数据误差，记为 errOOB_1；然后对 OOB 所有样本的特征 X_j 加入随机噪声干扰，再次计算袋外数据误差，记为 errOOB_2；假设随机森林中有 n 棵树，则特征 X_j 的重要性为

$$\frac{\sum(\text{errOOB}_2 - \text{errOOB}_1)}{n} \tag{6-1}$$

这个数值越大，说明特征越重要性。因为加入随机噪声后，如果袋外数据准确率大幅度下降(即 $errOOB_2$ 上升)，那么说明这个特征对于样本的预测结果有很大影响，从而说明其重要程度较高。

2. 基于基尼指数度量特征重要性

特征 X_j 在一棵决策树节点 m 上，分枝前的基尼指数为 $Gini_m$，分枝后产生的左右节点基尼指数分别为 $Gini_l$ 和 $Gini_r$，则特征 X_j 在节点 m 上的基尼指数变化值为 $VIM(Gini)_j^m$ (如式(6-2)和式(6-3)所示)，其体现了在决策树的节点分裂过程中，使用特征 X_j 后不纯度的降低量，这个降低量直接反映了 X_j 对于模型预测能力的贡献，即特征的重要性。VIM 是"Variable Importance Measure"的缩写，即为变量(特征)重要性度量，其值越大，重要性越高。

$$VIM(Gini)_j^m = Gini_m - Gini_l - Gini_r \tag{6-2}$$

$VIM(Gini)_j^m$ 也可以表示为加权不纯度的减少量，即

$$VIM(Gini)_j^m = N_m Gini_m - N_l Gini_l - N_r Gini_r \tag{6-3}$$

其中，N_m、N_l、N_r 分别表示节点 m 及其左、右子节点的样本数。

对于第 i 棵决策树，假设特征 X_j 出现在节点集合 **M** 中，则 X_j 在第 i 棵决策树上的基尼指数变化量为

$$VIM(Gini)_{ij} = \sum_{m \in M} VIM(Gini)_j^m \tag{6-4}$$

假设随机森林中有 n 棵树，则特征 X_j 的总基尼指数变化量为

$$VIM(Gini)_j = \sum_{i=1}^{n} VIM(Gini)_{ij} \tag{6-5}$$

假设共有 c 个特征，用同样的方法求得所有特征的贡献值，最后将特征 X_j 的总基尼指数变化量除以所有特征的总基尼指数变化值之和，求得归一化后的特征 X_j 贡献量为

$$VIM(Gini)_j' = \frac{VIM(Gini)_j}{\sum_{j=1}^{c} VIM(Gini)_j} \tag{6-6}$$

6.3 AdaBoost

AdaBoost 由 Yoav Freund 和 Robert Schapire 于 1995 年提出，是一种具有自适应性的提升算法，旨在通过组合多个弱分类器来构建一个强分类器。AdaBoost 的核心思想是通过迭代训练弱分类器，并根据每个分类器的表现动态调整样本的权重，从而使得模型能够更好地关注那些被错误分类的样本。

AdaBoost 算法虽然最初是为分类问题设计的，但也可用于回归问题。在回归问题中，AdaBoost 的核心思想是使用 AdaBoost 算法来组合多个弱回归模型以提高预测的准确性和鲁棒性。在每次迭代中，训练一个弱回归器，并根据该回归器的预测误差来更新样本权重。最终的预测结果是所有弱回归器预测结果的加权和，权重由它们各自的预测性能决定。

6.3.1 AdaBoost 二分类算法

假定训练数据集为 $T = \{(x_1, y_1), (x_2, y_2), \cdots, (x_N, y_N)\}$，其中 $x_i \in \chi \subseteq \mathbb{R}^p$，$\chi$ 表示样本空间，$y_i \in \{-1, +1\}$。因要解决的是二分类问题，所以损失函数采用指数损失函数，$L(y, f) = \exp(-yf(x))$，基函数采用分类器。

1. 初始化训练数据集 T 的权重分布

$$D_1 = (w_{1,1}, \cdots, w_{1,i}, \cdots, w_{1,N}), \quad w_{1i} = \frac{1}{N}, \quad i = 1, 2, \cdots, N$$

2. 基于自适应性生成一系列基分类器

(1) 在权重分布 $D_m = (w_{m,1}, \cdots, w_{m,i}, \cdots, w_{m,N})$ 下，训练基分类器，$m = 1, 2, \cdots, M$。

$$\underset{\alpha_m, G_m(x)}{\arg\min} \sum_{i=1}^{N} L(y_i, f_{m-1}(x_i) + \alpha_m G_m(x_i))$$

上式中，$f_{m-1}(x)$ 为第 $m-1$ 次迭代后的强分类器；$G_m(x)$ 为第 m 次迭代所得的基分类器；α_m 为第 m 个基分类器的权重，表示其在最终强分类器中的重要性。

(2) 计算 $G_m(x)$ 在训练数据集上的分类误差率，计算公式为

$$e_m = P(G_m(x_i) \neq y_i) = \sum_{i=1}^{N} w_{m,i} I(G_m(x_i) \neq y_i) \tag{6-7}$$

其中，$P(G_m(x_i) \neq y_i)$ 表示基分类器 $G_m(x)$ 错误分类的概率；$w_{m,i}$ 是第 m 个基分类器分配给第 i 个样本的权重；$I(G_m(x_i) \neq y_i)$ 是一个指示函数，当基分类器对样本 x_i 的预测 $G_m(x_i)$ 与真实标签 y_i 不相等时，该函数的值为 1，否则为 0。

(3) 计算 $G_m(x)$ 的权重，计算公式为

$$\alpha_m = \frac{1}{2} \ln \frac{1 - e_m}{e_m} \tag{6-8}$$

这个公式的目的是放大那些错误率低(即性能好)的基分类器的权重，同时减小那些错误率高(即性能差)的基分类器的权重。

(4) 更新训练数据集的权重分布，计算公式为

$$D_{m+1} = (w_{m+1,1}, \cdots, w_{m+1,i}, \cdots, w_{m+1,N})$$

$$w_{m+1,i} = \frac{w_{m,i}}{z_m} \exp(-\alpha_m y_i G_m(x_i)), i = 1, 2, \cdots, N \tag{6-9}$$

其中，z_m 为规范化因子，以确保各样本的权重和为 1，使 D_{m+1} 符合一个概率分布。

$$z_m = \sum_{i=1}^{N} w_{m,i} \exp(-\alpha_m y_i G_m(x_i)) \tag{6-10}$$

3. 构建基分类器的线性组合 f(x)并得到强分类器 G(x)

$$f(x) = \sum_{m=1}^{M} \alpha_m G_m(x) \tag{6-11}$$

$$G(x) = \text{sign}(f(x)) = \text{sign}\left(\sum_{m=1}^{M} \alpha_m G_m(x)\right) \tag{6-12}$$

sign() 为符号函数，如果输入值为正，返回+1；输入值为负，返回-1，输入值为 0，则返回 0。通常，在二分类问题中，AdaBoost 算法会通过调整基分类器的权重和迭代次数来尽量避免 $f(x) = 0$ 的情况发生。

综上，AdaBoost 二分类算法实现过程如图 6.5 所示。

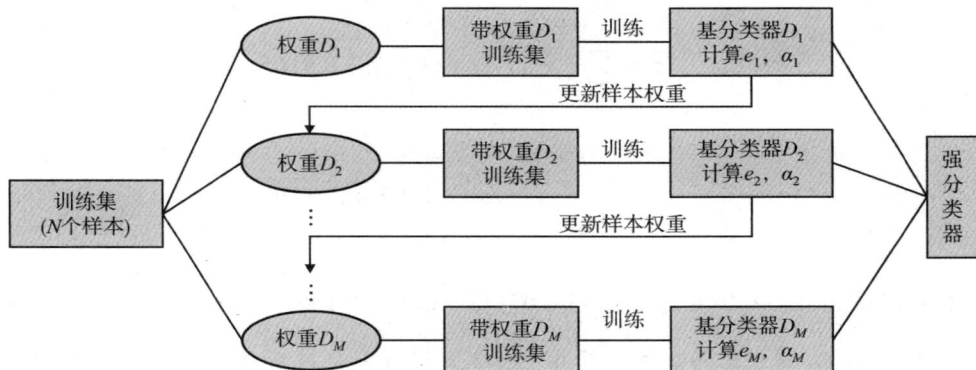

图 6.5　AdaBoost 二分类算法实现过程

6.3.2　AdaBoost 二分类问题示例

【例 6.1】为简化学习过程，训练数据集如表 6.1 所示，包含 10 个样本，每个样本仅包含一个特征变量 x 及相应的二分类标签 y，其值为+1 或−1。以深度为 1 的二叉树为基分类器，使用 AdaBoost 算法学习最终强分类器。

表 6.1　AdaBoost 二分类问题训练数据集

x	1	2	3	4	5	6	7	8	9	10
y	+1	+1	+1	-1	-1	-1	+1	+1	+1	-1

1. 初始化数据集权重分布

$$w_{1,1} = w_{1,2} = \cdots = w_{1,10} = \frac{1}{10} = 0.1$$

$$D_1 = (0.1, 0.1, 0.1, 0.1, 0.1, 0.1, 0.1, 0.1, 0.1, 0.1)$$

2. 在权重分布为 D_1 的数据集上训练基分类器 G_1，计算 e_1, α_1

10 个样本，x 值已按从小到大排序，以深度为 1 的二叉树为基分类器，可以有 9 种切分法，其中，当 x 取 3.5 或 9.5 时，可获得最小分类误差率。故取 $x=3.5$ 为基分类器 G_1 的切分点。

$$G_1(x) = \begin{cases} +1, & x < 3.5 \\ -1, & x > 3.5 \end{cases}$$

$$e_1 = P(G_1(x_i) \neq y_i) = 0.3$$

$$\alpha_1 = \frac{1}{2}\ln\frac{1-e_1}{e_1} = 0.4236$$

3. 更新数据集权重分布

$$w_{2,i} = \frac{w_{1,i}}{z_1}\exp(-\alpha_1 y_i G_1(x_i)), \quad i=1,2,\cdots,10$$

$$z_1 = \sum_{i=1}^{N} w_{1,i}\exp(-\alpha_1 y_i G_1(x_i)) = 0.9165$$

其中

$$y_i G_1(x_i) = \begin{cases} +1, & i=1,2,3,4,5,6,10 \\ -1, & i=7,8,9 \end{cases}$$

$D_2 = (0.07143, 0.07143, 0.07143, 0.07143, 0.07143, 0.07143, 0.16667, 0.16667, 0.16667, 0.07143)$

更新后，被 G_1 误分类的第 7、8、9 个样本权重从初始权重 0.1 提高到 0.16667，其余被正确分类的样本权重从 0.1 降低至 0.07143。

$$f_1(x) = 0.4236 G_1(x)$$

第一轮分类预测函数为

$$\text{sign}(f_1(x))$$

第一轮分类预测结果如表 6.2 所示，加粗数据为被错误预测的结果。

表 6.2　第一轮分类预测结果

x	1	2	3	4	5	6	7	8	9	10
y	+1	+1	+1	-1	-1	-1	+1	+1	+1	-1
$G_1(x)$	+1	+1	+1	-1	-1	-1	**-1**	**-1**	**-1**	-1
$f_1(x)$	0.4236	0.4236	0.4236	-0.4236	-0.4236	-0.4236	-0.4236	-0.4236	-0.4236	-0.4236
结果	+1	+1	+1	-1	-1	-1	**-1**	**-1**	**-1**	-1

4. 在权重分布为 D_2 的数据集上训练基分类器 G_2，计算 e_2, α_2

在权重分布为 D_2 的数据集上，当切分点取 $x=9.5$ 时，分类误差率最低，所以

$$G_2(x) = \begin{cases} +1, & x < 9.5 \\ -1, & x > 9.5 \end{cases}$$

$$e_2 = P(G_2(x_i) \neq y_i) = \sum_{i=1}^{N} w_{2,i} I(G_2(x_i) \neq y_i) = 3 \times 0.07143 \times 1 = 0.2143$$

$$\alpha_2 = \frac{1}{2} \ln \frac{1-e_2}{e_2} = 0.6496$$

5. 继续更新数据集权重分布

$$D_3 = (0.0455, 0.0455, 0.0455, 0.16667, 0.16667, 0.16667, 0.1060, 0.1060, 0.1060, 0.0455)$$

$$f_2(x) = 0.4236 G_1(x) + 0.6496 G_2(x)$$

第二轮分类预测函数为

$$\text{sign}(f_2(x))$$

第二轮分类预测结果如表 6.3 所示，加粗数据为被错误预测的结果。

表 6.3　第二轮分类预测结果

x	1	2	3	4	5	6	7	8	9	10
y	+1	+1	+1	-1	-1	-1	+1	+1	+1	-1
$G_1(x)$	+1	+1	+1	-1	-1	-1	**-1**	**-1**	**-1**	-1
$G_2(x)$	+1	+1	+1	**+1**	**+1**	**+1**	+1	+1	+1	-1
$f_2(x)$	1.0732	1.0732	1.0732	0.226	0.226	0.226	0.226	0.226	0.226	-1.0732
结果	+1	+1	+1	**+1**	**+1**	**+1**	+1	+1	+1	-1

6. 在权重分布为 D_3 的数据集上训练基分类器 G_3，计算 e_2, α_3

在权重分布为 D_3 的数据集上，当切分点取 $x=6.5$ 时，分类误差率最低，所以

$$G_3(x) = \begin{cases} -1, & x < 6.5 \\ +1, & x > 6.5 \end{cases}$$

$$e_3 = P(G_3(x_i) \neq y_i) = \sum_{i=1}^{N} w_{3,i} I(G_3(x_i) \neq y_i) = 4 \times 0.0455 \times 1 = 0.1820$$

$$\alpha_3 = \frac{1}{2} \ln \frac{1-e_3}{e_3} = 0.7514$$

$$f_3(x) = 0.4236 G_1(x) + 0.6496 G_2(x) + 0.7514 G_3(x)$$

第三轮分类预测函数为

$$\text{sign}(f_3(x))$$

第三轮分类预测结果如表 6.4 所示，加粗数据为被错误预测的结果。

表6.4　第三轮分类预测结果

x	1	2	3	4	5	6	7	8	9	10
y	+1	+1	+1	-1	-1	-1	+1	+1	+1	-1
$G_1(x)$	+1	+1	+1	-1	-1	-1	**-1**	**-1**	**-1**	-1
$G_2(x)$	+1	+1	+1	**+1**	**+1**	**+1**	+1	+1	+1	-1
$G_3(x)$	**-1**	**-1**	**-1**	-1	-1	-1	+1	+1	+1	**+1**
$f_3(x)$	0.3218	0.3218	0.3218	-0.5254	-0.5254	-0.5254	0.9774	0.9774	0.9774	-0.3218
结果	+1	+1	+1	-1	-1	-1	+1	+1	+1	-1

三轮提升后，最终强分类器 $G(x) = sign(f_3(x))$ 预测结果与实际值完全一致，分类误差率降为 0。

6.3.3　AdaBoost 的正则化

为了防止 AdaBoost 的过拟合，通常可以在模型中加入正则化项。常用的一个正则化项为学习率，可用 η 表示。加入正则化项 η 后，$f_m(x)$ 表示为

$$f_m(x) = f_{m-1}(x) + \eta \alpha_m G_m(x) \tag{6-13}$$

η 的取值范围为 $0 < \eta \leqslant 1$。对于相同的训练集，较小的 η 意味着需要更多次迭代才能获得一个泛化性能较好的集成结果。但较小的 η，更多的迭代次数也意味着更长的训练时间与更多的计算量。可以使用验证集或交叉验证选择合适的学习率与迭代次数。

6.4　Gradient Boosting 之 GBDT

Gradient Boosting 是 Boosting 中的一大类算法，在 Gradient Boosting 中，每轮迭代通过最小化损失函数的梯度生成一个弱学习器，然后将这个弱学习器加入累积模型，即每个弱学习器的目标是拟合先前累加模型的损失函数的负梯度，使加上该弱学习器后的累积模型损失往负梯度的方向减少，从而提升模型的整体性能。

根据其中的损失函数和弱学习器的不同可以演变出多种不同的算法，GBDT(Gradient Boosting Decision Tree)，即梯度提升决策树，是使用 CART 回归树作为弱学习器的一种 Gradient Boosting。CART 回归树生长相关理论见第 5.4.2 小节，以下主要分析梯度提升基本思想与 GBDT 算法。

6.4.1 Gradient Boosting 基本思想

1. 提升树实现过程(最小化残差)

如果提升树的目标是最小化残差，实现过程可以描述如下。

(1) 初始化模型 $f_0(x)$：Gradient Boosting 通常从一个初始模型开始，这个模型可以是简单的常数值预测器，比如训练数据集目标值的平均数。

(2) 迭代训练弱学习器($m=1,2,\cdots,M$)：在每一轮迭代中，算法会训练一个新的弱学习器，这个弱学习器的目标是最小化前一轮迭代留下的残差，即实际值和模型预测值之间的差异，计算公式为

$$r_{mi} = y_i - f_{m-1}(x), \quad i=1,2,\cdots,N \tag{6-14}$$

(3) 构建树模型 $h_m(x)$：每棵决策树都是在当前模型的残差上训练的。这意味着树的分裂节点是基于减少残差的原则来选择的。

(4) 更新模型 $f_m(x)$：一旦新树训练完成，Gradient Boosting 就会将这棵树添加到模型中。这通常是通过将新树的预测值与现有模型的预测值相加来完成的。

$$f_m(x) = f_{m-1}(x) + h_m(x) \tag{6-15}$$

(5) 缩减：为了防止过拟合，Gradient Boosting 通常会对每棵树的贡献进行缩减，即乘以一个常数 η(即学习率，$0 < \eta \leqslant 1$)。

$$f_m(x) = f_{m-1}(x) + \eta h_m(x) \tag{6-16}$$

(6) 迭代终止：这个过程会一直重复，直到达到预定的树的数量或模型的性能不再显著提高。

$$f_M(x) = \sum_{m=1}^{M} \eta h_m(x) \tag{6-17}$$

2. 最小化梯度

在多元微积分中，梯度是一个向量，它表示函数在给定点的变化率，并且指向函数值增加最快的方向。假定函数是二元函数 $f(x, y)$，则梯度可表示为式(6-18)，即分别对 x 和 y 求偏导。

$$\nabla f(x, y) = \text{grad}(f) = \left(\frac{\partial f}{\partial x}, \frac{\partial f}{\partial y}\right) \tag{6-18}$$

梯度的方向是函数在此点上升最快的方向，如果需要朝着下降最快的方向，自然就是负梯度方向。

假定有训练数据集 $\{(x_1,y_1),(x_2,y_2),\cdots,(x_N,y_N)\}$，其中 $x_i \in \chi \subseteq \mathbb{R}^p$，$\chi$ 表示样本空间，在第 $m-1$ 轮获得的累积模型为 $f_{m-1}(x)$，则第 m 轮的弱学习器 $h_m(x)$ 可以通过式(6-19)得到(不

考虑学习率):

$$f_m(x) = f_{m-1}(x) + \arg\min_{h \in H} L(y_i, f_{m-1}(x_i) + h_m(x_i)) \tag{6-19}$$

上式 argmin 项的意思是：在函数空间 H 中找到一个弱学习器 $h_m(x)$，使得加入这个弱学习器之后的累积模型的损失最小。根据最速下降法，如果第 m 轮弱学习器拟合损失函数关于累积模型 $f_{m-1}(x)$ 的负梯度，则加上该弱学习器之后累积模型的损失会最小。

因此，可以得知第 m 轮弱学习器训练的目标值是损失函数的负梯度，即

$$g_m = -\frac{\partial L(y, f_{m-1}(x))}{\partial f_{m-1}(x)} \tag{6-20}$$

如果 Gradient Boosting 中采用平方损失函数

$$L(y, f_{m-1}(x)) = (y - f_{m-1}(x))^2 \tag{6-21}$$

则

$$g_m = -\frac{\partial L(y, f_{m-1}(x))}{\partial f_{m-1}(x)} = 2(y - f_{m-1}(x))$$

若取平方损失函数的 1/2，则损失函数负梯度刚好是残差 $y - f_{m-1}(x)$，由此可得出如上所述的 Gradient Boosting 中每一个弱学习器是在拟合之前累积模型的残差。但这不具有一般性，如果使用其他损失函数或者在损失函数中加入正则项，那么负梯度就不再刚好是残差。

3. Gradient Boosting 算法流程

由以上分析可得，更具有一般性的 Gradient Boosting 算法流程可描述如下。

(1) 初始化 $f_0(x) = \arg\min_{h \in H} \sum_{i=1}^{N} L(y_i, h(x_i))$，$i = 1, 2, \cdots, N$。

(2) 对于 $m = 1, 2, \cdots, M$，迭代训练弱学习器。

(a) 计算负梯度 $g_m = -\dfrac{\partial L(y, f_{m-1}(x))}{\partial f_{m-1}(x)}$。

(b) 以最小化 $\sum_{i=1}^{N}(g_m^{\ i} - h_m(x_i))^2$ 为目标拟合新的弱学习器。

(c) 更新 $f_m(x) = f_{m-1}(x) + \eta h_m(x)$，$\eta$ 为学习率。

(3) 获得最终强学习器 $f(x) = f_M(x)$。

6.4.2 GBDT 算法

GBDT 即梯度提升决策树，如前所述，G(Gradient)表示该算法是基于梯度的，B(Boosting)表示该算法是 boosting 模型，DT(decision tree)表示算法使用的弱学习器是 CART 回归决策树。所以，简单理解，GBDT 就是一个由多棵 CART 回归决策树构成的加法模型，预测的结果是这些回归树的和。

假定训练数据集 $T=\{(x_1,y_1),(x_2,y_2),\cdots,(x_N,y_N)\}$，其中 $x_i \in \chi \subseteq \mathbb{R}^p$，$\chi$ 表示样本空间，最大迭代次数为 M，损失函数为 L。GBDT 回归算法，即 y 为连续型变量，描述如下。

(1) 初始化弱学习器为

$$f_0(x) = \underset{c}{\arg\min} \sum_{i=1}^{N} L(y_i, c) , \quad i = 1, 2, \cdots, N \tag{6-22}$$

(2) 对于 $m = 1, 2, \cdots, M$，迭代训练弱学习器。

(a) 对样本 $i = 1, 2, \cdots, N$，计算负梯度。

$$r_{mi} = -\left[\frac{\partial L(y_i, f(x_i))}{\partial f(x_i)} \right]_{f(x)=f_{m-1}(x)} \tag{6-23}$$

(b) 利用 (x_i, r_{mi}) $(i = 1, 2, \cdots, N)$ 拟合一棵 CART 回归树，得到第 m 棵回归树，其对应的叶子节点区域为 R_{mj} $(j = 1, 2, \cdots, J)$。J 为回归树 m 的叶子节点的个数。

(c) 对叶子节点区域 $j = 1, 2, \cdots, J$，计算最佳拟合值。

$$c_{mj} = \underset{c}{\arg\min} \sum_{x_i \in R_{mj}} L(y_i, f_{m-1}(x_i) + c) \tag{6-24}$$

(d) 更新强学习器。

$$f_m(x) = f_{m-1}(x) + \sum_{j=1}^{J} c_{mj} I(x \in R_{mj}) \tag{6-25}$$

其中，函数 $I()$ 取值：如果样本落在了节点上，$I=1$，否则 $I=0$。

(3) 获得最终强学习器。

$$f(x) = f_M(x) = f_0(x) + \sum_{m=1}^{M} \sum_{j=1}^{J} c_{mj} I(x \in R_{mj}) \tag{6-26}$$

对于分类问题，若秉持基本思想，可认为 GBDT 回归算法和分类算法没有区别，但是因为分类问题 y 为类别值，所以无法直接拟合类别输出的误差。为了解决这个问题，通常采用对数似然损失函数的方法。也就是说，使用类别的预测概率值和真实概率值的差来拟合损失。

6.4.3　GBDT 回归问题示例

为了更直观地理解 GBDT 算法，本节基于一个简单的训练数据集显示使用 Python 的实现过程。

【例 6.2】训练数据集如表 6.5 所示，包含了 8 个样本，3 个变量，其中年龄和体重为特征变量，身高为标签变量。

表 6.5　GBDT 回归问题训练数据集

age(年龄，岁)	6	7	10	14	21	25	30	42
weight(体重,公斤)	21	30	38	45	50	52	64	72
Lable(身高,米)	1.1	1.3	1.45	1.55	1.7	1.68	1.75	1.8

1. 导入必要的库

```
import os
import pandas as pd
from sklearn.ensemble import GradientBoostingRegressor
from sklearn.metrics import mean_squared_error, r2_score
from sklearn.tree import export_graphviz
import graphviz
import numpy as np
```

2. 准备数据

```
# 训练数据集
train_data = pd.DataFrame({
    'age': [6, 7, 10, 14, 21, 25, 30, 42],
    'weight': [21, 30, 38, 45, 50, 52, 64, 72],
    'label': [1.1, 1.3, 1.45, 1.55, 1.7, 1.68, 1.75, 1.8]
})
# 划分特征和标签
X_train = train_data[['age', 'weight']]
y_train = train_data['label']
```

3. 训练 GBDT 模型

```
# 初始化 GBDT 模型，设置弱模型个数为 6，学习率为 0.2，每棵 CART 树的深度为 2，random_state 参数用
于控制随机数生成器的种子，确保模型在多次运行时产生相同的结果，以提高实验的可重复性和稳定性
gbdt=GradientBoostingRegressor(n_estimators=6,learning_rate=0.2,max_depth=2,
                               random_state=10)
# 训练模型
gbdt.fit(X_train, y_train)
```

4. 基于训练集数据评价模型性能

```
# 对训练集进行预测
y_pred = gbdt.predict(X_train)
# 输出预测结果
print("预测结果:", y_pred)
预测结果: [1.22093584 1.36828784 1.4773404 1.55362932 1.65438931
        1.65438931 1.69292301 1.70810496]
# 计算均方误差 (MSE)
mse = mean_squared_error(y_train, y_pred)
print("均方误差 (MSE):", mse)
均方误差 (MSE): 0.004311012281691345
# 计算 R² 分数
r2 = r2_score(y_train, y_pred)
print("R² 分数:", r2)
R² 分数: 0.9171531735794834
```

5. 输出模型特征重要性

```
print("模型特征重要性:", gbdt.feature_importances_)
模型特征重要性: [0.18795974 0.81204026]
```

6. 可视化每一棵树

```
for i, tree in enumerate(gbdt.estimators_):
    # 导出每棵树的 DOT 格式
    dot_data = export_graphviz(tree[0], out_file=None,
                               feature_names=['age', 'weight'],
                               filled=True, rounded=True,
                               special_characters=True)
    # 使用 Graphviz 将 DOT 格式转换为图像
    graph = graphviz.Source(dot_data)
    graph.render(f"tree_{i + 1}", view=True)  # 保存并显示图像
    # 打印 DOT 数据 (可选)
    print(f"树 {i + 1} 的 DOT 格式:\n{dot_data}\n")
```

图 6.6～图 6.11 是生成的 6 棵 CART 树。

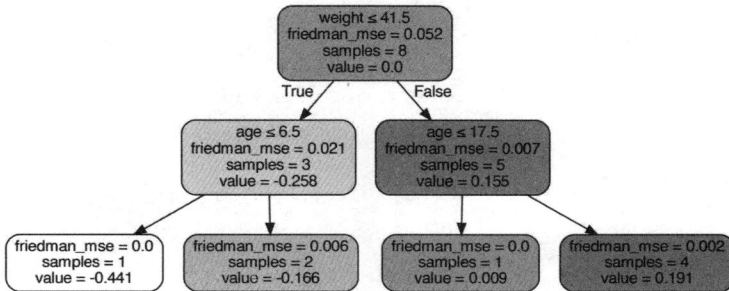

图 6.6　tree_1

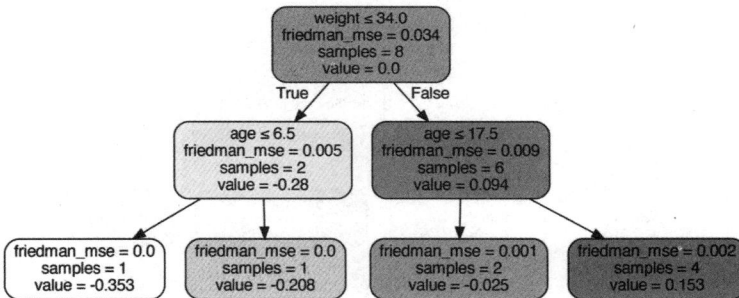

图 6.7　tree_2

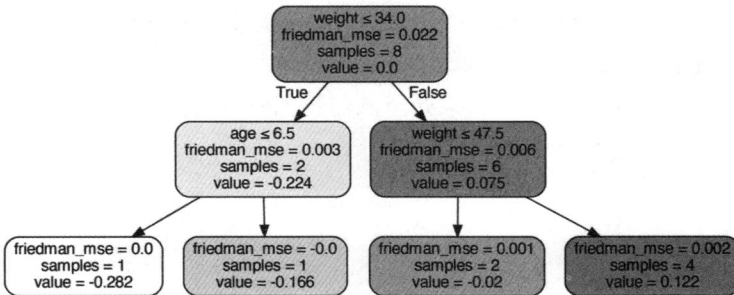

图 6.8　tree_3

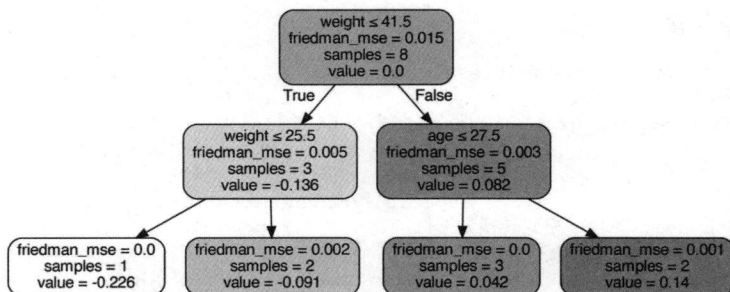

图 6.9 tree_4

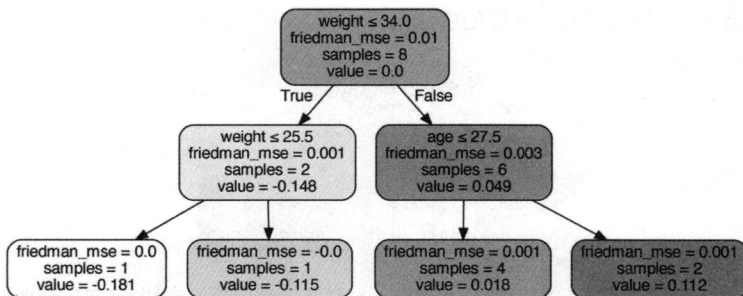

图 6.10 tree_5

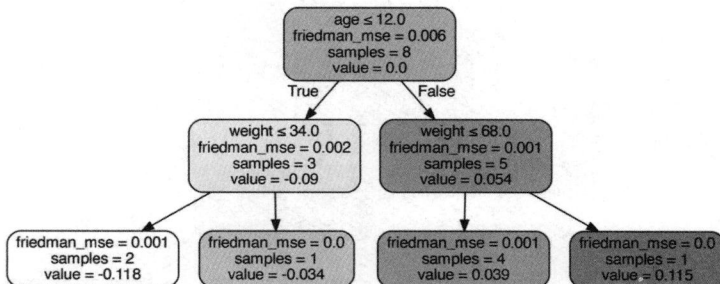

图 6.11 tree_6

如果选择打印 DOT 数据，会同时生成相应的 DOT 格式，树 6 的 DOT 格式如图 6.12 所示。每个节点的 friedman_mse 为 Friedman 均方误差，表示该节点的损失值，用于评估节点的纯度或拟合程度；samples 表示该节点的样本数，value 表示该节点的预测值。节点的颜色用于可视化不同节点的属性值，在此颜色越深，表示节点的预测值越大。

```
树 6 的DOT格式:
digraph Tree {
node [shape=box, style="filled, rounded", color="black", fontname="helvetica"] ;
edge [fontname="helvetica"] ;
0 [label=<age &le; 12.0<br/>friedman_mse = 0.006<br/>samples = 8<br/>value = 0.0>, fillcolor="#f2bf9b"] ;
1 [label=<weight &le; 34.0<br/>friedman_mse = 0.002<br/>samples = 3<br/>value = -0.09>, fillcolor="#fcf0e7"] ;
0 -> 1 [labeldistance=2.5, labelangle=45, headlabel="True"] ;
2 [label=<friedman_mse = 0.001<br/>samples = 2<br/>value = -0.118>, fillcolor="#ffffff"] ;
1 -> 2 ;
3 [label=<friedman_mse = 0.0<br/>samples = 1<br/>value = -0.034>, fillcolor="#f6d2b8"] ;
1 -> 3 ;
4 [label=<weight &le; 68.0<br/>friedman_mse = 0.001<br/>samples = 5<br/>value = 0.054>, fillcolor="#eca26d"] ;
0 -> 4 [labeldistance=2.5, labelangle=-45, headlabel="False"] ;
5 [label=<friedman_mse = 0.001<br/>samples = 4<br/>value = 0.039>, fillcolor="#edaa79"] ;
4 -> 5 ;
6 [label=<friedman_mse = 0.0<br/>samples = 1<br/>value = 0.115>, fillcolor="#e58139"] ;
4 -> 6 ;
}
```

图 6.12 树 6 的 DOT 格式

7. 以第一个训练样本为例，显示梯度提升树预测过程

```
# 获取第一个样本
first_sample = X_train.iloc[0].values.reshape(1, -1)
# 初始化预测值
initial_prediction = gbdt.init_.predict(first_sample)[0]
# 计算每棵树的预测值
individual_predictions = []
for tree in gbdt.estimators_:
individual_predictions.append(tree[0].predict(first_sample)[0] * gbdt.learning_rate)
# 累加每棵树的预测值
cumulative_predictions = np.cumsum(individual_predictions)
# 最终预测值
final_prediction = initial_prediction + cumulative_predictions[-1]
# 输出详细过程
print(f"初始预测值: {initial_prediction:.6f}")
for i, (pred, cum_pred) in enumerate(zip(individual_predictions,cumulative_predictions)):
    print(f"第 {i + 1} 棵树的预测值: {pred:.6f}, 累计预测值:{cum_pred:.6f}")
print(f"最终预测值: {final_prediction:.6f}")
# 验证最终预测值
predicted_value = gbdt.predict(first_sample)[0]
print(f"模型预测值: {predicted_value:.6f}")
```

运行结果如图 6.13 所示，初始预测值为所有训练样本标签值的均值，每棵树的预测值是该树对输入样本的预测值乘以学习率(learning rate)。在这个例子中，学习率为 0.2。对于训练样本 1，其年龄为 6，体重为 21kg，根据 tree_1，预测值为-0.441，乘以学习率后为-0.0882，以此类推，最终预测值为初始预测值加上最后一棵树的累计预测值，即模型预测值。

```
初始预测值: 1.541250
第 1 棵树的预测值: -0.088250, 累计预测值: -0.088250
第 2 棵树的预测值: -0.070600, 累计预测值: -0.158850
第 3 棵树的预测值: -0.056480, 累计预测值: -0.215330
第 4 棵树的预测值: -0.045184, 累计预测值: -0.260514
第 5 棵树的预测值: -0.036147, 累计预测值: -0.296661
第 6 棵树的预测值: -0.023653, 累计预测值: -0.320314
最终预测值: 1.220936
模型预测值: 1.220936
```

图 6.13 梯度提升树预测过程(以训练样本 1 为例)

6.5 R 实践案例: 药物预测

案例数据集为 "药物数据集.xlsx",包含 999 位患者的基本信息、临床检验及所服用的药物信息。这些患者患有同种疾病,服用不同药物后都取得了同样的治疗效果。患者基本信息为年龄和性别,临床检验信息包括血压、胆固醇、唾液中的钠含量和钾含量。分析目标是使用随机森林算法构建药物预测模型,为未来医生开具处方提供参考。

6.5.1 数据读取与类型转换

1. 数据读取

安装并加载 readxl 包后使用 read_ecxel()函数读取药物数据集,然后使用 str()函数查看数据集内部结构。

```
> install.packages("readxl")
> library(readxl)
> drug <- read_excel("文件所在路径/药物数据集.xlsx")
> str(drug)
```

结果如图 6.14 所示。tibble [999 x 7] 表示这是一个包含 999 行和 7 列的数据集。在 R 语言中,tibble 由 tibble 包提供,是一种现代的、加强版的数据框(data frame)类型。每列显示了列名称及相应的数据类型,共包含 3 个数值(num)型变量(年龄、钠含量、钾含量)和 4 个字符(chr)型变量(性别、血压、胆固醇、药物),同时罗列了前几行的取值。

```
tibble [999 x 7] (S3: tbl_df/tbl/data.frame)
 $ 年龄  : num [1:999] 24 47 47 28 61 49 60 43 47 43 ...
 $ 性别  : chr [1:999] "F" "M" "M" "F" ...
 $ 血压  : chr [1:999] "HIGH" "LOW" "LOW" "NORMAL" ...
 $ 胆固醇: chr [1:999] "HIGH" "HIGH" "HIGH" "HIGH" ...
 $ 钠含量: num [1:999] 0.793 0.739 0.697 0.564 0.559 ...
 $ 钾含量: num [1:999] 0.0313 0.0565 0.0689 0.0723 0.031 ...
 $ 药物  : chr [1:999] "drugA" "drugC" "drugC" "drugX" ...
```

图 6.14 drug 数据集概况

2. 类型转换

为后续分析需要,把字符型变量转换为因子。首先,创建一个名为 columns_to_convert

的向量，包含所需转换的 4 个字符型变量。然后，使用 lapply()函数对 drug 数据框中上述
变量进行逐列处理。lapply()函数会对 drug[columns_to_convert]中的每一列应用 as.factor 函
数，从而把这些列的数据类型转换为因子型，并将转换后的结果重新赋值给 drug 数据框中
的相应列。使用 str()函数查看转换后的 drug 数据集内部结构。

```
> columns_to_convert <- c("性别", "血压", "胆固醇", "药物")
> drug[columns_to_convert] <- lapply(drug[columns_to_convert], as.factor)
> str(drug)
```

结果如图 6.15 所示，4 个字符型变量均已转换成因子型。

```
tibble [999 × 7] (S3: tbl_df/tbl/data.frame)
 $ 年龄   : num [1:999] 24 47 47 28 61 49 60 43 47 43 ...
 $ 性别   : Factor w/ 2 levels "F","M": 1 2 2 1 1 1 2 2 1 2 ...
 $ 血压   : Factor w/ 3 levels "HIGH","LOW","NORMAL": 1 2 2 3 2 3 3 2 2 2 ...
 $ 胆固醇 : Factor w/ 2 levels "HIGH","NORMAL": 1 1 1 1 1 1 1 2 1 1 ...
 $ 钠含量 : num [1:999] 0.793 0.739 0.697 0.564 0.559 ...
 $ 钾含量 : num [1:999] 0.0313 0.0565 0.0689 0.0723 0.031 ...
 $ 药物   : Factor w/ 5 levels "drugA","drugB",..: 1 3 3 4 5 5 5 5 3 5 ...
```

图 6.15 类型转换后 drug 数据集概况

6.5.2 探索性分析

1. 因子型变量的类别分布

使用 table()函数查看 4 个因子变量的类别分布，发现男性和女性人数较为接近，男性
略多。血压取值为 3 类，分别是高、正常和低，每类人数分布较为均匀，其中人数最多的
是高血压人群。胆固醇等级取值为高和正常两类，取值高的人数略多于正常人数。所有患
者所服用的药物共有 5 种，其中服用 Y 药物人数有 450 位，占比最大，其后依次为 X、A、
C 和 B 药物。

```
> table(drug$性别)
F    M
491  508
> table(drug$血压)
HIGH   LOW   NORMAL
 352   329   318
> table(drug$胆固醇)
HIGH   NORMAL
 514   485
> table(drug$药物)
drugA  drugB drugC drugX drugY
 113    76    90   270   450
```

2. 可视化分析

先安装并加载可视化分析所需要的包，并添加中文字体。

```
# 安装并加载必要的包
> install.packages("dplyr")
> library(dplyr)
```

```
> install.packages("ggplot2")
> library(ggplot2)
> install.packages("showtext")
> library(showtext)
# 添加支持中文的字体
> font_add("SimHei", regular = "simhei.ttf")  # 替换为你系统中的中文字体路径
> showtext_auto()
```

使用 ggplot2 包创建一个箱线图(boxplot)，可视化不同药物下的年龄分布。

```
> ggplot(data = drug, aes(x = 药物, y = 年龄, fill = 药物)) +
  geom_boxplot() +
  labs( x = "药物", y = "年龄")+
  theme_minimal() +
  scale_fill_manual(values = c( "#00008B","#ADD8E6", "#A9A9A9", "#D3D3D3", "#FFA500"))
```

结果如图 6.16 所示。从图中可以看出，药物 B 的中位年龄较高，大于 60 岁，药物 A 的中位年龄较低，且两者的四分位间距(IQR)均相对较小。虽然在药物 B 中，有一个点在箱子下方，表示这是一个异常值，即有一个年龄远低于其他人的个体。但从整体看，药物 B 适用于年龄较大的患者，而药物 A 适用于中青年患者。药物 C、X、Y 年龄分布较为相似，中位年龄均大于 40 岁且四分位间距(IQR)均较大，从箱子延伸出来的线，即须(Whiskers)，上下均较长，说明这 3 种药物受众年龄分布较广。

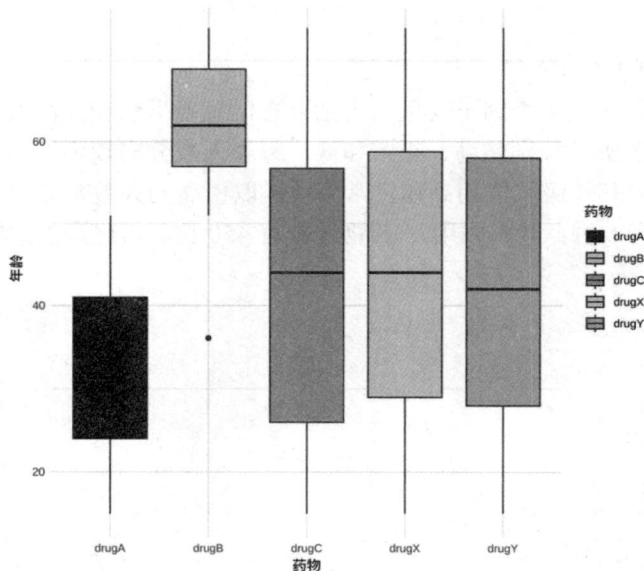

图 6.16　不同药物年龄分布箱线图

使用 ggplot2 包创建一个柱状图，可视化不同药物下的性别分布。

```
> ggplot(drug, aes(x = 药物, fill = 性别)) +
  geom_bar(position = "dodge") +
  labs( x = "药物", y = "数量")+
  scale_fill_manual(values = c("#D3D3D3", "#00008B")) +
  theme_minimal()
```

结果如图 6.17 所示。从图中可以看出，性别分布在药物间的差异不大，药物 A 男性人数略多于女性，药物 Y 女性人数略多于男性，其他 3 种药物男女人数均较为接近。

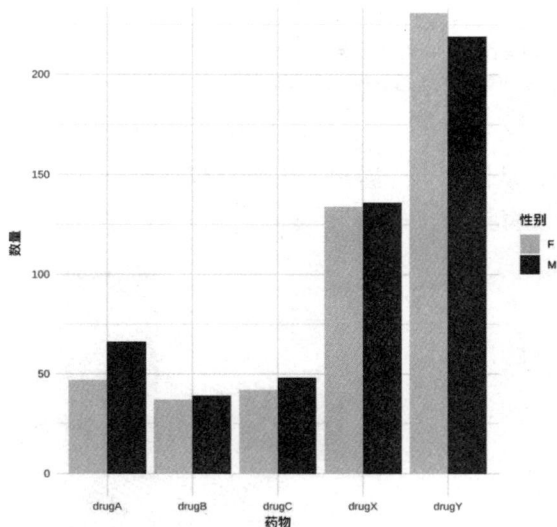

图 6.17　不同药物性别分布柱状图

使用 ggplot2 包创建一个堆叠柱状图，可视化不同药物下的血压分布。

```
> ggplot(drug, aes(x = 药物, fill = 血压)) +
  geom_bar(position = "stack") +
  labs(x = "药物", y = "数量") +
  scale_fill_manual(values = c( "#A9A9A9", "#ADD8E6", "#00008B"))  +
  theme_minimal()
```

结果如图 6.18 所示。从图中可以看出，药物 A、B 适用于高血压患者，药物 C 适用于低血压患者，药物 X 适用于正常血压与低血压患者，而药物 Y 对患者的血压没有要求。

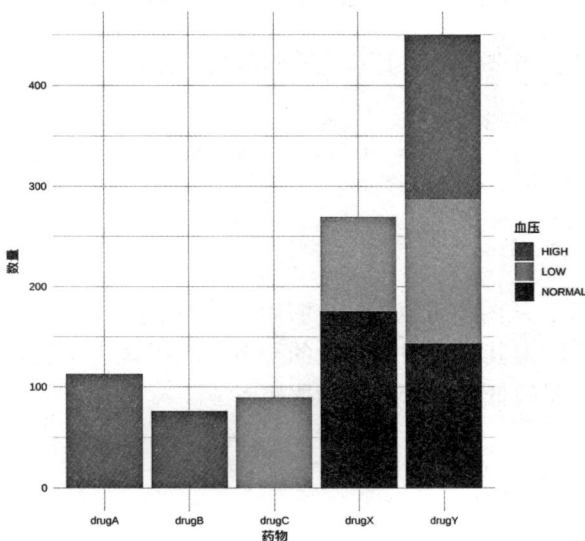

图 6.18　不同药物血压分布堆叠柱状图

使用 ggplot2 包继续创建堆叠柱状图，可视化不同药物下的胆固醇分布。

```
> ggplot(drug, aes(x = 药物, fill = 胆固醇)) +
  geom_bar(position = "stack") +
  scale_fill_manual(values = c("#A9A9A9", "#00008B")) +
  labs(x = "药物",y = "数量",fill = "胆固醇等级") +
  theme_minimal()
```

结果如图 6.19 所示。从图中可以看出，药物 C 仅适用于高胆固醇患者，而其余 4 种药物对患者的胆固醇水平没有要求。

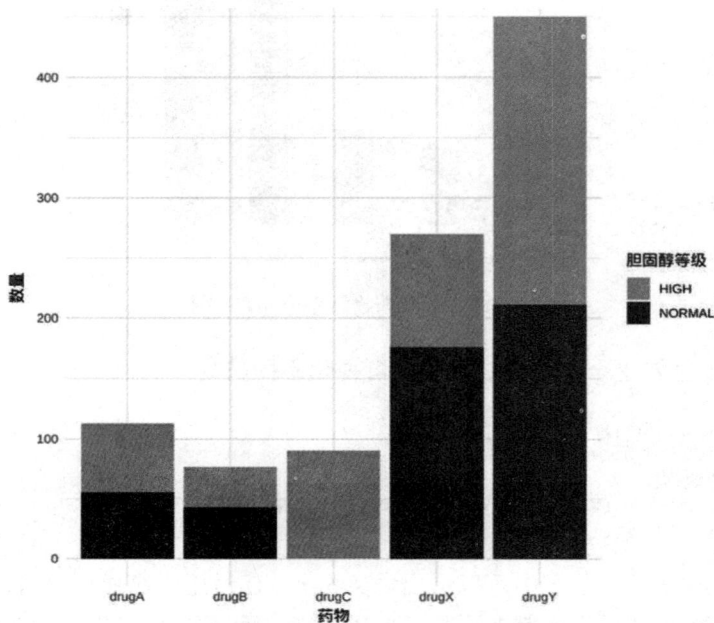

图 6.19　不同药物胆固醇等级分布堆叠柱状图

使用 ggplot2 包创建一个散点图，可视化不同药物下患者唾液中钠含量与钾含量的分布。

```
> ggplot(drug, aes(x = 钠含量, y = 钾含量, color = 药物, shape = 药物)) +
  geom_point(alpha = 0.7) +  # 使用 alpha 调整点的透明度
  labs(x = "钠含量", y = "钾含量") +
  theme_minimal() +
  scale_color_manual(values = c("#00008B", "#ADD8E6", "#A9A9A9", "#D3D3D3", "#FFA500"))
```

结果如图 6.20 所示。从图中可以看出，服用 Y 药物的患者，其唾液中钾含量明显低于服用其他类药物的患者，但其唾液中钠含量的分布与服用其他 4 种药物的患者没有明显区别。可见，唾液中钾含量较低的患者可推荐服用 Y 药。

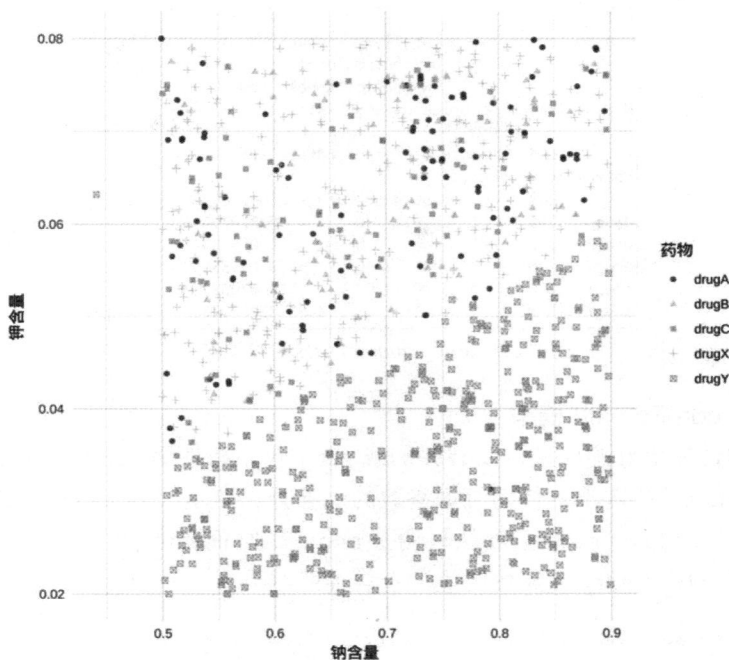

图 6.20　不同药物钠含量与钾含量分布散点图

6.5.3　随机森林模型构建与评估

1. drug_randomForest1 模型

安装并加载 randomForest 包，基于默认参数构建 drug_randomForest1 模型。

```
> install.packages("randomForest")
> library(randomForest)
> drug_randomForest1<-randomForest(drug[-7],drug$药物,ntree=500)
> drug_randomForest1
```

模型结果如图 6.21 所示。从混淆矩阵来看，drugA 被正确预测的有 105 个，被错误预测为 drugB 的有 1 个，错误预测为 drugY 的有 7 个，错误率为 7.1%；drugB 被正确预测的有 71 个，被错误预测为 drugA 的有 2 个，错误预测为 drugY 的有 3 个，错误率为 6.6%；drugC 被正确预测的有 85 个，被错误预测为 drugY 的有 5 个，错误率为 5.6%；drugX 被正确预测的有 262 个，被错误预测为 drugY 的有 8 个，错误率为 2.9%；drugY 被正确预测的有 440 个，被错误预测为 drugA 的有 3 个，错误预测为 drugC 的有 2 个，错误预测为 drugX 的有 5 个，错误率为 2.2%。模型的袋外误差(OOB estimate of error rate)用于评估模型的泛化能力，其值为 3.6%，表明模型在未见数据上的预测错误率大约为 3.6%。

```
Call:
 randomForest(x = drug[-7], y = drug$药物, ntree = 500)
                Type of random forest: classification
                      Number of trees: 500
No. of variables tried at each split: 2

         OOB estimate of  error rate: 3.6%
Confusion matrix:
      drugA drugB drugC drugX drugY class.error
drugA   105     1     0     0     7  0.07079646
drugB     2    71     0     0     3  0.06578947
drugC     0     0    85     0     5  0.05555556
drugX     0     0     0   262     8  0.02962963
drugY     3     0     2     5   440  0.02222222
```

图 6.21　drug_randomForest1 模型结果

2. drug_randomForest2 模型

为寻求预测性能更好的模型，安装并加载 caret 包。在使用 caret 包进行随机森林模型的参数调整时，ntree 通常不是作为可调参数的一部分。这是因为 caret 中的随机森林模型接口(通常是通过 randomForest 包)默认只调整 mtry 参数，而 ntree 是作为模型的一个固定参数来设置的。以下仅对 mtry 寻找最优值，查看训练结果。

```
> install.packages("caret")
> library(caret)
# 设置训练控制选项，10 折交叉验证
> ctrl<-trainControl(method="cv",number=10)
# 设置参数 mtry 调整网格
> grid_rf<-expand.grid(mtry=c(2,4,6))
# 设置随机种子，确保结果的可重复性
> set.seed(100)
# 使用 train()函数训练随机森林模型，使用 Kappa 值选择最优模型，并使用以上设置的训练控制选项与参数
调整网格
> m_rf<-train(药物~.,data=drug,method="rf",metric="Kappa",trControl=ctrl,tuneGrid=
               grid_rf)
# 查看训练结果
> m_rf
```

结果如图 6.22 所示。

```
Random Forest

999 samples
  6 predictor
  5 classes: 'drugA', 'drugB', 'drugC', 'drugX', 'drugY'

No pre-processing
Resampling: Cross-Validated (10 fold)
Summary of sample sizes: 900, 899, 899, 899, 899, 899, ...
Resampling results across tuning parameters:

  mtry  Accuracy   Kappa
  2     0.9569992  0.9379417
  4     0.9649792  0.9498382
  6     0.9609691  0.9442342

Kappa was used to select the optimal model using the largest value.
The final value used for the model was mtry = 4.
```

图 6.22　mtry 寻优训练结果

从以上寻优结果可知，ntree 参数值为默认值 500 时，mtry 的最优值为 4，可视化相应模型的性能。

```
> plot(m_rf)
```

结果如图 6.23 所示。

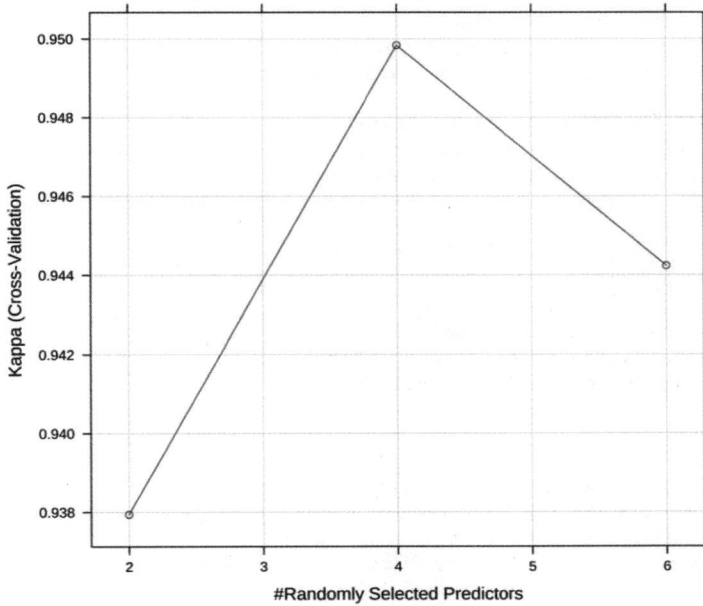

图 6.23　模型性能

所以，基于以上寻优结果构建 drug_randomForest2 模型。

```
> drug_randomForest2<-randomForest(drug[-7],drug$药物,ntree=500,mtry=4)
> drug_randomForest2
```

模型详细结果如图 6.24 所示。与 drug_randomForest1 模型相比，训练误差从 24.4%下降至 18.6%，袋外误差下降至 3.3%。drug_randomForest2 模型整体性能优于 drug_randomForest1。

```
Call:
 randomForest(x = drug[-7], y = drug$药物, ntree = 500, mtry = 4)
                Type of random forest: classification
                      Number of trees: 500
No. of variables tried at each split: 4

        OOB estimate of  error rate: 3.3%
Confusion matrix:
      drugA drugB drugC drugX drugY class.error
drugA   109     1     0     0     3  0.03539823
drugB     1    73     0     0     2  0.03947368
drugC `   0     0    85     1     4  0.05555556
drugX     0     0     0   264     6  0.02222222
drugY     3     2     3     7   435  0.03333333
```

图 6.24　drug_randomForest2 模型结果

3. drug_randomForest3 模型

为寻求性能更优的模型，以下对 ntree 参数进行调优，以找到最佳的 ntree 和 mtry 组合。

```
# 初始化最佳 Kappa 值和组合
> best_kappa <- -Inf   # 或者可以设置为一个非常小的负数
> best_combination <- list(ntree = NA, mtry = NA)
# 设置随机种子
> set.seed(100)
# 对 ntree 寻优，使用 lapply 来简化循环
> results <- lapply(c(500, 1000, 1500, 2000), function(ntree) {
    model <- train(药物 ~ ., data = drug, method = "rf", metric = "Kappa",
                   trControl = ctrl, tuneGrid = grid_rf, ntree = ntree)
      # 获取当前模型的最佳 Kappa 值和对应的 mtry
    current_best <- model$results[which.max(model$results$Kappa), ]
      # 返回当前的最佳 Kappa 值和对应的 ntree 和 mtry
    list(ntree = ntree, mtry = current_best$mtry, Kappa = current_best$Kappa)
})
# 找到最佳组合
> for (result in results) {
    if (result$Kappa > best_kappa) {
      best_kappa <- result$Kappa
      best_combination$ntree <- result$ntree
      best_combination$mtry <- result$mtry
    }
}
# 输出最佳组合值
> cat("最佳的 ntree 值是:", best_combination$ntree,
      "，最佳的 mtry 值是:", best_combination$mtry,
      "，对应的 Kappa 值是:", best_kappa, "\n")
最佳的 ntree 值是: 1500 ，最佳的 mtry 值是: 4 ，对应的 Kappa 值是: 0.9569355
```

根据以上输出的最佳组合构建 **drug_randomForest3** 模型。

```
> drug_randomForest3<-randomForest(drug[-7],drug$药物,ntree=1500,mtry=4)
> drug_randomForest3
```

模型详细结果如图 6.25 所示。训练误差下降至 17.34%，袋外误差下降至 3.3%，模型整体性能进一步得到提升。

```
Call:
 randomForest(x = drug[-7], y = drug$药物, ntree = 1500, mtry = 4)
               Type of random forest: classification
                     Number of trees: 1500
No. of variables tried at each split: 4

        OOB estimate of  error rate: 3.2%
Confusion matrix:
      drugA drugB drugC drugX drugY class.error
drugA   109     1     0     0     3  0.03539823
drugB     1    73     0     0     2  0.03947368
drugC     0     0    86     0     4  0.04444444
drugX     0     0     0   265     5  0.01851852
drugY     3     1     4     8   434  0.03555556
```

图 6.25   drug_randomForest3 模型结果

4. 可视化 OOB 误差
可视化以上三个随机森林模型每棵树的 OOB 误差，实现过程如下。

```
# 提取 OOB 误差
> oob_error1 <- drug_randomForest1$err.rate[, "OOB"]
```

```
> oob_error2 <- drug_randomForest2$err.rate[, "OOB"]
> oob_error3 <- drug_randomForest3$err.rate[, "OOB"]
# 创建一个数据框来存储树的数量和对应的 OOB 误差
> oob_data <- data.frame(
      Trees = c(1:length(oob_error1), 1:length(oob_error2), 1:length(oob_error3)),
      OOB_Error = c(oob_error1, oob_error2, oob_error3),
      Model = factor(rep(c("RandomForest1", "RandomForest2", "RandomForest3"),
                   times = c(length(oob_error1), length(oob_error2), length
                          (oob_error3))))
      )
   # 绘制 OOB 误差图
> ggplot(oob_data, aes(x = Trees, y = OOB_Error, color = Model)) +
  geom_line() +
  labs(x = "树编号",y = "OOB 误差") +
  theme_minimal()
```

结果如图 6.26 所示。

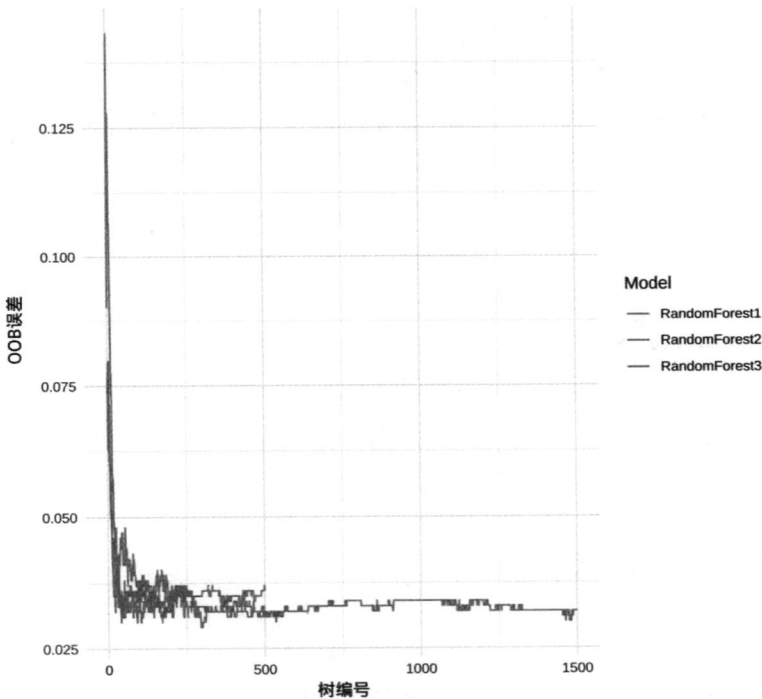

图 6.26 OOB 误差结果比较

6.6 Python 实践案例：银行客户类别预测

案例数据集来源于 kaggle 平台，Bank customer.csv 数据集在原数据集的基础上进行了一些简单处理，包含了 150 000 位客户的历史信贷信息。变量名称、类型及内涵如表 6.6 所示。Default 为标签字段(因变量)，其余 10 个字段为特征字段(自变量)。

表 6.6 Bank customer 数据集变量基本信息

变量名称	变量类型	变量描述
Default	数值	是否违约
Revolving	数值	信用卡和个人信用贷款(不含房贷、类似车贷的分期付款等)除以授信额度之和
age	数值	借款人年龄
Number Of Time 30-59 Days	数值	过去两年中借款人逾期 30～59 天的次数
Debt Ratio	数值	每月债务偿还、赡养费、生活成本等除以每月总收入
Monthly Income	数值	月收入(美元)
Number Of Open Credit Lines and Loans	数值	开放贷款(分期付款如车贷和抵押贷款)和信用贷款(如信用卡)的数量
Number Of Time 90 Days	数值	过去两年中借款人逾期 90 天及以上的次数
Number Real Estate Loans or Lines	数值	抵押和房地产贷款(含房屋抵押式信用贷款)的次数
Number Of Time 60-89 Days	数值	过去两年中借款人逾期 60～89 天的次数
Number Of Dependents	数值	不包括本人在内家庭中需要抚养的人数(配偶及子女等)

导入后续分析所需要的库。

```
import pandas as pd
import numpy as np
import matplotlib.pyplot as plt
import seaborn as sns
from scipy.stats import zscore
from sklearn.model_selection import train_test_split
from sklearn.ensemble import AdaBoostClassifier, GradientBoostingClassifier
from sklearn.metrics import accuracy_score, classification_report, confusion_matrix
from sklearn.metrics import ConfusionMatrixDisplay, roc_curve, auc
from sklearn.utils.class_weight import compute_sample_weight
```

6.6.1 数据读取与预处理

1. 数据读取

读取 Bank customer.csv 数据集，并查看数据集基本信息。

```
# 读取 CSV 文件
file_path = '文件所在路径/Bank customer.csv'
df = pd.read_csv(file_path)
# 查看数据集的基本信息
print("\n 数据集基本信息:")
print(df.info())
```

结果如图 6.27 所示。数据集包含 150 000 条记录，索引从 0 到 149 999。列信息罗列了数据集中 11 列每列的名称、非空值数量和数据类型。从中可以看到，Monthly Income 和 Number Of Dependents 两列存在缺失值。

```
数据集基本信息:
<class 'pandas.core.frame.DataFrame'>
RangeIndex: 150000 entries, 0 to 149999
Data columns (total 11 columns):
 #   Column                              Non-Null Count    Dtype
---  ------                              --------------    -----
 0   Default                             150000 non-null   int64
 1   Revolving                           150000 non-null   float64
 2   age                                 150000 non-null   int64
 3   Number Of Time 30-59 Days           150000 non-null   int64
 4   Debt Ratio                          150000 non-null   float64
 5   Monthly Income                      120269 non-null   float64
 6   Number Of Open Credit Lines and Loans  150000 non-null   int64
 7   Number Of Time 90 Days              150000 non-null   int64
 8   Number Real Estate Loans or Lines   150000 non-null   int64
 9   Number Of Time 60-89 Days           150000 non-null   int64
 10  Number Of Dependents                146076 non-null   float64
dtypes: float64(4), int64(7)
memory usage: 12.6 MB
None
```

图 6.27　Bank customer 数据集基本信息

2. 数据异常和缺失预处理

虽然 Adaboost 和 GBDT 对异常值有一定的鲁棒性,但若存在较多的异常值,仍会影响模型的性能和稳定性。所以,在数据预处理阶段,仍然建议进行异常值检测和处理。以下借助于箱线图来探索各数值型特征变量是否存在明显的异常值。

```
# 探索所有特征变量是否存在异常值(排除 Default 变量)
numeric_features_excluding_default = df.columns.drop('Default')
# 绘制箱线图
plt.figure(figsize=(15, 10))
sns.boxplot(data=df[numeric_features_excluding_default])
plt.xticks(rotation=30)
plt.title('Boxplot of Numeric Variables (Excluding Default)')
plt.show()
```

结果如图 6.28 所示。总体来看,除了 Monthly Income 之外,其他变量的分布都相对集中,且异常值不多。

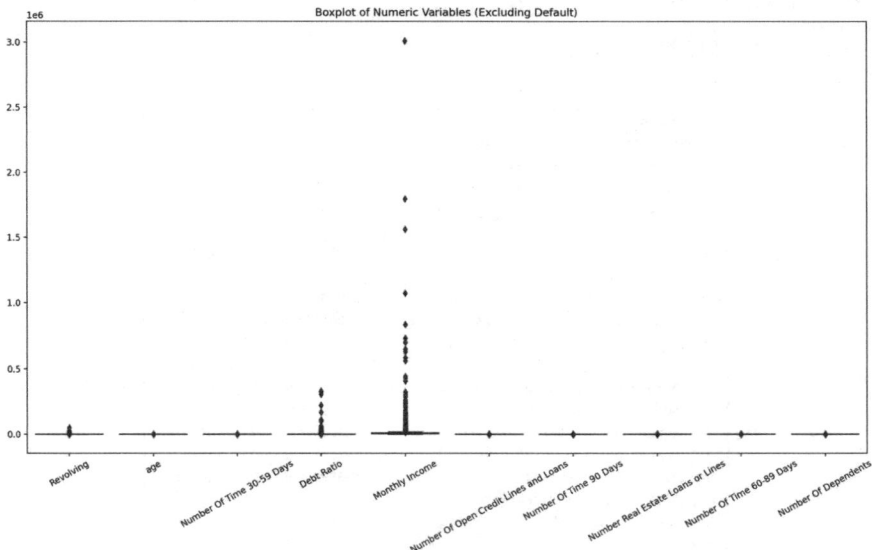

图 6.28　各数值型特征变量箱线图

对于 Monthly Income，由于存在较多异常值，以下基于四分位数法界定异常值，获得 4879 个异常值(见图 6.29)，然后对这些异常值选择用中位数替代。

```
# Monthly Income 异常值探索，计算四分位数和四分位距
Q1 = df['Monthly Income'].quantile(0.25)
Q3 = df['Monthly Income'].quantile(0.75)
IQR = Q3 - Q1
# 定义异常值的上下界
lower_bound = Q1 - 1.5 * IQR
upper_bound = Q3 + 1.5 * IQR
# 检测 Monthly Income 变量的异常值
outliers_lower = df['Monthly Income'] < lower_bound
outliers_upper = df['Monthly Income'] > upper_bound
monthly_income_outliers = outliers_lower | outliers_upper
# 输出异常值的个数
num_outliers = monthly_income_outliers.sum()
print(f"Monthly Income 异常值个数：{num_outliers}")
# 用中位数替代 Monthly Income 变量的异常值
median_monthly_income = df['Monthly Income'].median()
df.loc[monthly_income_outliers, 'Monthly Income'] =
                            median_monthly_income
```

```
Monthly Income异常值个数: 4879
```

图 6.29　Monthly Income 异常值个数

预处理完异常值后，对于 Monthly Income 和 Number Of Dependents 两列存在的缺失数据，继续选用中位数填补，并通过创建一个副本，将预处理后的数据集命名为 df_cleaned，显示预处理后的数据集基本信息，结果如图 6.30 所示，所有列都已不存在缺失值。

```
# 用中位数填补 Monthly Income 变量的缺失值
df['Monthly Income'].fillna(median_monthly_income, inplace=True)
# 用中位数填补 Number Of Dependents 变量的缺失值
median_number_of_dependents = df['Number Of Dependents'].median()
df['Number Of Dependents'].fillna(median_number_of_dependents,
                                    inplace=True)
# 将预处理好的数据集命名为 df_cleaned
df_cleaned= df.copy()
print("\n 预处理后的数据集基本信息:")
print(df_cleaned.info())
```

```
预处理后的数据集基本信息:
<class 'pandas.core.frame.DataFrame'>
RangeIndex: 150000 entries, 0 to 149999
Data columns (total 11 columns):
 #   Column                             Non-Null Count    Dtype
---  ------                             --------------    -----
 0   Default                            150000 non-null   int64
 1   Revolving                          150000 non-null   float64
 2   age                                150000 non-null   int64
 3   Number Of Time 30-59 Days          150000 non-null   int64
 4   Debt Ratio                         150000 non-null   float64
 5   Monthly Income                     150000 non-null   float64
 6   Number Of Open Credit Lines and Loans  150000 non-null   int64
 7   Number Of Time 90 Days             150000 non-null   int64
 8   Number Real Estate Loans or Lines  150000 non-null   int64
 9   Number Of Time 60-89 Days          150000 non-null   int64
 10  Number Of Dependents               150000 non-null   float64
dtypes: float64(4), int64(7)
memory usage: 12.6 MB
None
```

图 6.30　预处理后的数据集基本信息

6.6.2 探索性分析

1. Default 分布

分析结果如图 6.31 所示，不违约客户为 139 974 位，占比高达 93.32%，说明数据存在严重的不平衡。后续建模过程，为了提高模型对违约客户的识别能力，需要对数据进行平衡化处理。

```
# 绘制是否违约分布图
plt.figure(figsize=(8, 6))
# 使用 countplot 绘制分布图
ax = sns.countplot(data=df_cleaned, x='Default', palette='Set2')
# 设置图表标签
plt.ylabel('Count')
plt.xticks(ticks=[0, 1], labels=['Not Default', 'Default'])
# 在每个条形图上显示计数
for p in ax.patches:
    ax.annotate(f'{int(p.get_height())}', (p.get_x() + p.get_width() / 2., p.get_height()),
                             ha='center', va='bottom', fontsize=12, color='black')
# 显示图表
plt.show()
```

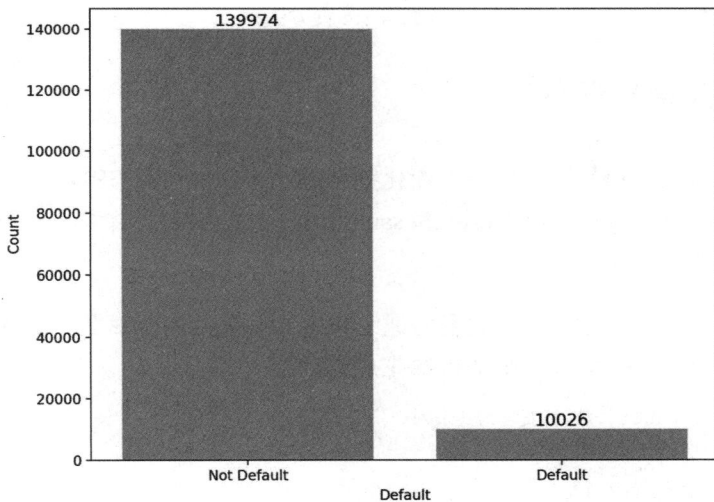

图 6.31　Default 分布

2. age 分布

使用直方图，探索客户年龄的分布特征，分析结果如图 6.32 所示。年龄分布较为接近正态分布，两端少，中间多。老年贷款者违约率较低。

```
# 按是否违约绘制年龄分布直方图
plt.figure(figsize=(12, 6))
# 对于未违约的客户
sns.histplot(data=df[df_cleaned['Default'] == 0], x='age', bins=25, kde=True,
                             color='blue', label='Not Default')
# 对于违约的客户
sns.histplot(data=df[df_cleaned['Default'] == 1], x='age', bins=25, kde=True,
                             color='red', label='Default')
```

```
# 设置图表标签
plt.xlabel('age')
plt.ylabel('Count')
plt.legend()
# 显示图表
plt.show()
```

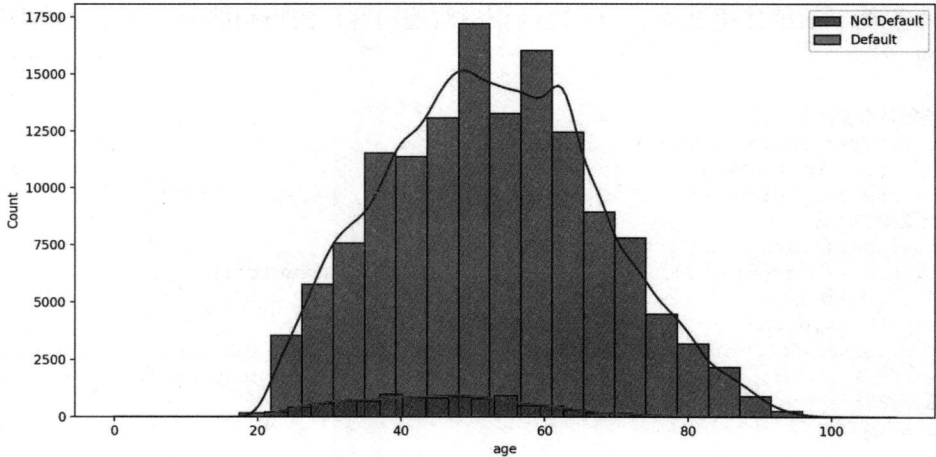

图 6.32　age 直方图

6.6.3　模型构建与评估

构建的 4 个模型分别是训练集未平衡化处理的 AdaBoost 和 GBDT 模型及训练集经平衡化处理后的 sample_weight_AdaBoost 和 sample_weight_GBDT 模型。

1. 分区

对数据集进行分区，设置 70%数据为训练集，30%数据为测试集，为确保实验的可重复性，使用 random_state 参数控制随机数生成的过程。

```
# 目标变量为 'Default'，特征变量为其余列
X = df_cleaned.drop(columns=['Default'])
y = df_cleaned['Default']
# 划分数据集为训练集和测试集
X_train, X_test, y_train, y_test = train_test_split(X, y, test_size=0.3,
                                                    random_state=42)
```

2. 模型训练与评估

为简化模型训练和评估的过程，定义的名为 train_and_evaluate()的函数的详细代码如下。

```
# 计算样本权重
sample_weights = compute_sample_weight(class_weight='balanced', y=y_train)
def train_and_evaluate(model, model_name, sample_weight=None):
    # 训练模型
    if sample_weight is not None:
        model.fit(X_train, y_train, sample_weight=sample_weight)
    else:
        model.fit(X_train, y_train)
    # 预测测试集的概率
```

```
        y_pred_proba = model.predict_proba(X_test)[:, 1]
        y_pred = model.predict(X_test)
        # 绘制混淆矩阵
        cm = confusion_matrix(y_test, y_pred)
        disp = ConfusionMatrixDisplay(confusion_matrix=cm,
                                display_labels=model.classes_)
        disp.plot(cmap=plt.cm.Blues)
        plt.title(f"{model_name} Confusion Matrix")
        plt.show()
        # 输出分类评估报告
        print(f"\n{model_name} 分类评估报告")
        print(classification_report(y_test, y_pred))
        # 计算 ROC 曲线
        fpr, tpr, _ = roc_curve(y_test, y_pred_proba)
        roc_auc = auc(fpr, tpr)
        return fpr, tpr, roc_auc
# 定义模型
models = [
    (AdaBoostClassifier(n_estimators=200, learning_rate=0.1, random_state=42,
                            algorithm='SAMME.R'), "AdaBoost"),
    (GradientBoostingClassifier(n_estimators=200, learning_rate=0.1,
                                random_state=42), "GBDT"),
    (AdaBoostClassifier(n_estimators=200, learning_rate=0.1, random_state=42,
                        algorithm='SAMME.R'), "sample_weight_AdaBoost"),
    (GradientBoostingClassifier(n_estimators=200, learning_rate=0.1,
                                random_state=42), "sample_weight_GBDT")
]
# 存储 ROC 曲线数据
roc_curves = []
for model, model_name in models:
    if "sample_weight" in model_name:
        fpr, tpr, roc_auc = train_and_evaluate(model, model_name,
                        sample_weight=sample_weights)
    else:
        fpr, tpr, roc_auc = train_and_evaluate(model, model_name)
    roc_curves.append((fpr, tpr, roc_auc, model_name))
# 绘制所有 ROC 曲线
plt.figure(figsize=(8, 6))
for fpr, tpr, roc_auc, model_name in roc_curves:
    plt.plot(fpr, tpr, lw=2, label=f'{model_name} ROC curve (area = {roc_auc:.2f})')
plt.plot([0, 1], [0, 1], color='navy', lw=2, linestyle='--')
plt.xlim([0.0, 1.0])
plt.ylim([0.0, 1.05])
plt.xlabel('False Positive Rate')
plt.ylabel('True Positive Rate')
plt.title('Receiver Operating Characteristic (ROC)')
plt.legend(loc="lower right")
plt.show()
```

其中，训练集数据平衡使用 compute_sample_weight()函数，当设置 class_weight='balanced'时，函数会根据类别的频率自动调整权重，使得所有类别的样本权重之和相等。具体来说，compute_sample_weight 函数会计算每个类别的权重，使得权重与类别样本数量成反比。如果一个类别的样本数量较少，那么它的权重就会较高；反之亦然。这样做可以帮助模型在训练时更加关注那些样本数量较少的类别，从而提高模型对这些类别的识别能力。最终，compute_sample_weight 函数会返回一个数组，其中的每个元素代表对应样本的权重。这个权重数组可以作为参数传递给模型的训练函数，来对模型的训练过程进行加权。参数 y=y_train 是一个数组，包含了训练数据集中每个样本的类别标签。这个参数用于计算每个类别的权重。

运行结果如下。

AdaBoost 模型混淆矩阵如图 6.33 所示，分类评估报告如图 6.34 所示。

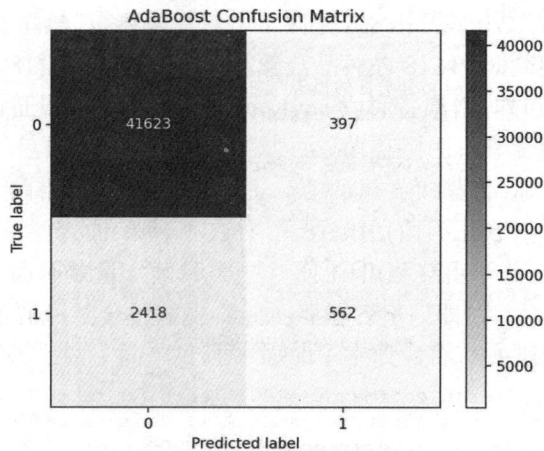

图 6.33　AdaBoost 模型混淆矩阵

AdaBoost 分类评估报告	precision	recall	f1-score	support
0	0.95	0.99	0.97	42020
1	0.59	0.19	0.29	2980
accuracy			0.94	45000
macro avg	0.77	0.59	0.63	45000
weighted avg	0.92	0.94	0.92	45000

图 6.34　AdaBoost 分类评估报告

GBDT 模型混淆矩阵如图 6.35 所示，分类评估报告如图 6.36 所示。

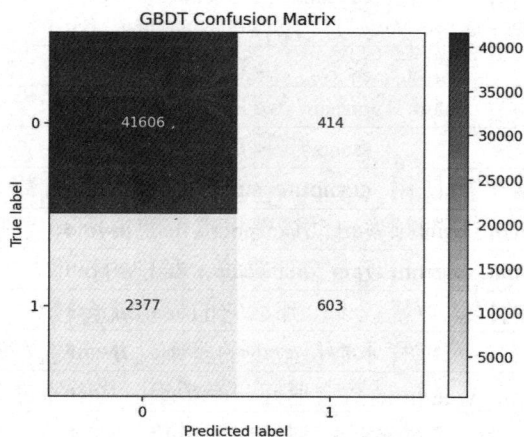

图 6.35　GBDT 模型混淆矩阵

```
GBDT 分类评估报告
                precision    recall   f1-score    support

            0       0.95      0.99       0.97      42020
            1       0.59      0.20       0.30       2980

     accuracy                            0.94      45000
    macro avg       0.77      0.60       0.63      45000
 weighted avg       0.92      0.94       0.92      45000
```

图 6.36　GBDT 模型分类评估报告

sample_weight_AdaBoost 模型混淆矩阵如图 6.37 所示，分类评估报告如图 6.38 所示。

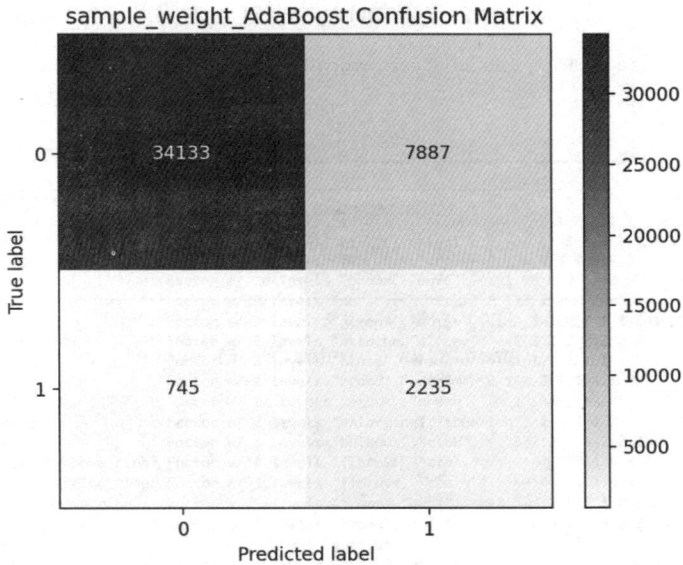

图 6.37　sample_weight_AdaBoost 模型混淆矩阵

```
sample_weight_AdaBoost 分类评估报告
                precision    recall   f1-score    support

            0       0.98      0.81       0.89      42020
            1       0.22      0.75       0.34       2980

     accuracy                            0.81      45000
    macro avg       0.60      0.78       0.61      45000
 weighted avg       0.93      0.81       0.85      45000
```

图 6.38　sample_weight_AdaBoost 模型分类评估报告

sample_weight_GBDT 模型混淆矩阵如图 6.39 所示，分类评估报告如图 6.40 所示。

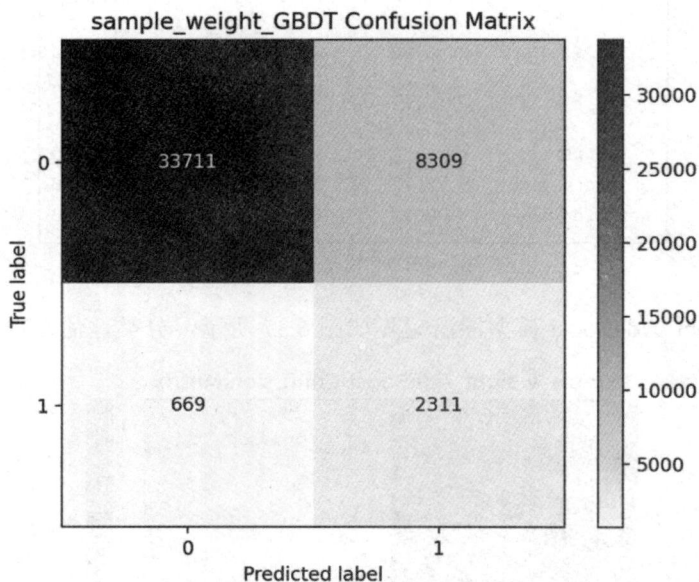

图 6.39   sample_weight_GBDT 模型混淆矩阵

图 6.40   sample_weight_GBDT 模型分类评估报告

　　从以上 4 个模型的混淆矩阵及分类评估报告可知，未经平衡化处理的训练集训练的 AdaBoost 和 GBDT 模型在测试数据集上对类别 0 即不违约客户的表现非常好，精确率 (precision)、召回率(recall)和 F1 分数都很高。但对类别 1 即违约客户的表现均较差。而经过平衡化处理后训练的 sample_weight_AdaBoost 和 sample_weight_GBDT 模型，在类别 0 上的表现有所下降，但在类别 1 上的召回率有显著提升。从 ROC 曲线(见图 6.41)来看，GBDT 和 sample_weight_GBDT 模型整体性能略优于 AdaBoost 和 sample_weight_AdaBoost。

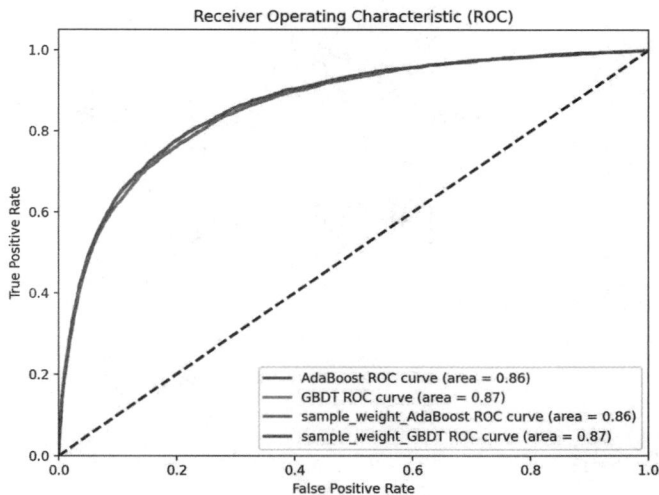

图 6.41 ROC 曲线

6.7 练习与拓展

扫右侧二维码，完成客观题自测题。

即测即评

练习

1. 列出集成学习的主要类型，并说明每种类型的特点。

2. 说明随机森林的构建过程。

3. 解释什么是随机森林中的 OOB(Out-Of-Bag)估计及其作用。

4. 简述 AdaBoost 二分类算法的基本原理。

5. 阐述 GBDT 回归算法的实现过程。

6. 结合药物预测实践案例，练习使用 R 语言实现随机森林预测，并尝试调整案例中的参数以优化模型性能。

7. 结合银行客户类别预测实践案例，练习使用 Python 实现 AdaBoost 和 GBDT 预测，并尝试调整相关参数或对数据集平衡处理方式以提升模型整体性能。

拓展

1. 查阅相关资料，了解其他集成学习方法，如 Blending 方法等。

2. 查阅相关资料，学习 Boosting 中的其他代表性算法相关原理，如 XGBoost、LightGBM 等。

3. 了解 XGBoost、LightGBM 等模型常用参数，学习使用 Python 构建 XGBoost、LightGBM 等预测模型。

第**7**章

贝叶斯分类

导　读

　　自信才能自强。有文化自信的民族，才能立得住、站得稳、行得远。中华文明历经数千年而绵延不绝、迭遭忧患而经久不衰，这是人类文明的奇迹，也是我们自信的底气。坚定文化自信，就是坚持走自己的路。坚定文化自信的首要任务，就是立足中华民族伟大历史实践和当代实践，用中国道理总结好中国经验，把中国经验提升为中国理论，既不盲从各种教条，也不照搬外国理论，实现精神上的独立自主。要把文化自信融入全民族的精神气质与文化品格中，养成昂扬向上的风貌和理性平和的心态。

——摘自习近平 2023 年 6 月 2 日在文化传承发展座谈会上的讲话

知识导图

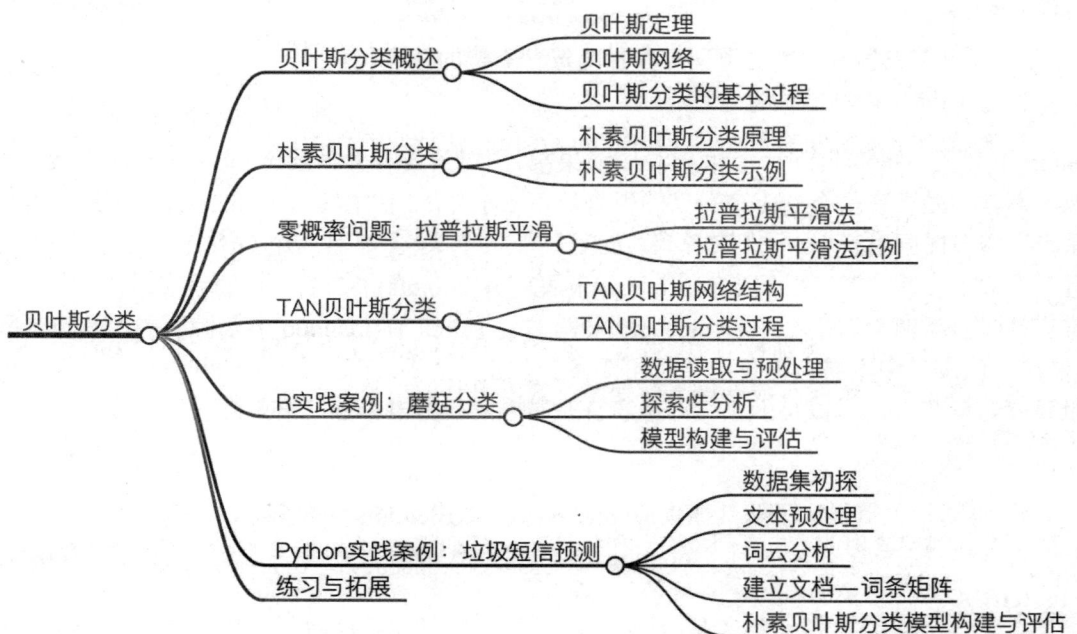

7.1 贝叶斯分类概述

贝叶斯分类是一种基于贝叶斯定理的分类方法，它在数据挖掘和机器学习领域中扮演着重要的角色。贝叶斯分类的核心思想是利用已知的类别概率和特征概率来预测新样本的类别。它通过计算待分类对象的后验概率，即该对象属于某一类的概率，选择具有最大后验概率的类别作为该对象的预测类别。

在实际应用中，贝叶斯分类器因其简单及高效性，在许多领域被广泛使用，如在自然语言处理领域，垃圾短信或邮件过滤、情感分析、新闻主题分类等任务中，通过分析文本中的词汇特征，能够有效地判断一封邮件是否为垃圾邮件、确定一篇文章的情感倾向(正面、负面或中性)及归类新闻的主题等；在金融领域，风险评估、欺诈识别等任务中，通过分析用户的基本信息及交易等行为数据，能够高效地检测出异常模式，从而帮助金融机构识别潜在的风险。

7.1.1 贝叶斯定理

贝叶斯定理以英国数学家托马斯·贝叶斯(Thomas Bayes，1702—1761)的名字命名，广泛应用于科学、工程、计算机和社会科学等领域。对于有监督的学习，数据集的变量包括自变量(特征变量)和因变量(标签变量)。自变量用 X 表示，因变量用 Y 表示，且 Y 为类别型变量，则贝叶斯定理的数学公式表示为式(7-1)。

$$P(Y \mid X) = \frac{P(X \mid Y)P(Y)}{P(X)} \tag{7-1}$$

其中，$P(Y)$ 是关于 Y 的先验概率；$P(X \mid Y)$ 是 Y 发生后 X 的条件概率，通常是似然函数；$P(X)$ 是关于 X 的全概率；$P(Y \mid X)$ 是 X 发生后 Y 的后验概率。

这个等式反映了利用已有的信息来更新对事件的信念，这个过程可以认为是一种"更新"先验知识的过程，随着新信息的不断积累，后验概率会不断被修正和调整，最终得到越来越接近现实的结果。

7.1.2 贝叶斯网络

贝叶斯网络(Bayesian Network)，又称贝叶斯信念网络(Bayesian Belief Network，BBN)，它借助网络图来表示一组随机变量之间的概率依赖关系，包含两个主要成分：有向无环图和条件概率表。

有向无环图(Directed Acyclic Graph，DAG)将一个复杂的问题表示为若干个节点之间的依赖关系。每个节点代表一个随机变量，每条有向边表示变量之间的依赖关系。如果一条有向边从 X 到 Y，则称 X 是 Y 的父节点，Y 是 X 的子节点。如果还存在 Y 的子节点 Z，则称 X 是 Z 的祖先，Z 是 X 的后代。如果两个节点之间存在有向边，则意味着一个节点的状态会影响另一个节点的状态。

条件概率表(Conditional Probability Table，CPT)把各节点和它的直接父节点关联起来，详细罗列出在给定父节点状态下，当前节点取各个可能值的概率。如果 X 没有父节点，则 CPT 中只包含先验概率 $P(X)$；如果 X 只有一个父节点 Y，则 CPT 中包含条件概率 $P(X|Y)$；如果 X 有多个父节点 $Y_1,Y_2,\cdots,Y_k$，则 CPT 中包含条件概率 $P(X|Y_1,Y_2,\cdots,Y_k)$，表示 $Y_1,Y_2,\cdots,Y_k$ 同时发生的情况下 X 发生的条件概率。

一个简单的贝叶斯网络如图 7.1 所示，X 为 Y 的父节点，Y 为 Z 的父节点。X 节点只有先验概率 $P(X)$，Y 节点有条件概率 $P(Y|X)$，Z 节点有条件概率 $P(Z|Y)$。

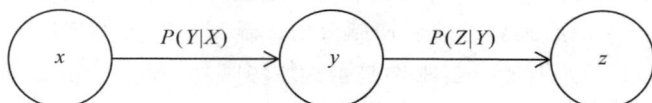

图 7.1 一个简单的贝叶斯网络

7.1.3 贝叶斯分类的基本过程

贝叶斯分类中特征变量 X 通常包含多个因素 $X_1,X_2,\cdots,X_n$，这些因素即特征向量中的各个维度。每个 X_i 代表一个特定的特征，它们共同构成了用于分类的输入特征集。Y 也包含多个类别 $Y_1,Y_2,\cdots,Y_k$，根据贝叶斯定理某个具有 $X_1,X_2,\cdots,X_n$ 特征的样本属于 Y_i 类的后验概率可表示为

$$P(Y_i|X_1,X_2,X_3,\cdots,X_n)=\frac{P(X_1,X_2,X_3,\cdots,X_n|Y_i)P(Y_i)}{P(X_1,X_2,X_3,\cdots,X_n)}$$

例如，某企业有 6 万名客户的历史信息，包含年龄、性别、婚姻状况、受教育程度、月均收入、是否有房、子女人数共 7 个特征变量及类别变量是否购买新产品。基于这 6 万名客户数据集，企业需要预测某位人员(年龄 42 岁，男，已婚，受教育程度本科，月均收入 16 500 元，有房，子女人数 2)是否会购买公司新产品。

我们把 7 个特征变量依次分别设为 $x_1,x_2,x_3,x_4,x_5,x_6,x_7$，类别变量为 y，有两个取值，购买为 y_1，不买为 y_0。根据贝叶斯定理，可分别计算，即

$$P(y_1|x_1,x_2,x_3,x_4,x_5,x_6,x_7)=\frac{P(x_1,x_2,x_3,x_4,x_5,x_6,x_7|y_1)P(y_1)}{P(x_1,x_2,x_3,x_4,x_5,x_6,x_7)}$$

$$P(y_0|x_1,x_2,x_3,x_4,x_5,x_6,x_7)=\frac{P(x_1,x_2,x_3,x_4,x_5,x_6,x_7|y_0)P(y_0)}{P(x_1,x_2,x_3,x_4,x_5,x_6,x_7)}$$

以上两式分母相同，所以只需要比较其分子部分，哪式分子部分的值大，就可以把这位人员归为哪一类。$P(y_1)$、$P(y_0)$ 为先验概率，一般会基于 6 万位客户的历史数据得到，难点在于条件概率 $P(x_1,x_2,x_3,x_4,x_5,x_6,x_7|y_1)$、$P(x_1,x_2,x_3,x_4,x_5,x_6,x_7|y_0)$ 的计算，因为 $x_1,x_2,x_3,x_4,x_5,x_6,x_7$ 及 y 之间的依赖关系不同，即贝叶斯网络结构不同，其结果就会不同。

所以基于以上分析，我们把贝叶斯分类的基本过程总结为以下两个环节。

(1) 贝叶斯网络结构学习与节点参数估计过程。在网络中存在许多变量的情况下，学习网络结构的过程会非常耗时。因此，通常会采取一些约束条件、启发式算法等方法来优化网络拓扑结构的搜索过程，从而使学习效率提高。

(2) 基于学习的网络结构与节点参数估计类条件概率，预测新样本的类别。

7.2　朴素贝叶斯分类

朴素贝叶斯分类是一种较为简单但应用非常广泛的贝叶斯分类方法，其应用的基本假设前提是输入变量之间条件独立，即假设所有特征在给定类别的条件下都是相互独立的，即每个特征独立地对分类结果发生影响。这意味着给定类别时，一个特征的概率分布不依赖于其他特征的值。

7.2.1　朴素贝叶斯分类原理

1. 朴素贝叶斯分类过程

先确定朴素贝叶斯网络结构与节点参数。设每个样本具有 n 维属性 $\{X_1, X_2, \cdots, X_n\}$ 描述其特征，描述属性之间相互条件独立。输出属性为类别变量 C，假设 C 有 m 个类 $\{C_1, C_2, \cdots, C_m\}$。因为采用了描述属性之间相互条件独立的约束条件，不需要基于历史数据学习描述属性之间的关系对于分类变量的影响，可直接获得对应的朴素贝叶斯网络，如图 7.2 所示。C 为每个描述属性的共同父节点，描述属性之间因为相互条件独立假定，没有任何连线。$p(X_i \mid C)$ 是属性 X_i 相对于类标记 C 的类条件概率，或称为"似然"。

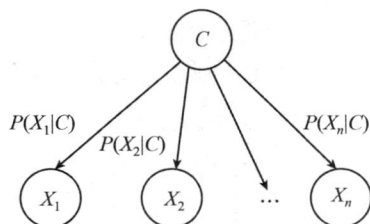

图 7.2　朴素贝叶斯网络

然后，给定一个未知类别的样本 X，朴素贝叶斯分类可将 X 划分到具有最大后验概率的类 C_i 中，也就是把 X 预测为 C_i 类，当且仅当 $P(C_i \mid X) > P(C_j \mid X)$，$1 \leqslant j \leqslant m$，$i \neq j$。

根据贝叶斯定理可得

$$P(C_i \mid X) = \frac{P(X \mid C_i)P(C_i)}{P(X)} \tag{7-2}$$

如前所述，由于 $P(X)$ 对所有的类为常数，只需求出分子部分 $P(X \mid C_i)P(C_i)$ 最大的值即可。因为朴素贝叶斯假定了 X_k 之间互相条件独立，所以有

$$P(X \mid C_i) = P(X_1, X_2, \cdots, X_n \mid C_i) = \prod_{k=1}^{n} P(X_k \mid C_i) \tag{7-3}$$

这个假定简化了真实世界中特征之间可能存在的复杂依赖关系，使得计算变得更加简单高效。

对于某个新样本 x，其描述属性为 $\{x_1, x_2, \cdots, x_n\}$，则可通过式(7-4)预测其所属类别，即把新样本预测为分子部分最大值所在的类。

$$c' = \arg\max_{C_i} \{ P(C_i) \prod_{k=1}^{n} P(x_k \mid C_i) \} \tag{7-4}$$

其中，$P(C_i)$ 是类先验概率；$P(x_k \mid C_i)$ 是类条件概率。

显然，因为朴素贝叶斯网络结构既定，所以朴素贝叶斯分类主要就是基于训练集数据估计类先验概率 $P(C)$ 和每个属性的类条件概率 $P(x_k \mid C)$ 的过程。

类先验概率 $P(C)$ 是指在观察到任何特征之前，某个类别发生的概率，常用样本空间中各类样本所占的比例来反映。根据大数定律，当训练集包含足够多的独立同分布样本时，$P(C)$ 可通过各类样本出现的频率进行估计，即

$$P(C_i) = s_i / s \tag{7-5}$$

其中，s_i 表示训练集中属性 C_i 类的样本数；s 表示训练集中总的样本数。

如果对应的描述属性 X_k 是离散属性，若有足够多的独立同分布样本，属性 X_k 的类条件概率 $P(x_k \mid C_i)$ 也可以通过训练集估计得到，即

$$P(x_k \mid C_i) = s_{ik} / s_i \tag{7-6}$$

其中，s_{ik} 表示在属性 X_k 上具有值 x_k 的类 C_i 的训练样本数；s_i 表示 C_i 中的训练样本数。

如果对应的描述属性 X_k 是连续属性，则通常假定其服从高斯分布，因而有

$$P(x_k \mid C_i) = f(x_k, \mu_{C_i}, \sigma_{C_i}) = \frac{1}{\sqrt{2\pi}\sigma_{C_i}} e^{-\frac{(x_k - \mu_{C_i})^2}{2\sigma_{C_i}^2}} \tag{7-7}$$

其中，$f(x_k, \mu_{C_i}, \sigma_{C_i})$ 是高斯分布的概率密度函数；参数 μ_{C_i} 可以用训练集中类 C_i 的所有关于属性 X_k 的样本均值来估计；参数 σ_{C_i} 可以用这些样本的标准差来估计。

注意 因为 $f(x_k, \mu_{C_i}, \sigma_{C_i})$ 是高斯分布的概率密度函数，该函数是连续的，所以随机变量 X_k 取某一特定值 x_k 的概率为 0。取而代之，我们实际计算的是 X_k 落在区间 x_k 到 $x_k + \varepsilon$ 的条件概率，ε 是一个非常小的常数，如式(7-8)所示。

$$\begin{aligned} P(x_k \leqslant X_k \leqslant x_k + \varepsilon \mid C_i) &= \int_{x_k}^{x_k+\varepsilon} f(X_k, \mu_{C_i}, \sigma_{C_i}) \mathrm{d}X_k \\ &\approx f(x_k, \mu_{C_i}, \sigma_{C_i}) \times \varepsilon \end{aligned} \tag{7-8}$$

由于 ε 是每个类的一个常量乘法因子，在后续的后验概率计算时就抵消掉了，所以，

我们仍可以使用公式(7-7)来估计类条件概率 $P(x_k | C_i)$。

2. 朴素贝叶斯分类算法

对于训练数据集 S，描述属性为 n 维变量 $\{X_1, X_2, \cdots, X_n\}$，输出属性为类别变量，$C$ 有 m 个类 $\{C_1, C_2, \cdots, C_m\}$。朴素贝叶斯分类计算各个类的先验概率 $P(C_i)$ 和各个类的条件概率 $P(x_1, x_2, \cdots, x_n | C_i)$ 的学习算法如下，其中，描述属性以离散型变量为例。若描述属性为连续型变量，该描述属性的类条件概率可通过式(7-7)计算。

算法 7.1　朴素贝叶斯分类参数学习算法(描述属性以离散变量为例)

输入：训练数据集 S

输出：各个类别的先验概率 $P(C_i)$ 和各个类别的条件概率 $P(x_1, x_2, \cdots, x_n | C_i)$

方法：

```
for(S中每个训练样本 S(x_{s1},⋯,x_{sn}, C_s))
{   统计类别 C_s 的计数 C_s.count;
    for(每个描述属性值 x_{si})
        统计类别 C_s 中描述属性值 x_{si} 的计数 C_s.x_{si}.count;
}
for(每个类别 C)
```

$$P(C) = \frac{C.count}{|S|};　　　　\text{//} |S| \text{ 为 } S \text{ 中样本总数}$$

```
    for(每个描述属性 X_i)
        for(每个描述属性值 x_i)
```

$$P(x_i | C) = \frac{C.x_i.count}{C.count};$$

```
        for(每个 x_1, x_2, ⋯, x_n)
```

$$P(x_1, x_2, \cdots, x_n | C) = \prod_{i=1}^{n} P(x_i | C);$$

```
}
```

对于一个新的样本，朴素贝叶斯分类预测其类别的算法如下。

算法 7.2　朴素贝叶斯分类类别预测算法

输入：各个类别的先验概率 $P(C_i)$、各个类别的条件概率 $P(x_1, x_2, \cdots, x_n | C_i)$、新样本 $s_{new}(x_1, x_2, \cdots, x_n)$

输出：新样本 s_{new} 的类别 $\max c$

方法：

```
maxp=0;
for(每个类别 C_i)
{   P=P(C_i)×P(x_1,x_2,…,x_n|C_i);
    if(P>maxp)maxc=C_i;
}
    Return maxc;
```

7.2.2 朴素贝叶斯分类示例

【例7.1】根据表7.1所示的某企业10位客户是否购买公司新产品的相关数据，使用朴素贝叶斯方法预测该人员(婚姻状态=已婚，年龄=35岁，性别=女，收入水平=中)是否会购买此新产品。

表7.1 某公司客户数据集

客户编号	婚姻状态	年龄(岁)	性别	收入水平	是否购买
1	未婚	24	女	中	否
2	未婚	26	女	低	否
3	已婚	38	女	高	否
4	已婚	32	女	中	否
5	未婚	29	女	高	是
6	未婚	34	男	中	是
7	未婚	30	男	高	否
8	已婚	44	男	中	否
9	未婚	33	男	高	是
10	未婚	28	男	低	是

1. 由训练数据集建立朴素贝叶斯网络

由某公司客户训练数据集包含的描述属性(婚姻状态、年龄、性别与收入水平)及输出属性(是否购买)，建立朴素贝叶斯网络，如图7.3所示。

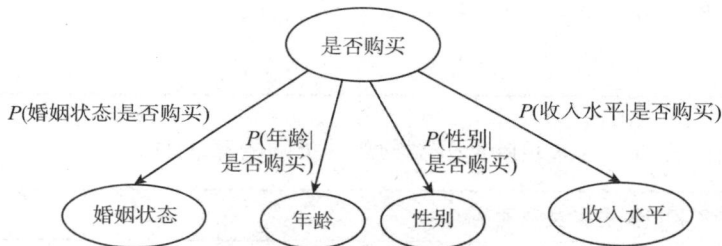

图7.3 由某公司客户训练数据集建立的朴素贝叶斯网络

2. 由训练数据集计算先验概率与类条件概率

根据"是否购买"属性的取值，分为两个类："是"和"否"。它们的先验概率通过训练样本集计算如下：

$$P(是否购买=是)=\frac{4}{10}=0.4$$

$$P(是否购买=否)=\frac{6}{10}=0.6$$

根据新客户的各描述属性的值，朴素贝叶斯分析预测所需的类条件概率计算如下。

婚姻状态为已婚的类条件概率为

$$P(婚姻状态=已婚|是否购买=是)=0$$

$$P(婚姻状态=已婚|是否购买=否)=\frac{3}{6}=0.5$$

年龄为连续型变量，使用式(7-7)估计类条件概率，先分别计算是否购买两个类别的样本均值与标准差：

$$\overline{x}_{年龄(是否购买=是)}=31 \qquad S_{年龄(是否购买=是)}=2.94$$

$$\overline{x}_{年龄(是否购买=否)}=32.33 \qquad S_{年龄(是否购买=否)}=7.53$$

由式(7-7)，可得年龄为 35 岁的类条件概率为

$$P(年龄=35|是否购买=是)=\frac{1}{\sqrt{2\pi}\times 2.94}e^{-\frac{(35-31)^2}{2\times 8.64}}=0.054$$

$$P(年龄=35|是否购买=否)==\frac{1}{\sqrt{2\pi}\times 7.53}e^{-\frac{(35-32.33)^2}{2\times 56.7}}=0.050$$

性别为女性的类条件概率为

$$P(性别=女|是否购买=是)=\frac{1}{4}=0.25$$

$$P(性别=女|是否购买=否)=\frac{4}{6}=0.667$$

收入水平为中的类条件概率为

$$P(收入水平=中|是否购买=是)=\frac{1}{4}=0.25$$

$$P(收入水平=中|是否购买=否)=\frac{3}{6}=0.5$$

3. 预测新客户是否会购买新产品

因朴素贝叶斯假定各描述属性条件独立,新客户表示为 x(婚姻状态=已婚,年龄=35 岁,性别=女，收入水平=中)，则

$$P(x|是否购买=是)=P(婚姻状态=已婚|是否购买=是)\times$$
$$P(年龄=35|是否购买=是)\times$$
$$P(性别=女|是否购买=是)\times$$
$$P(收入水平=中|是否购买=是)$$
$$=0\times 0.054\times 0.25\times 0.25=0$$
$$P(x|是否购买=否)=P(婚姻状态=已婚|是否购买=否)\times$$
$$P(年龄=35|是否购买=否)\times$$
$$P(性别=女|是否购买=否)\times$$

$$P(收入水平=中|是否购买=否)$$
$$=0.5×0.050×0.667×0.5=0.008$$

考虑"是否购买=是"的类，有

$$P(x|是否购买=是)×P(是否购买=是)=0×0.4=0$$

考虑"是否购买=否"的类，有

$$P(x|是否购买=否)×P(是否购买=否)=0.008×0.6=0.0048$$

结合贝叶斯定理计算公式，两个类别后验概率分子部分的计算结果显示否的类别大于是的类别，所以根据朴素贝叶斯分类最大后验概率的原则，预测该人员不会购买此新产品。

7.3 零概率问题：拉普拉斯平滑

从例7.1的计算过程，我们不难发现，只要有一个描述属性的类条件概率为0，就会直接导致该类后验概率为0，尤其当数据集样本较少而属性较多时，更易出现这种情况。为了避免这个情况，我们通常采用拉普拉斯平滑法进行调整。

7.3.1 拉普拉斯平滑法

拉普拉斯平滑(Laplace Smoothing)，又被称为加1平滑，是由法国数学家拉普拉斯最早提出的，主要解决估计过程中输入和输出变量联合分布下概率为0时后验概率无法计算的问题，特别是在朴素贝叶斯分类器和自然语言处理中非常常用。其计算公式为

$$P_t(j)=\frac{N_j(t)+1}{N(t)+k} \tag{7-9}$$

其中，$N(t)$是节点t包含的样本量；$N_j(t)$是节点t包含第j类的样本量；k是输出变量的类别个数。

在实际使用中，也经常使用$\lambda(0\leqslant\lambda\leqslant1)$来代替简单加1，此时，分母也相应改为加$k\lambda$。

根据拉普拉斯平滑法，调整后的先验概率$P(C_i)$和类条件概率$P(x_k|C_i)$计算如式(7-10)和式(7-11)所示。

$$P(C_i)=\frac{s_i+\lambda}{s+n\lambda} \tag{7-10}$$

$$P(x_k|C_i)=\frac{s_{ik}+\lambda}{s_i+n_k\lambda} \tag{7-11}$$

其中，s_i表示数据集中属性C属于C_i类的样本数；s表示总的样本数；n表示训练集中C可能的类别数；s_{ik}表示在属性X_k上具有值x_k的类C_i的样本数；n_k表示属性X_k可能的类别数；λ是一个大于0的常数，通常取1。

7.3.2　拉普拉斯平滑法示例

例 7.1 中，类先验概率经拉普拉斯平滑法调整后为

$$P(是否购买=是)=\frac{4+1}{10+2}=0.417$$

$$P(是否购买=否)=\frac{6+1}{10+2}=0.583$$

类别型变量的类条件概率经拉普拉斯平滑法调整后为

$$P(婚姻状态=已婚|是否购买=是)=\frac{0+1}{4+2}\approx0.167$$

$$P(婚姻状态=已婚|是否购买=否)=\frac{3+1}{6+2}\approx0.5$$

$$P(性别=女|是否购买=是)=\frac{1+1}{4+2}\approx0.333$$

$$P(性别=女|是否购买=否)=\frac{4+1}{6+2}=0.625$$

$$P(收入水平=中|是否购买=是)=\frac{1+1}{4+3}\approx0.286$$

$$P(收入水平=中|是否购买=否)=\frac{3+1}{6+3}\approx0.444$$

则

$$
\begin{aligned}
P(x|是否购买=是)=\ &P(婚姻状态=已婚|是否购买=是)\times\\
&P(年龄=35|是否购买=是)\times\\
&P(性别=女|是否购买=是)\times\\
&P(收入水平=中|是否购买=是)\\
=\ &0.167\times0.054\times0.333\times0.286=0.00086\\
P(x|是否购买=否)=\ &P(婚姻状态=已婚|是否购买=否)\times\\
&P(年龄=35|是否购买=否)\times\\
&P(性别=女|是否购买=否)\times\\
&P(收入水平=中|是否购买=否)\\
=\ &0.5\times0.050\times0.625\times0.444\\
=\ &0.00694
\end{aligned}
$$

考虑"是否购买=是"的类，有

$$P(x|是否购买=是)\times P(是否购买=是)=0.00086\times0.417=0.00036$$

考虑"是否购买=否"的类，有

$$P(x|是否购买=否)\times P(是否购买=否)=0.00694\times0.583=0.00405$$

结合贝叶斯定理计算公式，经拉普拉斯平滑法调整后，两个类别后验概率分子部分的计算结果显示否的类别大于是的类别，所以根据朴素贝叶斯分析最大后验概率的原则，预测该新客户不会购买此新产品。

7.4　TAN 贝叶斯分类

朴素贝叶斯分类假设描述属性之间相互条件独立，即所有特征(描述属性)在给定类别的情况下是条件独立的。然而，在现实应用中，这个假设往往难以成立，特别是当特征数量较多时，特征间的相互关系可能会对分类的准确性产生显著影响。

TAN(Tree Augmented Naive Bayes)贝叶斯分类方法由弗里德曼(Friedman)等人在 1997 年提出，它有效地放宽了朴素贝叶斯中特征条件独立的严格假设，从而在许多实际应用中，在不牺牲太多计算效率的情况下提供了更好的分类效果。

7.4.1　TAN 贝叶斯网络结构

Y 为输出变量，$X_1, X_2, \cdots, X_n$ 为输入变量，TAN 贝叶斯网络结构如图 7.4 所示。

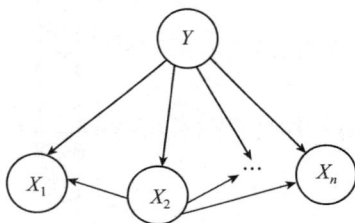

图 7.4　TAN 贝叶斯网络结构

输出变量节点 Y 与每个输入变量节点 X_i 都有有向边相连，节点 Y 是节点 X_i 的父节点，每个节点 X_i 是节点 Y 的子节点。

输入变量之间存在有向边相连，这意味着输入变量之间允许存在相互依赖关系，而非完全条件独立。

对每个输入变量节点，最多允许存在两个父节点，其中一个为输出变量节点 Y，另一个为另一输入变量节点。如图 7.4 所示，X_2 只有一个父节点 Y，但同时是其他输入变量节点的父节点；X_1 有两个父节点，为 Y 和 X_2。

节点 X_i 到节点 X_j 之间的有向边表示输入变量 X_i 对输出变量 Y 的影响作用，不仅取决于变量 X_i 自身，还取决于变量 X_j。

7.4.2　TAN 贝叶斯分类过程

TAN 贝叶斯分类过程包括 TAN 贝叶斯网络结构学习、节点参数估计和新样本类别预测。TAN 贝叶斯网络结构学习基本步骤如下。

(1) 计算所有输入变量对 X_i 和 X_j 的条件互信息，计算如式(7-12)所示。

$$I(X_i；X_j \mid Y) = \sum_{x_i, x_j, y} P(x_i, x_j, y) \log_2 \frac{P(x_i, x_j \mid y)}{P(x_i \mid y)P(x_j \mid y)} \tag{7-12}$$

式中，$P(x_i, x_j, y)$ 为 $X_i = x_i$，$X_j = x_j$，$Y = y$ 的联合概率；$P(x_i, x_j \mid y)$ 为 $Y = y$ 时，$X_i = x_i$，$X_j = x_j$ 的联合条件概率；$P(x_i \mid y)$ 为 $Y = y$ 时，$X_i = x_i$ 的条件概率；$P(x_j \mid y)$ 为 $Y = y$ 时，$X_j = x_j$ 的条件概率。

条件互信息体现了在给定 Y 条件下，变量 X_i 和 X_j 之间的相互依赖关系。条件互信息的值越小，表示变量 X_i 和 X_j 的相关性越弱，条件互信息的值越大，表示两者相关性越强。

(2) 依次找到与变量 X_i 具有最大条件互信息的变量 X_j，并以无向边连接节点 X_i 和节点 X_j，得到最大权重跨度树。

(3) 将无向边转为有向边。任选一个输入变量节点作为根节点，所有无向边改为有向边，方向朝外。

(4) 输出变量节点作为父节点与所有输入变量节点相连。

通过训练数据集，得到了各个描述属性之间的树形结构，就可以估计类条件概率，从而预测新样本的类别。

例如，基于图 7.5 的 TAN 贝叶斯网络结构，X_1，X_2，X_3，X_4，X_5 为输入变量，C 为类别型输出变量，有 m 个类 $\{C_1, C_2, \cdots, C_m\}$，类条件概率可以通过式(7-13)估计。

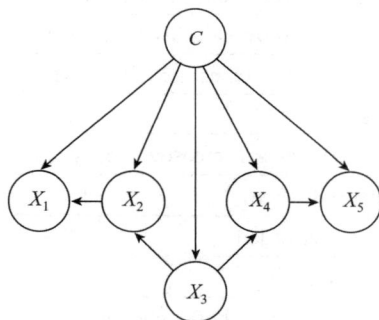

图 7.5　TAN 贝叶斯网示例

$$P(X_1, X_2, X_3, X_4, X_5 \mid C) = P(X_1 \mid C, X_2) \times P(X_2 \mid C, X_3) \times \\ P(X_3 \mid C) \times P(X_4 \mid C, X_3) \times P(X_5 \mid C, X_4) \tag{7-13}$$

对于某个新样本 x，其描述属性为 $\{x_1, x_2, x_3, x_4, x_5\}$，则可通过式(7-14)预测其所属类别为

$$c' = \arg\max_{C_i}\{P(C_i) \times P(x_1 \mid C_i, x_2) \times P(x_2 \mid C_i, x_3) \times P(x_3 \mid C_i) \times P(x_4 \mid C_i, x_3) \times P(x_5 \mid C_i, x_4)$$

$$\tag{7-14}$$

7.5　R 实践案例：蘑菇分类

案例数据集来自 UCI 机器学习数据仓库(machine learning data repository)①，由卡内基梅隆大学的 Jeff Schlimmer 捐赠。该数据集包含了列于 *The Audubon Society Field Guide to North American Mushrooms*(1981)上的 23 种带菌褶蘑菇品种的 8124 个蘑菇样本数据，具有 1 个标签(目标)属性和 22 个特征属性。如表 7.2 所示，type 为标签属性，取值为 edible 和 poisonous，其余 22 个为特征属性，包括菌盖形状、菌盖表面、菌盖颜色、菌盖受伤后是否变色、气味、菌褶附着、菌褶间距、菌褶大小、菌褶颜色、菌柄(蘑菇的茎部)形状、菌柄的基部形态、菌柄表面(菌环上方)、菌柄表面(菌环下方)、菌柄颜色(菌环上方)、菌柄颜色(菌环下方)、菌幕类型、菌幕颜色、菌环数量、菌环类型、孢子印(蘑菇孢子落在纸上形成的图案)的颜色、种群和栖息地。为了在后续分析时更直观地理解各字段取值，本节使用的 mushroom.csv 数据集在原数据集的基础上做了简单处理，添加了字段名称，并把简化的字段取值恢复为原始值。

表 7.2　蘑菇数据集属性说明

属性名称	属性取值
type	edible，poisonous
cap-shape	bell，conical，convex，flat，knobbed，sunken
cap-surface	fibrous，grooves，scaly，smooth
cap-color	brown，buff，cinnamon，gray，green，pink，purple，red，white，yellow
bruises	yes，no
odor	almond，anise，creosote，fishy，foul，musty，none，pungent，spicy
gill_attachment	attached，free
gill_spacing	close，crowded
gill_size	broad，narrow
gill_color	black，brown，buff，chocolate，gray，green，orange，pink，purple，red，white，yellow
stalk_shape	enlarging，tapering
stalk_root	bulbous，club，equal，missing，rooted
stalk_surface_above_ring	fibrous，scaly，silky，smooth
stalk_surface_below_ring	fibrous，scaly，silky，smooth
stalk_color_above_ring	brown，buff，cinnamon，gray，orange，pink，red，white，yellow
stalk_color_below_ring	brown，buff，cinnamon，gray，orange，pink，red，white，yellow
veil_type	partial，universal
veil_color	brown，orange，white，yellow
ring_number	none，one，two

---

① 访问 http://archive.ics.uci.edu/ml 可获取更多相关信息。

续表

属性名称	属性取值
ring_type	evanescent，flaring，large，none，pendant
spore_print_color	black，brown，buff，chocolate，green，orange，purple，white，yellow
population	abundant，clustered，numerous，scattered，several，solitary
habitate	grasses，leaves，meadows，paths，urban，waste，woods

7.5.1　数据读取与预处理

1. 数据读取

使用 read.csv()函数读取数据集，并使用 str()函数来查看数据集概况。

```
> mushrooms <- read.csv("文件所在路径/mushrooms.csv", header = TRUE, stringsAsFactors = TRUE)
> str(mushrooms)
```

结果如图 7.6 所示。

```
'data.frame':	8124 obs. of  23 variables:
 $ type                     : Factor w/ 2 levels "edible","poisonous": 2 1 1 2 1 1 1 1 2 1 ...
 $ cap_shape                : Factor w/ 6 levels "bell","conical",..: 3 3 1 3 3 3 1 1 3 1 ...
 $ cap_surface              : Factor w/ 4 levels "fibrous","grooves",..: 4 4 4 3 4 3 4 3 3 4 ...
 $ cap_color                : Factor w/ 10 levels "brown","buff",..: 1 10 9 9 4 10 9 9 9 10 ...
 $ bruises                  : Factor w/ 2 levels "no","yes": 2 2 2 2 1 2 2 2 2 2 ...
 $ odor                     : Factor w/ 9 levels "almond","anise",..: 8 1 2 8 7 1 1 2 8 1 ...
 $ gill_attachment          : Factor w/ 2 levels "attached","free": 2 2 2 2 2 2 2 2 2 2 ...
 $ gill_spacing             : Factor w/ 2 levels "close","crowded": 1 1 1 1 2 1 1 1 1 1 ...
 $ gill_size                : Factor w/ 2 levels "broad","narrow": 2 1 1 2 1 1 1 1 2 1 ...
 $ gill_color               : Factor w/ 12 levels "black","brown",..: 1 1 2 2 1 2 5 2 8 5 ...
 $ stalk_shape              : Factor w/ 2 levels "enlarging","tapering": 1 1 1 1 2 1 1 1 1 1 ...
 $ stalk_root               : Factor w/ 5 levels "bulbous","club",..: 3 2 2 3 3 2 2 2 3 2 ...
 $ stalk_surface_above_ring: Factor w/ 4 levels "fibrous","scaly",..: 4 4 4 4 4 4 4 4 4 4 ...
 $ stalk_surface_below_ring: Factor w/ 4 levels "fibrous","scaly",..: 4 4 4 4 4 4 4 4 4 4 ...
 $ stalk_color_above_ring   : Factor w/ 9 levels "brown","buff",..: 8 8 8 8 8 8 8 8 8 8 ...
 $ stalk_color_below_ring   : Factor w/ 9 levels "brown","buff",..: 8 8 8 8 8 8 8 8 8 8 ...
 $ veil_type                : Factor w/ 1 level "partial": 1 1 1 1 1 1 1 1 1 1 ...
 $ veil_color               : Factor w/ 4 levels "brown","orange",..: 3 3 3 3 3 3 3 3 3 3 ...
 $ ring_number              : Factor w/ 3 levels "none","one","two": 2 2 2 2 2 2 2 2 2 2 ...
 $ ring_type                : Factor w/ 5 levels "evanescent","flaring",..: 5 5 5 5 1 5 5 5 5 5 ...
 $ spore_print_color        : Factor w/ 9 levels "black","brown",..: 1 2 2 1 2 1 1 2 1 1 ...
 $ population               : Factor w/ 6 levels "abundant","clustered",..: 4 3 3 4 1 3 3 4 5 4 ...
 $ habitat                  : Factor w/ 7 levels "grasses","leaves",..: 5 1 3 5 1 1 3 3 1 3 ...
```

图 7.6　mushrooms 数据集概况

2. 预处理

使用 is.na() 和 any() 函数检查 mushrooms 数据集中是否存在缺失值，如果数据集中有任何缺失值，将返回 TRUE，否则返回 FALSE。检查结果说明数据集中不存在缺失值。

```
> any(is.na(mushrooms))
[1] FALSE
```

根据图 7.6，发现数据集中取值类别最多的字段为菌褶颜色(gill_color)，共有 12 类；取值类别最少的字段为菌幕类型(veil_type)，只有 1 个类别值。虽然表 7.2 中列出了该字段可能的两个取值：partial 和 universal，但数据集包含的样本都属于 partial。对于只有一个取值的字段，它无法提供有用的预测信息，所以删除该字段，减少后续建模的维度。

```
#使用 subset()函数选择除了 veil_type 之外的所有列,去除 veil_type 变量
> mushrooms <- subset(mushrooms, select = -veil_type)
```

使用 dim()函数查看数据集的行数和列数,以确认已删除该列,也可以继续使用 str()函数来查看。

```
> dim(mushrooms)
[1] 8124   22
```

7.5.2 探索性分析

1. type 变量分布探索

使用 ggplot2 包创建条形图来可视化 type 变量的分布。

```
> install.packages("ggplot2")
> library(ggplot2)
# 绘制条形图,并添加计数标签,使用蓝灰色区分类别
> ggplot(mushrooms, aes(x = type, fill = type)) +
  geom_bar() +
  geom_text(stat = 'count', aes(label = ..count..), vjust = -0.5) +  # 添加计数标签
  scale_fill_manual(values = c("#00008B","#D3D3D3")) +  # 蓝灰色调
  theme_minimal() +
  theme(axis.text.x = element_text(angle = 0, hjust = 1))
```

结果如图 7.7 所示。可食用蘑菇样本量有 4208 个,有毒蘑菇样本量有 3916 个。两类占比非常接近,所以后续分析不需要考虑数据的不平衡问题。

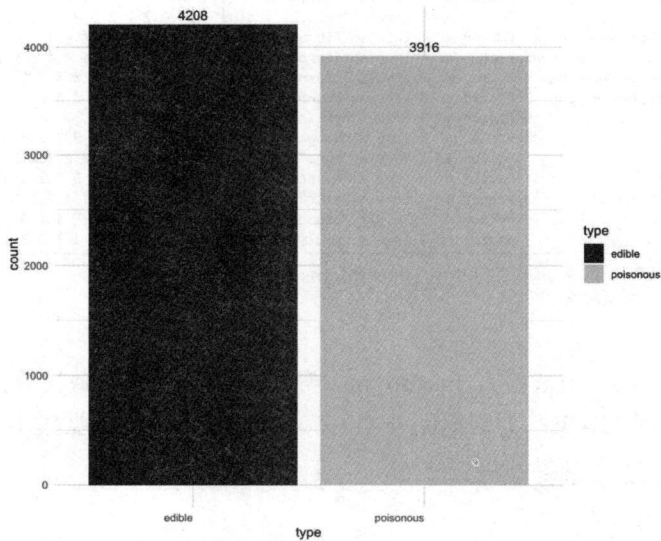

图 7.7 type 的分布结果

2. type 与其他变量关系可视化分析

探索 type 与其他变量的关系,因数据集中字段较多,以下选菌盖形状(cap_shape)、菌

柄表面(菌环下方)(stalk_surface_below_ring)与气味(odor)为例，进行分析。

1) type 与 cap_shape 间关系探索

绘制 type 与 cap_shape 分组计数条形图，结果如图 7.8 所示。不管是可以食用的还是有毒的蘑菇，菌盖形状(cap_shape)排前两位的都是凸形(convex)和扁平形(flat)。结节形(knobbed)的有毒蘑菇数量(600)超过了可食用蘑菇数量(228)，而钟形(bell)的可食用蘑菇(404)数量远高于有毒蘑菇数量(48)。凹陷形(sunken)的蘑菇数量相对较少(32)，且均是可食用的。圆锥形(conical)的蘑菇数量最少(4)，且都是有毒的。综合不同菌盖形状的蘑菇在可食用和有毒类别中的分布情况，可知仅凭菌盖形状不易区分其是否有毒。

```
> ggplot(mushrooms, aes(x = cap_shape, fill = type)) +
    geom_bar(stat = "count", position = position_dodge()) +   # 计算每个类别的计数并创建条形图
    geom_text(stat = "count", aes(label = ..count..), vjust = -0.5,
              position = position_dodge (width = 0.9), size = 3) +   # 添加计数标签
    scale_fill_manual(values = c("edible" = "blue", "poisonous" = "grey")) +   # 直接
                      预定义颜色
    theme_minimal() +   # 使用简约主题
    theme(axis.text.x = element_text(angle = 0, hjust = 1))   # 设置 X 轴文本为垂直方向
```

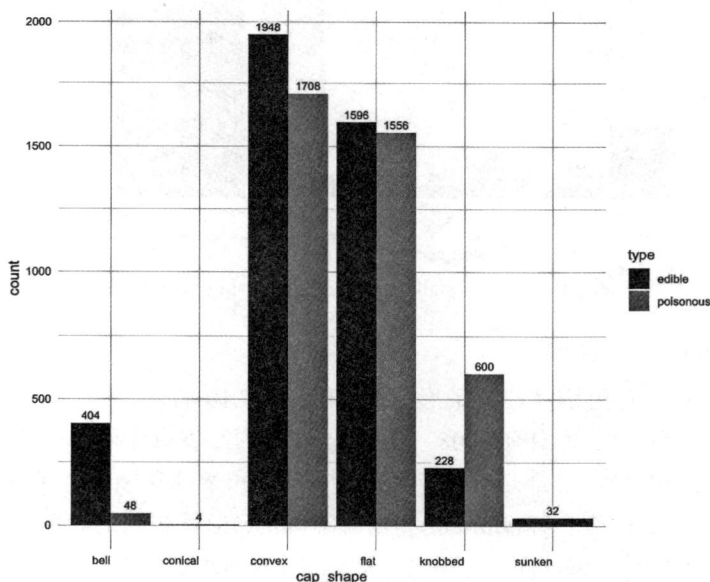

图 7.8 type 与 cap_shape 分布结果

2) type 与 stalk_surface_below_ring 间关系探索

绘制 type 与 stalk_surface_below_ring 分组计数条形图，结果如图 7.9 所示。可食用蘑菇中平滑形(smooth)数量最多，有 3400 个。而有毒蘑菇中，占比最大的为丝滑形(silky)，有 2160 个；其次是平滑形，有 1536 个；这两类占比高达 94.38%。纤维形(fibrous)和鳞形(scaly)数量相对较少，分别有 600 个和 284 个，且可食用的数量均多于有毒蘑菇数量。所有菌柄表面(菌环下方)(stalk_surface_ below_ring)为丝滑形的样本中，仅有 144 个是可食用的。由此可得出，如果观察到蘑菇的菌柄表面(菌环下方)为丝滑形，其为有毒蘑菇的可能性非常大。

```
> ggplot(mushrooms, aes(x = stalk_surface_below_ring, fill = type)) +
  geom_bar(stat = "count", position = position_dodge()) +  # 计算每个类别的计数并创建条形图
  geom_text(stat = "count", aes(label = ..count..), vjust = -0.5,
            position = position_dodge(width = 0.9), size = 3) +  # 添加计数标签
  scale_fill_manual(values = c("edible" = "blue", "poisonous" = "grey")) +  # 直接
            预定义颜色
  theme_minimal() +  # 使用简约主题
  theme(axis.text.x = element_text(angle = 0, hjust = 1))  # 设置 X 轴文本为垂直方向
```

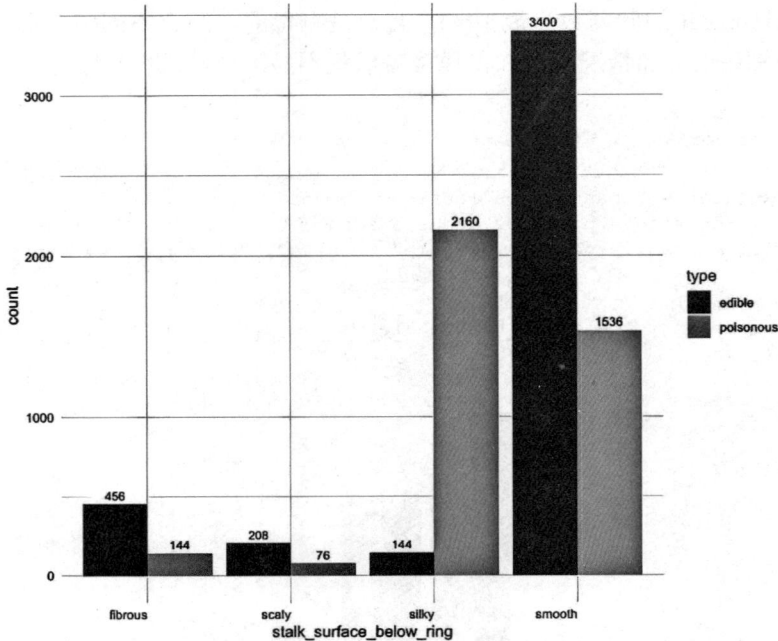

图 7.9   type 与 stalk_surface_below_ring 分布结果

3) type 与 odor 间关系探索

绘制 type 与 odor 分组堆叠计数条形图,结果如图 7.10 所示。所有样本中,无气味(none)的占比最大,有 3528 个,其中有 3408 个是可以食用的,仅有 120 个是有毒的;其次是恶臭味(foul)的,有 2160 个,且都是有毒。鱼腥味(fishy)和辛辣味(spicy)有相同的计数,都是 576 个,也都是有毒的;杏仁味(almond)和茴香味(anise)也有相同的计数,都是 400 个,且均是可食用的;刺激味(pungent)有 256 个,硫磺味(creosote)有 192 个,这两类也均是有毒的;最少的是霉味(musty),仅有 36 个,也都是有毒的。综上分析,样本中气味为恶臭味、鱼腥味、辛辣味、刺激味、硫磺味和霉味的都是有毒蘑菇。由此可知,odor 变量能较好地区分蘑菇类别。

```
> ggplot(mushrooms, aes(x = odor, fill = type)) +
  geom_bar(stat = "count", position = "stack") +  # 计算每个类别的计数并创建堆叠条形图
  geom_text(aes(label = ..count..), stat = "count", vjust = -0.5,
            position = position_stack(), size = 3) +  # 添加计数标签
  scale_fill_manual(values = c("edible" = "blue", "poisonous" = "grey")) +  # 直接
            预定义颜色
  theme_minimal() +  # 使用简约主题
  theme(axis.text.x = element_text(angle = 0, hjust = 1))  # 设置 X 轴文本为水平方向
```

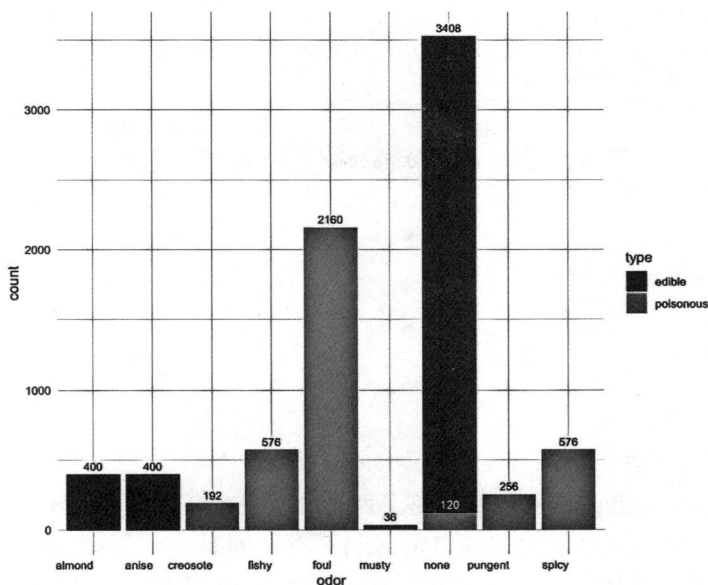

图 7.10 type 与 odor 分布结果

3. type 与 stalk_surface_above_ring 相关性分析

使用卡方检验来分析 type 和 stalk_surface_above_ring 之间的相关性，分析结果显示，卡方值为 2808.3，自由度(df)为 3，概率 P 值小于 2.2e-16，说明如果假设 type 与菌柄表面(菌环上方)(stalk_surface_ above_ring)不相关成立，则得到现有样本的可能性接近于 0。所以，此假设不成立，两者存在相关性。

```
> chi_square_test <- chisq.test(mushrooms$stalk_surface_above_ring, mushrooms$type)
> print(chi_square_test)
Pearson's Chi-squared test
data:  mushrooms$stalk_surface_above_ring and mushrooms$type
X-squared = 2808.3, df = 3, p-value < 2.2e-16
```

7.5.3 模型构建与评估

安装并加载此环节所需要的包。

```
> install.packages("caret")
> install.packages("e1071")
> library(caret)
> library(e1071)
```

1. 分区

首先，使用 set.seed()设置随机种子，以确保每次运行代码时都能得到相同的随机结果，这有助于结果的可重复性。然后，使用 caret 包中的 createDataPartition 函数创建数据分区，$P = 0.7$ 指定了 70%的数据用于训练集，参数 list = FALSE 意味着返回的是一个向量，而不是列表。最后，根据上一步创建的索引 index，划分训练集与测试集。

```
> set.seed(123456)
> index <- createDataPartition(mushrooms$type, p = 0.7, list = FALSE)
> train_data <- mushrooms[index, ]
> test_data <- mushrooms[-index, ]
```

使用 table()函数查看 type 变量在训练集与测试集的类别分布，结果显示分布比例相对一致。

```
> table(train_data$type)
edible poisonous
  2946      2742
> table(test_data$type)
edible poisonous
  1262      1174
```

2. 模型训练与评估

使用 e1071 包中 naiveBayes 函数训练了两个朴素贝叶斯模型：model 和 model_LA，其中，model_LA 模型使用了拉普拉斯(Laplace)平滑。同时，使用训练好的模型对测试集(test_data)进行预测，并使用 caret 包中的 confusionMatrix()函数评估模型性能，从而比较在有无拉普拉斯平滑的情况下，朴素贝叶斯模型的性能差异，结果如图 7.11 和图 7.12 所示。model_LA 模型在准确率(Accuracy)、95%置信区间(95% CI)、Kappa 系数(Kappa)、特异性(Specificity)、阳性预测值(Pos Pred Value)、阴性预测值(Neg Pred Value)和平衡准确率(Balanced Accuracy)上都优于 model 模型。这表明使用了拉普拉斯(Laplace)平滑的模型在区分可食用和有毒蘑菇方面更有效。

```
> model <- naiveBayes(type ~ ., data = train_data)
> predictions <- predict(model, test_data)
> confusionMatrix(predictions, test_data$type)
> model_LA <- naiveBayes(type ~ ., data = train_data,laplace = 1)
> predictions <- predict(model_LA, test_data)
> confusionMatrix(predictions, test_data$type)
```

```
Confusion Matrix and Statistics

              Reference
Prediction  edible poisonous
  edible       1249       129
  poisonous      13      1045

               Accuracy : 0.9417
                 95% CI : (0.9317, 0.9507)
    No Information Rate : 0.5181
    P-Value [Acc > NIR] : < 2.2e-16

                  Kappa : 0.8829

 Mcnemar's Test P-Value : < 2.2e-16

            Sensitivity : 0.9897
            Specificity : 0.8901
         Pos Pred Value : 0.9064
         Neg Pred Value : 0.9877
             Prevalence : 0.5181
         Detection Rate : 0.5127
   Detection Prevalence : 0.5657
      Balanced Accuracy : 0.9399

       'Positive' Class : edible
```

图 7.11   model 模型结果

```
Confusion Matrix and Statistics

              Reference
Prediction  edible poisonous
  edible       1249       101
  poisonous      13      1073

               Accuracy : 0.9532
                 95% CI : (0.944, 0.9612)
    No Information Rate : 0.5181
    P-Value [Acc > NIR] : < 2.2e-16

                  Kappa : 0.906

 Mcnemar's Test P-Value : 3.691e-16

            Sensitivity : 0.9897
            Specificity : 0.9140
         Pos Pred Value : 0.9252
         Neg Pred Value : 0.9880
             Prevalence : 0.5181
         Detection Rate : 0.5127
   Detection Prevalence : 0.5542
      Balanced Accuracy : 0.9518

       'Positive' Class : edible
```

图 7.12   model_LA 模型结果

7.6 Python 实践案例：垃圾短信预测

案例数据集来自 Tiago A. Almeida 等从 Grumbletext 网站、新加坡国立大学短信语料库 (NSC)、Caroline Tag 博士论文和垃圾短信语料库(v.0.1)收集整理的短信数据集。本节用于分析的数据集 sms_message.csv 已在原始 ARFF 格式的数据集上做了一些预处理，包含短信的文本信息及标签，垃圾短信标签值为 1，正常短信标签值为 0。导入后续分析所需的库。

```python
# 导入所需要的库
import pandas as pd
import numpy as np
import string
import re
from sklearn.feature_extraction.text import (CountVectorizer, ENGLISH_STOP_WORDS)
from sklearn.model_selection import train_test_split
from sklearn.naive_bayes import BernoulliNB
from wordcloud import WordCloud
import matplotlib.pyplot as plt
import seaborn as sns
from sklearn.metrics import (confusion_matrix, accuracy_score, classification_report,
                             f1_score, precision_score, recall_score)
from sklearn.metrics import roc_curve, auc
```

7.6.1 数据集初探

读取 sms_message.csv 数据集，设置 encoding='latin1'。查看数据集概况，结果如图 7.13 所示，共有 5559 行，2 列。每列都不存在缺失值，type 列数据类型为 int64，text 列数据类型为 object。在 pandas 中，object 类型通常用于存储文本字符串或混合数据类型。

```python
# 读取数据
sms_raw = pd.read_csv('文件所在路径/sms_message.csv', encoding='latin1')
# 查看数据信息
sms_raw.info()
```

```
<class 'pandas.core.frame.DataFrame'>
RangeIndex: 5559 entries, 0 to 5558
Data columns (total 2 columns):
 #   Column  Non-Null Count  Dtype
---  ------  --------------  -----
 0   type    5559 non-null   int64
 1   text    5559 non-null   object
dtypes: int64(1), object(1)
memory usage: 87.0+ KB
```

图 7.13 sms_message.csv 数据集概况

查看前 5 行数据，其中 4 条为正常短信，1 条为垃圾短信，如图 7.14 所示。text 列文本信息中，包含了单词大小写、数字、标点符号等。单词大小写如第 2 条短信中的 Ha 和 ha；数字如第 3 条短信中的 6230；标点符号如逗号、句号和特殊符号等；还有如 at、to、

by 等一些冠词、连词、介词等，属于常见停用词(stop word)。后续在将文本转换为文档-词
条矩阵用于建模前，需要先对文本信息中存在的以上问题进行预处理，从而减少数据中的
噪声，降低建模的维度。这有助于减少计算复杂性，提高模型的预测性能和可靠性。

```
# 打印前几行数据
print(sms_raw.head())
```

```
    type                                                text
0      0         fyi I'm at usf now, swing by the room whenever
1      0                    Ha ha cool cool chikku chikku:-):-DB-)
2      1   U have won a nokia 6230 plus a free digital ca...
3      0                                         I anything lor...
4      0   By march ending, i should be ready. But will c...
```

图 7.14　sms_message.csv 数据集前 5 行

如图 7.13 所示，type 变量类型为整数型，但它是一个类别变量，所以为了便于后续分
析，将其转换为类别型，进而计算每个类别的频数，查看 type 变量的类别分布。

```
# 将类别列转换为类别类型
sms_raw['type'] = sms_raw['type'].astype('category')
# 计算每个类别的频数
type_counts = sms_raw['type'].value_counts()
# 打印类别频数
print(type_counts)
```

结果如图 7.15 所示，数据集中包含了 4812 条正常短信(0)和 747 条垃圾短信(1)。

```
type
0    4812
1     747
Name: count, dtype: int64
```

图 7.15　类别频数分布

7.6.2　文本预处理

以下定义了一个名为 preprocess_text 的函数，用于对输入文本进行预处理，具体步骤
如下。

(1) 将所有字符转换为小写。

(2) 删除文本中的所有数字。re.sub(r'\d+', '', text)表示使用正则表达式 \d+ 匹配文本中
的一个或多个连续的数字，并将其替换为空字符串，从而实现删除数字的效果。

(3) 去除文本中的所有标点符号。string.punctuation 用于获取所有标点符号，re.escape
(string.punctuation)用于对这些标点符号进行转义。f"[{re.escape(string.punctuation)}]"用于构
建正则表达式模式。最后，使用 re.sub()函数将匹配到的标点符号替换为空字符串，从而实
现去除标点符号的效果。

（4）去除文本中的常见英文停用词。首先，将文本按空格分割成单词列表。其次，遍历单词列表，过滤掉在 ENGLISH_ STOP_WORDS 中的单词。最后，将剩余的单词重新拼接成一个字符串，并返回。

（5）去除文本首尾的多余空格。

（6）最终返回处理后的文本。

打印预处理后的前 5 行完整信息，默认情况下，head()方法会显示每行的前几个字符，如果某一行的内容较长，可能会被截断。为了确保每行完整的内容都能显示，使用 to_string() 方法来打印数据框的内容，结果如图 7.16 所示，可以发现原始文本中存在的上述问题均已处理完成。

```python
# 预处理函数
def preprocess_text(text):
    text = text.lower()    #转换为小写字符
    text = re.sub(r'\d+', '', text)  # 删除数字
    text = re.sub(f"[{re.escape(string.punctuation)}]", '', text)  # 去除标点符号
    text = ' '.join([word for word in text.split() if word not in
                    ENGLISH_STOP_WORDS])   # 去除停用词
    text = text.strip()    #去除首尾空格
    return text
    #对 sms_raw 数据框中的 text 列应用 preprocess_text 函数
sms_raw['text'] = sms_raw['text'].apply(preprocess_text)
#打印前几行的完整信息
print(sms_raw.head().to_string())
```

	type	text
0	0	fyi im usf swing room
1	0	ha ha cool cool chikku chikkudb
2	1	u won nokia plus free digital camera u u win free auction send nokia poboxtcrw
3	0	lor
4	0	march ending ready sure problem capital complete far hows work ladies

图 7.16　文本预处理后数据集前 5 行

7.6.3　词云分析

以下定义了一个名为 plot_wordcloud 的函数，用于绘制词云图，具体功能如下。

（1）生成词。使用 WordCloud 类创建一个宽度为 800 像素、高度为 400 像素、背景颜色为白色的词云对象，并通过 generate 方法将输入的文本列表合并成一个字符串来生成词云。

（2）绘制图像。使用 matplotlib 库创建一个大小为 10×5 英寸的图形窗口，显示生成的词云图像，并设置标题和关闭坐标轴。

```python
# 绘制词云图函数
def plot_wordcloud(texts, title):
    wordcloud = (WordCloud(width=800, height=400, background_color='white').
                generate(" ".join(texts)))
    plt.figure(figsize=(10, 5))
    plt.imshow(wordcloud, interpolation='bilinear')
```

```
plt.title(title, fontsize=16)
plt.axis('off')
plt.show()
```

调用 plot_wordcloud 函数，传入 sms_raw['text']作为文本数据，并设置标题为 "Overall Messages Word Cloud"，绘制全部短信词云图，结果如图 7.17 所示。

```
# 绘制全部短信词云图
plot_wordcloud(sms_raw['text'], 'Overall Messages Word Cloud')
```

图 7.17　全部短信词云图

为探索正常短信与垃圾短信的词汇是否存在明显差异，从数据集中分离出正常短信和垃圾短信的文本内容，分别绘制正常短信和垃圾短信词云图。结果如图 7.18 和图 7.19 所示，可以发现正常短信与垃圾短信词云图词汇有明显差异。正常短信词云中较大的词包括"u"、"ok" "got" "love" "come" "time" "want" "need"等，这可能反映了正常短信中的常见话题，如个人关系、需求、确认和情感表达等。垃圾短信词云中较大的词包括"free" "text" "now" "stop" "txt" "message" "cash" "prize"等，这些词汇可能与垃圾短信的诱导性质有关。这些差异表明朴素贝叶斯模型将能较好地基于关键词对短信类别进行区分。

```
# 划分正常短信与垃圾短信，并显示前几行
ham_messages = sms_raw[sms_raw['type'] == 0]['text']
spam_messages = sms_raw[sms_raw['type'] == 1]['text']
# 绘制正常短信词云图
plot_wordcloud(ham_messages, 'Ham Messages Word Cloud')
```

图 7.18　正常短信词云图

```
# 绘制垃圾短信词云图
plot_wordcloud(spam_messages, 'Spam Messages Word Cloud')
```

图 7.19　垃圾短信词云图

7.6.4　建立文档—词条矩阵

创建一个 CountVectorizer 对象，CountVectorizer 函数用于将文本数据转换为词频(term frequency)向量。使用 fit_transform 方法对 sms_raw['text']列中的文本数据进行拟合并转换，生成建模所需的文档—词频矩阵，其中每一行对应一个文档，每一列对应一个词。如不设置 min_df 参数值，运行结果显示文档—词频矩阵有 8325 列，即至少出现一次的单词有 8325

个。矩阵中非零元素为 40 828 个，稀疏度为 0.088%。为继续降低维度，提升模型性能，选择设置 min_df=5，即忽略在少于 5 个文档中出现的词汇。构建的文档—词条矩阵相关结果如图 7.20 所示，包含 5559 行，1483 列，非零元素为 30 604 个，矩阵稀疏度上升至 0.371%。进一步查看矩阵中非零元素，发现共有 9 个不同的词频值，除了 1 以外，还包括 2、3、4、5、6、8、10 和 15。基于朴素贝叶斯计算原理，可以将 sms_dtm 中所有大于 1 的值设置为 1。但因后续建模使用的伯努利朴素贝叶斯分类器 BernoulliNB，其中 binarize 参数的默认值是 True，意味着 BernoulliNB 在内部会自动将大于 1 的特征值转换为 1。故在此可对大于 1 的特征值不进行处理。

```python
# 建立文档—词条矩阵
vectorizer = CountVectorizer(min_df=5)
sms_dtm = vectorizer.fit_transform(sms_raw['text'])
# 查看矩阵概况
print("Shape of the document-term matrix:", sms_dtm.shape)
# 查看非零元素数量
print("非零元素数量:", sms_dtm.nnz)
# 查看稀疏性
print("稀疏性:", sms_dtm.nnz / (sms_dtm.shape[0] * sms_dtm.shape[1]))
# 检查非零元素
non_zero_elements = sms_dtm.data
unique_non_zero_values = np.unique(non_zero_elements)
print("Unique non-zero values in sms_dtm:", unique_non_zero_values)
#sms_dtm[sms_dtm > 1] = 1
```

```
Shape of the document-term matrix: (5559, 1483)
非零元素数量: 30604
稀疏性: 0.003712276945273027
Unique non-zero values in sms_dtm: [ 1  2  3  4  5  6  8 10 15]
```

图 7.20　文档-词条矩阵相关结果

7.6.5　朴素贝叶斯分类模型构建与评估

以下定义了一个名为 evaluate_model 的函数，用于评估模型在分类任务上的性能，具体步骤如下。

(1) 训练模型：使用训练数据拟合模型。

(2) 获取预测的概率值：对测试集进行预测，并获取预测的概率值(仅针对二分类问题)。

(3) 混淆矩阵可视化：绘制混淆矩阵热图，展示模型的分类结果。

(4) 评估指标计算与输出：计算并打印准确率、分类报告、加权 F1 分数、加权精确率和加权召回率。加权指会根据每个类别的样本数量对各个类别的得分进行加权求和，对于不平衡数据集，加权平均可以更好地反映模型的整体性能。

(5) 绘制 ROC 曲线：根据预测概率值绘制 ROC 曲线，并计算 AUC 值。

```python
# 模型评估函数
def evaluate_model(X_train, X_test, y_train, y_test, model):
    model.fit(X_train, y_train)    # 训练模型
    predictions = model.predict(X_test)
```

```
y_scores = model.predict_proba(X_test)[:, 1]   # 获取预测的概率值
# 混淆矩阵可视化
conf_matrix = confusion_matrix(y_test, predictions)
sns.heatmap(conf_matrix, annot=True, fmt='d', cmap='Blues',
            xticklabels=['Ham', 'Spam'],yticklabels=['Ham', 'Spam'])
plt.xlabel('Predicted')
plt.ylabel('Actual')
plt.title('Confusion Matrix')
plt.show()
# 评估指标计算与输出
accuracy = accuracy_score(y_test, predictions)
class_report = classification_report(y_test, predictions)
f1 = f1_score(y_test, predictions, average='weighted')
precision = precision_score(y_test, predictions, average='weighted')
recall = recall_score(y_test, predictions, average='weighted')
print("Accuracy:", accuracy)
print("Classification Report:\n", class_report)
print("Weighted F1 Score:", f1)
print("Weighted Precision:", precision)
print("Weighted Recall:", recall)
# 绘制 ROC 曲线
fpr, tpr, thresholds = roc_curve(y_test, y_scores)
roc_auc = auc(fpr, tpr)
plt.figure()
plt.plot(fpr, tpr, color='darkorange', lw=2,
         label='ROC curve (area = %0.2f)' % roc_auc)
plt.plot([0, 1], [0, 1], color='navy', lw=2, linestyle='--')
plt.xlim([0.0, 1.0])
plt.ylim([0.0, 1.05])
plt.xlabel('False Positive Rate')
plt.ylabel('True Positive Rate')
plt.title('Receiver Operating Characteristic')
plt.legend(loc="lower right")
plt.show()
```

然后，划分训练集与测试集，并使用 BernoulliNB 类创建一个伯努利朴素贝叶斯分类器实例，最后，调用 evaluate_model 函数，传入训练集和测试集的数据及标签，以及构建的模型，进行模型评估。结果如图 7.21、图 7.22 和图 7.23 所示。综合来看，模型在区分"Ham"和"Spam"短信方面表现出色，具有高准确率(0.9796)、精确度(对于"Ham"和"Spam"类别均为 0.98)和召回率("Ham"类别的召回率为 1.00，"Spam"类别的召回率为 0.88)。尽管"Spam"类别的召回率略低于"Ham"，但仍然表现良好。两个类别的 F1 分数都很高，尤其是"Ham"类别，这表明模型在平衡精确度和召回率方面做得很好。ROC 曲线下面积(AUC)为 0.99，接近 1，进一步证实了模型的卓越性能，整体而言，这是一个表现优异的分类模型，适用于处理类似的文本分类任务。

```
# 划分训练集与测试集
X_train, X_test, y_train, y_test = train_test_split(sms_dtm, sms_raw['type'],
                                            test_size=0.3, random_state=42)
# 构建朴素贝叶斯模型
model_BernoulliNB = BernoulliNB()
evaluate_model(X_train, X_test, y_train, y_test, model_BernoulliNB)
```

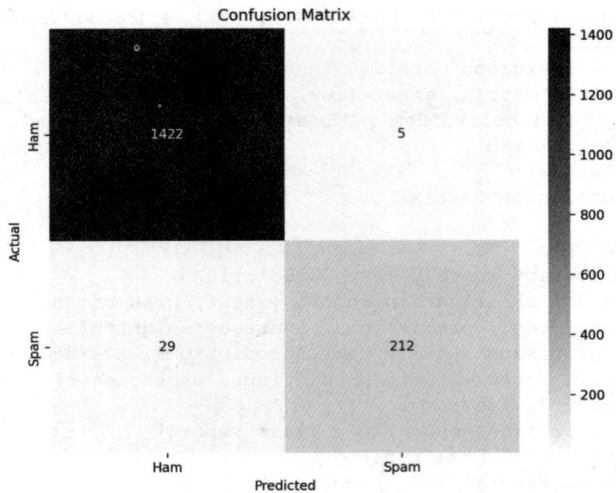

图 7.21　model_BernoulliNB 混淆矩阵

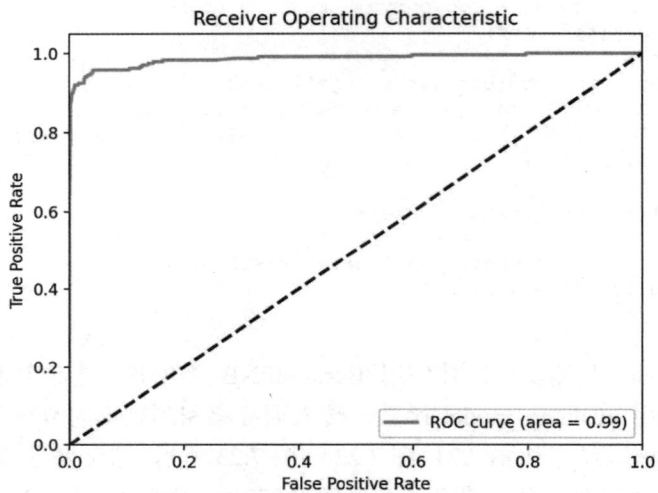

图 7.22　model_BernoulliNB ROC 曲线

```
Accuracy: 0.9796163069544365
Classification Report:
              precision    recall  f1-score   support

           0       0.98      1.00      0.99      1427
           1       0.98      0.88      0.93       241

    accuracy                           0.98      1668
   macro avg       0.98      0.94      0.96      1668
weighted avg       0.98      0.98      0.98      1668

Weighted F1 Score: 0.9791672274702277
Weighted Precision: 0.9795723464040496
Weighted Recall: 0.9796163069544365
```

图 7.23　model_BernoulliNB 评估指标结果

7.7　练习与拓展

即测即评

扫右侧二维码，完成客观题自测题。

即测即评

练习

1. 简述贝叶斯分类的基本过程。
2. 阐述朴素贝叶斯分类原理。
3. 阐述 TAN 贝叶斯网络构建过程。
4. 结合 7.6 节内容，掌握英文文本预处理常用方法。
5. 结合蘑菇分类实践案例，练习使用 R 语言实现朴素贝叶斯分类。
6. 结合垃圾短信预测实践案例，练习使用 Python 实现朴素贝叶斯预测。

拓展

1. 查阅相关资料，了解中文文本预处理流程，说明与英文文本预处理流程的差异。

2. 查阅相关资料，掌握运用 Python scikit-learn 库中高斯朴素贝叶斯分类器(GaussianNB)和多项式朴素贝叶斯分类器(MultinomialNB)分析实际问题。

教学视频

3. 结合 TAN 贝叶斯分类相关原理，扫右侧二维码，观看视频，学习使用 IBM SPSS Modeler 实现 TAN 贝叶斯分类。

第 **8** 章

神经网络与深度学习

导　读

　　人工智能是新一轮科技革命和产业变革的重要驱动力量，将对全球经济社会发展和人类文明进步产生深远影响。中国高度重视人工智能发展，积极推动互联网、大数据、人工智能和实体经济深度融合，培育壮大智能产业，加快发展新质生产力，为高质量发展提供新动能。中国愿同世界各国一道，把握数字化、网络化、智能化发展机遇，深化人工智能发展和治理国际合作，为推动人工智能健康发展、促进世界经济增长、增进各国人民福祉而努力。

——摘自习近平 2024 年 6 月 20 日致 2024 世界智能产业博览会的贺信

知识导图

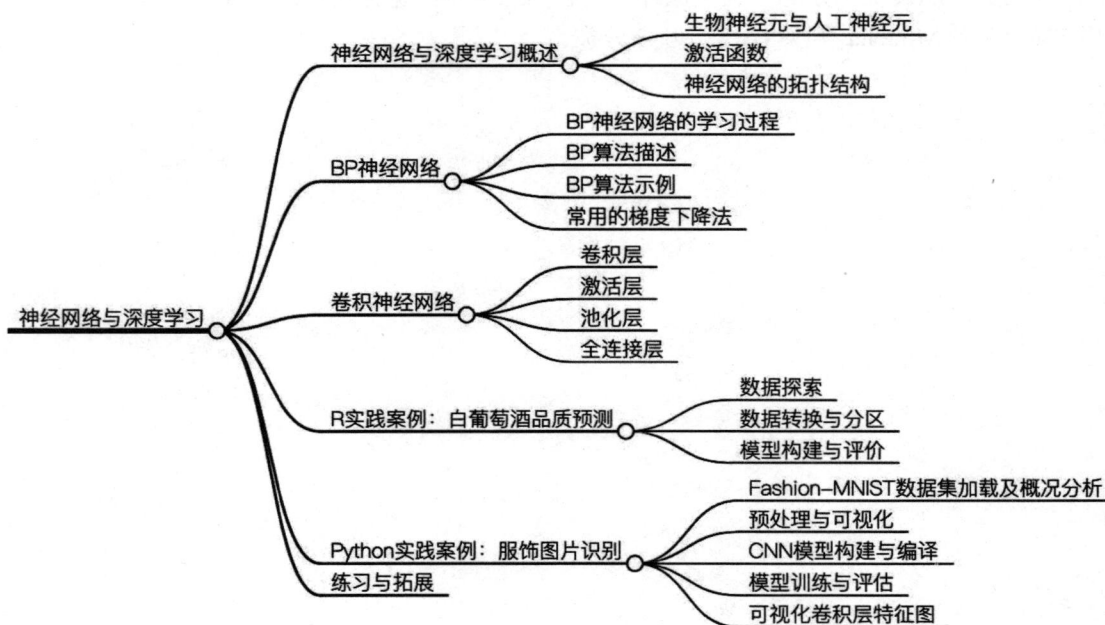

8.1 神经网络与深度学习概述

神经网络是一种模仿人脑神经元结构和功能的计算模型,旨在处理和分析复杂的数据。其起源可以追溯到 20 世纪 40 年代,心理学家沃伦·麦卡洛克(Warren McCulloch)和数学家沃尔特·皮茨(Walter Pitts)在 1943 年发表了论文《神经活动内在思想的逻辑演算》(*A logical calculus of the ideas immanent in nervous activity*),提出了著名的 M-P 模型,也称为麦卡洛克-皮茨模型。M-P 模型是对生物神经元的抽象和简化,奠定了人工神经网络的基础。随着计算能力的提升和大数据的出现,21 世纪初,深度学习作为神经网络的一个子领域逐渐崭露头角,其专注于使用多层神经网络(深层神经网络)来自动学习和提取数据中的特征和模式,从而实现更复杂的任务。

如今,神经网络和深度学习的应用已经广泛渗透到我们生活的各个领域,它们在解决实际问题方面展现出巨大的潜力和广泛的应用前景。在计算机视觉领域,深度学习模型被广泛应用于图像识别、目标检测和图像生成等任务;在自然语言处理领域,深度学习技术被用于机器翻译、情感分析和文本生成等任务;在金融领域,神经网络与深度学习被用于信用评分、欺诈检测等任务。总而言之,从医疗诊断到金融风险管理,从自动驾驶到虚拟现实,神经网络和深度学习正在不断推动技术进步,引领产业变革。随着研究的持续深入和技术的指数级融合发展,我们可以预见神经网络和深度学习在未来人工智能领域将扮演更加关键的角色。

8.1.1 生物神经元与人工神经元

1. 生物神经元

人脑大约有 860 亿个神经元,这些神经元相互连接形成了一个高度复杂的网络(非线性并行处理系统),使其能够学习推断、处理信息、控制身体功能及进行各种认知活动。生物神经元简化示意图如 8.1 所示,由细胞体、树突、轴突和突触组成。

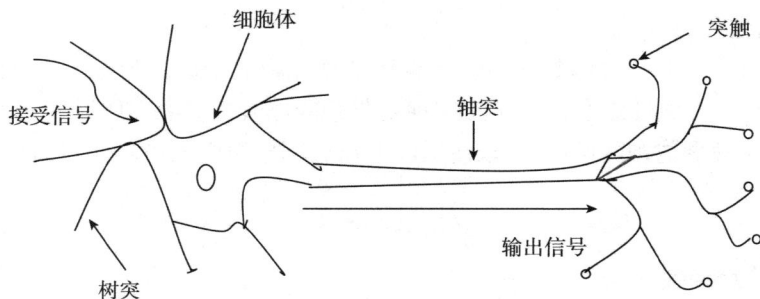

图 8.1 生物神经元简化示意图

细胞体是神经元的本体,完成普通细胞的生存功能。一个神经元有许多树突,用于接收来自其他神经元的信息。树突的表面有许多突触，能够与其他神经元形成连接，接收化学信号并将其转化为电信号。当神经元各个树突接收的累积信息经过一系列的复杂计算超过某个阈值后，输出信息会通过一个电化过程传送到轴突，在轴突终端通过突触传递给下一个神经元的树突。

2. 人工神经元

人工神经元模拟生物神经元的工作方式如图 8.2 所示，首先从各输入端接收输入信息；然后根据连接权值，汇总所有输入信息；最后对汇总信息使用激活函数 f 来传递。

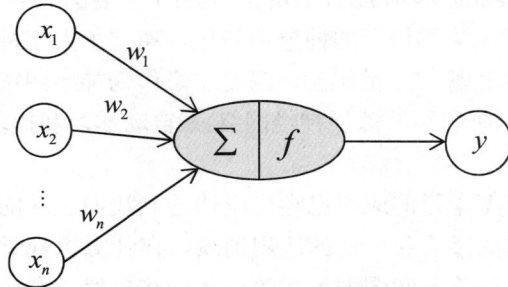

图 8.2 人工神经元示意图

一个典型的有 n 个输入的神经元可以用式(8-1)表示。权重 w_i 表示每个输入对输入信息之和所做的贡献大小。f 为激活函数，对所获得的信息总和进行变换，反映了神经元的特性。y 表示当前神经元的输出。

$$y = f\left(\sum_{i=1}^{n} w_i x_i\right) \tag{8-1}$$

8.1.2 激活函数

激活函数用于对神经元所获得的输入信息进行变换，将其结果映射到一定的取值范围内。激活函数包括线性函数、[0，1]阶跃函数、(0，1)型 Sigmoid 函数、ReLU 函数和 Softmax 函数等。

1. 线性函数

如式(8-2)所示，对线性函数的线性组合还是线性函数。这意味着无论一个神经网络有多少层，始终是一个线性组合，即无法捕捉到复杂的非线性关系，所以其在某些情况下(如类似于线性回归模型的神经网络)可以使用，但在深度学习中的应用相对有限。

$$f(x) = kx + c \tag{8-2}$$

2. [0，1]阶跃函数

[0，1]阶跃函数的数学表达式如式(8-3)所示。对于[0，1]阶跃函数当输入信息的总和达到 0 及以上时，输出值为 1，否则输出值为 0，如图 8.3 所示。[0，1]阶跃函数较好地模拟了生物学过程，可用于二分类任务。由于其不连续、不光滑的特性，较少被使用。

$$f(x) = \begin{cases} 0, & x<0 \\ 1, & x \geqslant 0 \end{cases} \tag{8-3}$$

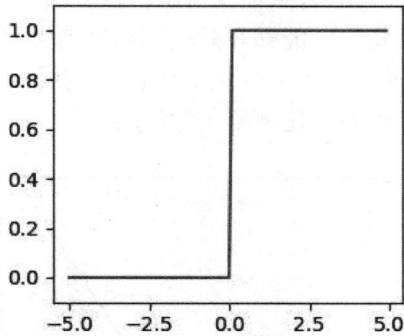

图 8.3 [0,1]阶跃函数

3. (0，1)型 Sigmoid 函数

(0，1)型 Sigmoid 函数的数学表达式如式(8-4)所示。(0，1)型 Sigmoid 函数将(-∞,+∞)区间映射到(0,1)的连续区间，如图 8.4 所示。该函数关于 x 处处可导，并且其导数 $f'(x)=f(x)[1-f(x)]$。该特征对于神经网络优化算法至关重要，所以它是最常用的激活函数之一。其缺点是当输入的绝对值非常大时，会出现饱和现象，意味着函数会变得很平，导数趋于 0，这种情况会造成信息丢失。

$$f(x) = \frac{1}{1+e^{-x}} \tag{8-4}$$

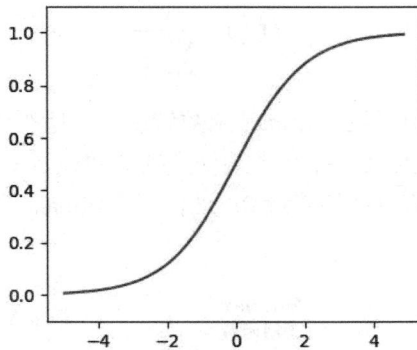

图 8.4 (0,1)型 Sigmoid 函数

4. ReLU 函数

ReLU 函数(rectified linear unit，修正线性单元)数学表达式如式(8-5)所示，被广泛应用于各种深度学习模型中。

$$f(x) = \begin{cases} 0, & x \leqslant 0 \\ x, & x > 0 \end{cases} \tag{8-5}$$

ReLU 函数把所有的非正值都转变为 0，而正值不变，如图 8.5 所示。这种转变被称为单侧抑制，也就是在输入是非正值的情况下，它会输出 0，神经元就不会被激活。这意味着同一时间只有部分神经元会被激活，从而使得网络很稀疏，有助于缓解过拟合问题。ReLU 函数在正区间内所具有的线性特性，能够有效缓解梯度消失问题，但其在负区间的输出为 0，可能导致"死亡神经元"现象，即在训练过程中，一些神经元可能会始终输出 0，导致它们无法更新权重，这种现象称为"死神经元"问题。

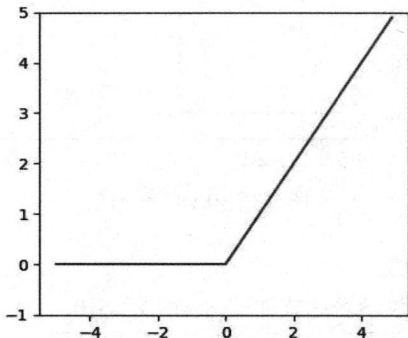

图 8.5　ReLU 函数

5. Softmax 函数

Softmax 函数数学表达式如式(8-6)所示，其输出值的范围在 0 到 1 之间，并且所有输出值的和为 1。它的主要作用是将一个长度为 n 的向量中的元素 x_i 转换为概率分布，所以在需要概率预测的任务中非常有用。

$$f(x_i) = \frac{e^{x_i}}{\sum_{i=1}^{n} e^{x_i}} \tag{8-6}$$

图 8.6 显示了原始变量值经过 Softmax 函数转换后，所得到的相应概率值。Softmax 函数确保了所有输出概率之和为 1，并且当某个类别的数值远高于其他类别时，对应的输出概率将接近 1，而其他类别的概率将接近 0。这使得 Softmax 函数成为多分类任务中非常有效的输出层激活函数。

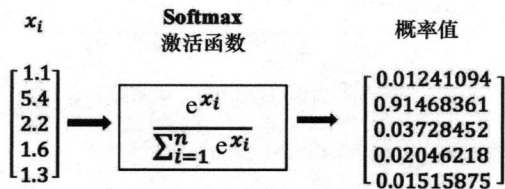

图 8.6　Softmax 函数转换

【例 8.1】一个人工神经元如图 8.7 所示，采用 $f(x)=\dfrac{1}{1+e^{-x}}$ 激活函数。输入为(1.6, 1.8, 0.2)，每个变量的权重分别为 0.4、0.1 和 0.5，求输出 y。

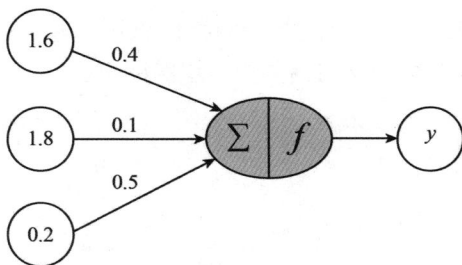

图 8.7　一个人工神经元

解：由题意知

$$\sum_{i=1}^{3} w_i x_i = 1.6 \times 0.4 + 1.8 \times 0.1 + 0.2 \times 0.5 = 0.92$$

故

$$y = f\left(\sum_{i=1}^{3} w_i x_i\right) = \frac{1}{1+\mathrm{e}^{-0.92}} \approx 0.715$$

所以，当该神经元接受(1.6，1.8，0.2)的输入时，产生的输出为 0.715。

假如一个分类型神经网络只有这样一个神经元，阈值为 0.7，即当 $y \geq 0.7$ 时，样本预测为类别 A，否则预测为类别 B。所以，该样本就被预测为类别 A。

很多情况下，会给人工神经元加上一个偏置 θ，一般是一个(-1，1)的值，以改变神经元的活性。如果有多个神经元，每个神经元的偏置可能都不相同。例如，当上例神经元偏置值为-0.1 时，有

$$\sum_{i=1}^{3} w_i x_i + \theta = 1.6 \times 0.4 + 1.8 \times 0.1 + 0.2 \times 0.5 - 0.1 = 0.82$$

$$y = f\left(\sum_{i=1}^{3} w_i x_i + \theta\right) = \frac{1}{1+\mathrm{e}^{-0.82}} \approx 0.694$$

这样，该样本就会被预测为类别 B 了。

8.1.3　神经网络的拓扑结构

神经网络的学习基于它的拓扑结构，虽然目前已有非常多的网络结构形式，但是它们可以通过三个关键特征来区分：网络中层的数目、网络中每一层内的节点数及网络中信息传播的方向。

1. 层的数目

输入节点所在的层为输入层，负责接收训练样本集中的各输入特征值，每个节点负责一个特征值。输出节点所在的层为输出层，输出节点使用激活函数生成预测结果，一个输出节点即为一个神经元。如图 8.8 所示，该网络输入层与输出层之间包含一组连接权重(w_1，

w_2，w_3），因此称为单层神经网络。单层神经网络可以用于基本的模式分类，特别是可用于能够线性分割的模式，而大多数的学习需要更多层的网络。

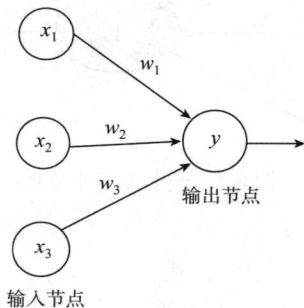

图 8.8　单层神经网络

多层网络添加了一层或者更多层的隐藏层，隐藏层的节点称为隐节点。每个隐节点即为一个神经元，使用激活函数对接受的输入进行转变。隐藏层的层数可根据需要自行指定。图 8.9 为两层神经网络，输入层和隐藏层、隐藏层和输出层之间各有一组连接权重。隐藏层有两个隐节点，输出层有一个输出节点。前一层的每个节点都连接到下一层的每个节点，这样的连接被称为完全连接。

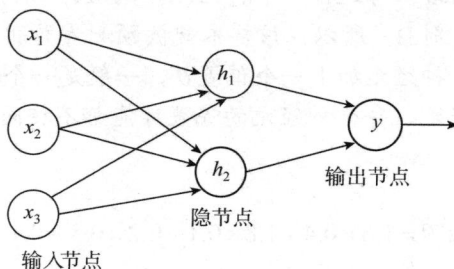

图 8.9　二层神经网络

2. 每一层的节点数

输入层输入节点的个数取决于输入特征的个数，输出层输出节点的个数可由需要建模的结果或结果中的类别数预先确定。例如，在多分类任务中，输出层的神经元数量等于类别数量。例如，要构建一个用于图像识别的神经网络，图像数据是 28×28 像素的灰度图像，所有 7 万张图像共有 10 个不同类型，则输入节点数为 28×28=784 个，输出节点数为 10 个。

隐藏层的节点数和其层数一样，需要在训练模型前自行指定。没有统一的标准来确定隐节点的个数，隐藏层的层数和隐节点的个数越多，网络的复杂程度也越高。虽然从理论上讲，复杂的网络结构能够获得更为精准的预测结果，但同时也存在过拟合的风险。而且，越复杂的网络结构，计算量越大，训练越缓慢。

3. 信息传播的方向

如果网络中从输入层、隐藏层到输出层，信息都是在一个方向上从前一个节点到后一个节点连续地传送，即连接线的箭头都是指向一个方向，没有循环或反馈机制，如图 8.9

所示，那么这样的网络称为前馈神经网络。

反馈神经网络允许存在循环连接，从而使得网络能够记忆和利用历史信息，节点之间不仅可以接收来自前一层的输入，还可以接收来自自身或其他节点的反馈。因此，反馈神经网络可以对先前的输入和输出进行学习，并将其用于当前的计算，从而增强其时序行为的处理能力，常用于自然语言处理、时间序列预测、语音识别等任务。一个简单的反馈神经网络如图 8.10 所示。

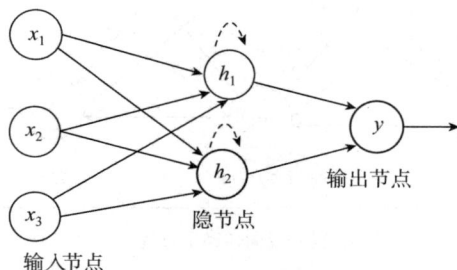

图 8.10　反馈神经网络

8.2　BP 神经网络

BP 神经网络是一种使用误差反向传播(back propagation，BP)算法进行学习的前馈神经网络，是应用最广泛的神经网络模型之一。

8.2.1　BP 神经网络的学习过程

BP 算法的学习过程分为两个子过程，即输入信息正向传递子过程和误差信息反向传递子过程。下面以图 8.11 所示的一个全连接的二层前馈神经网络为例来介绍 BP 算法的学习过程。该前馈神经网络包括一个输入层(第 0 层)、一个隐藏层(第 1 层)和一个输出层(第 2 层)，每一层具有若干个节点，每一层内的节点之间没有信息传递，前一层每个节点与后一层每个节点通过有向加权边相连。设输入层到隐藏层的权值为 v_{ij}，隐藏层到输出层的权值为 w_{jk}，输入层节点个数为 n，隐藏层神经元节点个数为 m，输出层神经元节点个数为 l。学习过程采用(0，1)型 Sigmoid 激活函数。

1. 输入信息正向传递子过程

输入层接受输入信息，然后通过隐藏层的节点进行计算处理，最后经输出层的节点处理产生输出信息。在输入信息正向传递过程中，网络连接权值保持不变，每一层节点只影响与它直接相连的后层节点。

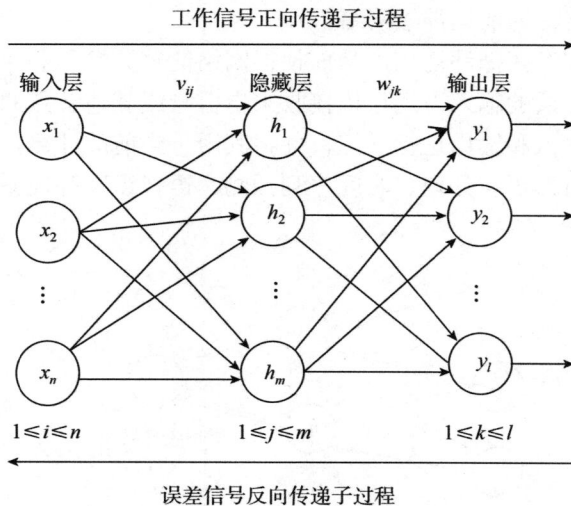

图 8.11 一个全连接的二层前馈神经网络

输入层的输入向量为 $X = (x_1, \ x_2, \ \cdots, \ x_n)$，隐藏层的输出向量为 $H = (h_1, \ h_2, \ \cdots, \ h_m)$，并有式(8-7)、(8-8)：

$$net_j = \sum_{i=1}^{n} v_{ij}x_i + \theta_j \tag{8-7}$$

$$h_j = f(net_j) = \frac{1}{1 + e^{-net_j}} \tag{8-8}$$

式中，θ_j 是隐藏层中节点 j 的偏置。

输出层输出向量为 $Y = (y_1, \ y_2, \ \cdots, \ y_n)$，并有式(8-9)、(8-10)：

$$net_k = \sum_{j=1}^{m} w_{jk}h_j + \theta_k \tag{8-9}$$

$$y_k = f(net_k) = \frac{1}{1 + e^{-net_k}} \tag{8-10}$$

式中，θ_k 是输出层中节点 k 的偏置。

输出向量 Y 就是输入向量 X 的预测输出，y_k 是输入向量 X 对应的第 k 个输出节点的预测输出。

2. 误差信息反向传递子过程

误差信息从输出层开始反向传递回输入层，每向后传递一层，就会修正位于两层之间的连接权值和前一层节点的偏置。

为了简化推导过程，下面仅说明一次误差信息反向传递的过程，计算权修改量 Δv_{ij}、Δw_{jk} 时不考虑偏置 θ_j 和 θ_k，这不影响权修改量的计算。

对于某个训练样本，实际输出与期望输出的误差信号用误差平方和来表示，即将 E 定义为式(8-11)。

$$E = \frac{1}{2} \sum_{k=1}^{l} (d_k - y_k)^2 \tag{8-11}$$

式中，d_k 为输出层第 k 个节点基于训练样本的实际值，y_k 为该样本在训练时的预测输出值。

将误差信号 E 向后传递回隐藏层，得式(8-12)。

$$E = \frac{1}{2} \sum_{k=1}^{l} (d_k - y_k)^2 = \frac{1}{2} \sum_{k=1}^{l} [d_k - f(net_k)]^2 = \frac{1}{2} \sum_{k=1}^{l} \left[d_k - f\left(\sum_{j=1}^{m} w_{jk} h_j \right) \right]^2 \tag{8-12}$$

再将误差信号向后传递回输入层，得式(8-13)。

$$\begin{aligned} E &= \frac{1}{2} \sum_{k=1}^{l} \left[d_k - f\left(\sum_{j=1}^{m} w_{jk} h_j \right) \right]^2 = \frac{1}{2} \sum_{k=1}^{l} \left\{ d_k - f\left[\sum_{j=1}^{m} w_{jk} f(net_j) \right] \right\}^2 \\ &= \frac{1}{2} \sum_{k=1}^{l} \left\{ d_k - f\left[\sum_{j=1}^{m} w_{jk} f\left(\sum_{i=1}^{n} v_{ij} x_i \right) \right] \right\}^2 \end{aligned} \tag{8-13}$$

由式(8-13)可以看到，误差信号 E 取决于权值 v_{ij} 和 w_{jk}，它是权值的二次函数。为了使误差信号 E 最快地减少，可采用梯度下降法。

如前文 6.4.1 所述，如果需要朝着函数下降最快的方向，自然就是其负梯度方向。假设有函数 $f(x)$，当前所处的位置为 x_0，如何从这个点快速走到 $f(x)$ 的最小值点。先要确定前进的方向，也就是梯度的反方向；然后，走一段距离，步长为 η；走完这段步长，就到达了 x_1 点，如式(8-14)所示。

$$x_1 = x_0 - \eta \nabla f(x) \tag{8-14}$$

式中，梯度前加一个负号，意味着朝着梯度相反的方向前进。η 在梯度下降算法中被称作学习率或者步长，意味着可以通过 η 来控制每一步的距离，以保证不要把步子跨得太大，错过了最低点，同时也要保证不要走得太慢。所以，η 的选择在梯度下降法中非常重要。η 不能太大也不能太小，太小的话，可能导致迟迟走不到最低点；太大的话，会导致错过最低点。一般取值范围为 0～1。

【例 8.2】 假设有一个单变量函数 $f(x)=x^2$，$x_0=1$，$\eta=0.4$，用梯度下降法求该函数最小值的迭代过程。

解：$\nabla f(x) = f'(x) = 2x$

$x_0 = 1$

$x_1 = x_0 - \eta \nabla f(x) = 1 - 0.4 \times 2 = 0.2$

$x_2 = x_1 - \eta \nabla f(x) = 0.2 - 0.4 \times 0.4 = 0.04$

$x_3 = x_2 - \eta \nabla f(x) = 0.04 - 0.4 \times 0.08 = 0.008$

$x_4 = x_3 - \eta \nabla f(x) = 0.008 - 0.4 \times 0.016 = 0.0016$

如图 8.12 所示，经过四次运算，也就是走了四步，基本就抵达了函数的最低点。

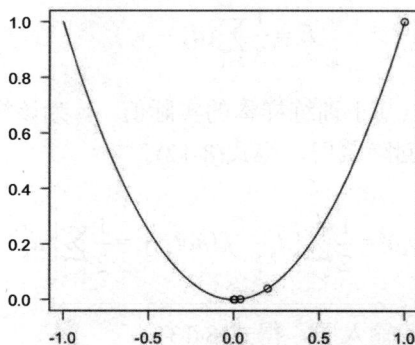

图 8.12　梯度下降求函数最小值的迭代过程

为了使函数 $E(w_{jk})$ 最小化，可以选择任意初始点 w_{jk}，从 w_{jk} 出发沿着负梯度方向走，可使得 $E(w_{jk})$ 下降最快，所以，Δw_{jk} 的计算公式为

$$\Delta w_{jk} = -\eta \frac{\partial E}{\partial w_{jk}}, \quad 1 \leqslant j \leqslant m, \quad 1 \leqslant k \leqslant l \tag{8-15}$$

式中，η 为学习率，取值为 $0 \sim 1$。

同理，Δv_{ij} 的计算公式为

$$\Delta v_{ij} = -\eta \frac{\partial E}{\partial v_{ij}}, \quad 1 \leqslant i \leqslant n, \quad 1 \leqslant j \leqslant m \tag{8-16}$$

对于输出层，有

$$\Delta w_{jk} = -\eta \frac{\partial E}{\partial w_{jk}} = -\eta \frac{\partial E}{\partial net_k} \times \frac{\partial net_k}{\partial w_{jk}} = -\eta \frac{\partial E}{\partial net_k} \times h_j \tag{8-17}$$

对于隐藏层，有

$$\Delta v_{ij} = -\eta \frac{\partial E}{\partial v_{ij}} = -\eta \frac{\partial E}{\partial net_j} \times \frac{\partial net_j}{\partial v_{ij}} = -\eta \frac{\partial E}{\partial net_j} \times x_i \tag{8-18}$$

对输出层和隐藏层各定义一个权值误差信号，计算公式分别如下：

$$\delta_k^y = -\frac{\partial E}{\partial net_k} \tag{8-19}$$

$$\delta_j^h = -\frac{\partial E}{\partial net_j} \tag{8-20}$$

则有

$$\Delta w_{jk} = \eta \delta_k^y h_j \tag{8-21}$$

$$\Delta v_{ij} = \eta \delta_j^h x_i \tag{8-22}$$

所以，只要计算出 δ_k^y 和 δ_j^h，就可计算出权值调整量 Δw_{jk} 和 Δv_{ij}。

对于输出层，δ_k^y 可展开为

$$\delta_k^y = -\frac{\partial E}{\partial net_k} = -\frac{\partial E}{\partial y_k} \times \frac{\partial y_k}{\partial net_k} = -\frac{\partial E}{\partial y_k} \times f'(net_k) \tag{8-23}$$

对于隐藏层，δ_j^h 可展开为

$$\delta_j^h = -\frac{\partial E}{\partial net_j} = -\frac{\partial E}{\partial h_j} \times \frac{\partial h_j}{\partial net_j} = -\frac{\partial E}{\partial h_j} \times f'(net_j) \tag{8-24}$$

由式(8-12)可得

$$\frac{\partial E}{\partial y_k} = -(d_k - y_k) \tag{8-25}$$

$$\frac{\partial E}{\partial h_j} = -\sum_{k=1}^{l}(d_k - y_k)f'(net_k)w_{jk} \tag{8-26}$$

由式(8-10)和 $f(x)$ 的导数 $f'(x)=f(x)[1-f(x)]$，可得

$$f'(net_k)=y_k(1-y_k) \tag{8-27}$$

代入式(8-23)，可得

$$\delta_k^y = -\frac{\partial E}{\partial y_k} \times f'(net_k)=(d_k - y_k)y_k(1-y_k) \tag{8-28}$$

同样可推出

$$\begin{aligned}
\delta_j^h &= -\frac{\partial E}{\partial h_j} \times f'(net_j)=\left[\sum_{k=1}^{l}(d_k - y_k)f'(net_k)w_{jk}\right]h_j(1-h_j) \\
&=\left[\sum_{k=1}^{l}(d_k - y_k)y_k(1-y_k)w_{jk}\right]h_j(1-h_j) \\
&=\left(\sum_{k=1}^{l}\delta_k^y w_{jk}\right)h_j(1-h_j)
\end{aligned} \tag{8-29}$$

所以，BP 前馈神经网络权值调整量 Δw_{jk} 和 Δv_{ij} 可基于式(8-21)、(8-28)和式(8-22)、(8-29)计算获得。

再考虑各层的偏置调整量，对于隐藏层，其调整量为

$$\Delta\theta_j = \eta\delta_j^h \tag{8-30}$$

对于输出层，其调整量为

$$\Delta\theta_k = \eta\delta_k^y \tag{8-31}$$

8.2.2　BP 算法描述

基于以上 BP 神经网络学习过程的分析，BP 算法描述如下。

算法 8.1　BP 算法

输入：训练数据集 S，前馈神经网络，学习率 η。

输出：训练后的前馈神经网络。

方法：在区间[-1，1]上随机初始化网络中每条有向加权边的权值、每个隐藏层与输出层节点的偏置。

```
While(结束条件不满足)
{   for(S中每个训练样本 s)
        for(隐藏层与输出层中每个节点)
        {  if(j 为隐藏层节点)
```
$$\{\ net_j = \sum_{i=1}^{n} v_{ij} x_i + \theta_j\ ;\quad h_j = \frac{1}{1+\mathrm{e}^{-net_j}}\ ;\ \}$$
```
            if(k 为输出层节点)
```
$$\{\ net_k = \sum_{j=1}^{m} w_{jk} h_j + \theta_k\ ;\quad y_k = \frac{1}{1+\mathrm{e}^{-net_k}}\ ;\ \}$$
```
        }
        for(输出层中每个节点 k)
```
$$\delta_k^y = (d_k - y_k) y_k (1 - y_k)$$
```
        for(隐藏层中每个节点 j)
```
$$\delta_j^h = \left(\sum_{k=1}^{l} \delta_k^y w_{jk} \right) h_j (1 - h_j)$$
```
        for(网络中每条有向加权边的权值)
        {   if(j 是隐藏层节点)
```
$$\{\ \Delta w_{jk} = \eta \delta_k^y h_j\ ;\quad w_{jk} = w_{jk} + \Delta w_{jk}\ ;\ \}$$
```
            if(i 是输入层节点)
```
$$\{\ \Delta v_{ij} = \eta \delta_j^h x_i\ ;\quad v_{ij} = v_{ij} + \Delta v_{ij}\ ;\ \}$$
```
        }
        for(隐藏层与输出层中每个节点的偏置)
        {   if(j 是隐藏层节点)
```
$$\{\ \Delta \theta_j = \eta \delta_j^h\ ;\quad \theta_j = \theta_j + \Delta \theta_j\ ;\ \}$$
```
            if(k 为输出层节点)
```
$$\{\ \Delta \theta_k = \eta \delta_k^y\ ;\quad \theta_k = \theta_k + \Delta \theta_k\ ;\ \}$$
```
        }
    }
```

　　所有训练样本学习一次被称为一个周期。学习终止的条件一般为：预测误差小于设定的阈值；或前一周期所有的权值调整量都小于设定的阈值；或前一周期正确分类的样本百分比达到设定的阈值；或训练周期数超过设定的阈值；或超过预先设定的时间等。

8.2.3 BP 算法示例

【**例 8.3**】图 8.13 是一个简单的前馈神经网络，输入层有 3 个节点，编号为 1~3；隐藏层为一层，有两个节点，编号为 1、2；输出层只有一个节点，编号为 1。δ_k^y 为输出层的权值信号误差，δ_j^h 为隐藏层的权值信号误差，θ_k^y 为输出层的偏置，θ_j^h 为隐藏层的偏置。假设学习率 $\eta=0.8$。现有一个训练样本 S，它的输入向量为(1，1，0)，类别值为 1。请用 BP 算法写出一次迭代学习过程。

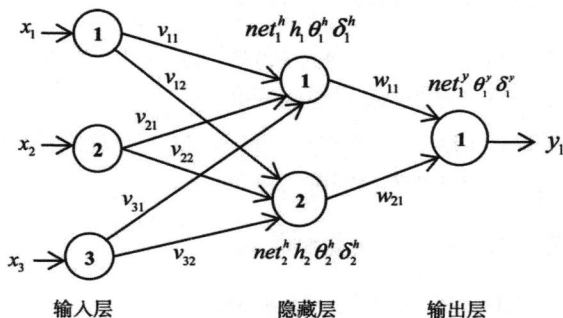

图 8.13 一个简单的前馈神经网络

1. 随机产生初始权值和偏置

随机产生初始权值和偏置的结果如表 8.1 所示。

表 8.1 随机产生初始权值和偏置的结果

v_{11}	v_{12}	v_{21}	v_{22}	v_{31}	v_{32}	w_{11}	w_{21}	θ_1^h	θ_2^h	θ_1^y
0.1	0.3	−0.2	0.4	−0.5	0.3	−0.3	0.2	−0.3	0.1	0.2

2. 求隐藏层输出

$$net_1^h = \sum_{i=1}^{3} v_{i1}x_i + \theta_1^h = 0.1 \times 1 - 0.2 \times 1 - 0.5 \times 0 - 0.3 = -0.4$$

$$h_1 = \frac{1}{1+e^{-net_1^h}} = \frac{1}{1+e^{0.4}} \approx 0.401\,312$$

$$net_2^h = \sum_{i=1}^{3} v_{i2}x_i + \theta_2^h = 0.3 \times 1 + 0.4 \times 1 + 0.3 \times 0 + 0.1 = 0.8$$

$$h_2 = \frac{1}{1+e^{-net_2^h}} = \frac{1}{1+e^{-0.8}} \approx 0.689\,974$$

3. 求输出层输出

$$net_1^y = \sum_{j=1}^{2} w_{j1}h_j + \theta_1^y = -0.3 \times 0.401\,312 + 0.2 \times 0.689\,974 + 0.2 \approx 0.217\,601$$

$$y_1 = \frac{1}{1+e^{-net_1^y}} = \frac{1}{1+e^{-0.217\,601}} \approx 0.554\,187$$

4. 求输出层误差信号

$$\delta_1^y = (d_1 - y_1) y_1 (1 - y_1) = (1 - 0.554\,187) \times 0.554\,187 \times (1 - 0.554\,187) \approx 0.110\,144$$

5. 求隐藏层误差信号

$$\delta_1^h = \delta_1^y w_{11} h_1 (1 - h_1) = 0.110\,144 \times (-0.3) \times 0.401\,312 \times (1 - 0.401\,312) \approx -0.007\,939$$

$$\delta_2^h = \delta_1^y w_{21} h_2 (1 - h_2) = 0.110\,144 \times 0.2 \times 0.689\,974 \times (1 - 0.689\,974) \approx 0.004\,712$$

6. 求隐藏层与输出层之间的权调整量和新权

$$\Delta w_{11} = \eta \delta_1^y h_1 = 0.8 \times 0.110\,144 \times 0.401\,312 \approx 0.035\,362$$

$$w_{11} = w_{11} + \Delta w_{11} = -0.3 + 0.035\,362 = -0.264\,638$$

$$\Delta w_{21} = \eta \delta_1^y h_2 = 0.8 \times 0.110\,144 \times 0.689\,974 \approx 0.060\,797$$

$$w_{21} = w_{21} + \Delta w_{21} = 0.2 + 0.060\,797 = 0.260\,797$$

7. 求输入层与隐藏层之间的权调整量和新权

$$\Delta v_{11} = \eta \delta_1^h x_1 = 0.8 \times (-0.007\,939) \times 1 \approx -0.006\,351$$

$$v_{11} = v_{11} + \Delta v_{11} = 0.1 - 0.006\,351 = 0.093\,649$$

$$\Delta v_{12} = \eta \delta_2^h x_1 = 0.8 \times 0.004\,712 \times 1 \approx 0.003\,770$$

$$v_{12} = v_{12} + \Delta v_{12} = 0.3 + 0.003\,770 = 0.303\,770$$

$$\Delta v_{21} = \eta \delta_1^h x_2 = 0.8 \times (-0.007\,939) \times 1 = -0.006\,351$$

$$v_{21} = v_{21} + \Delta v_{21} = -0.2 - 0.006\,351 = -0.206\,351$$

$$\Delta v_{22} = \eta \delta_2^h x_2 = 0.8 \times 0.004\,712 \times 1 \approx 0.003\,770$$

$$v_{22} = v_{22} + \Delta v_{22} = 0.4 + 0.003\,770 = 0.403\,770$$

$$\Delta v_{31} = \eta \delta_1^h x_3 = 0.8 \times (-0.007\,939) \times 0 = 0$$

$$v_{31} = v_{31} + \Delta v_{31} = -0.5 + 0 = -0.5$$

$$\Delta v_{32} = \eta \delta_2^h x_3 = 0.8 \times 0.004\,712 \times 0 = 0$$

$$v_{32} = v_{32} + \Delta v_{32} = 0.3 + 0 = 0.3$$

8. 求隐藏层的偏置调整量和新偏置

$$\Delta \theta_1^h = \eta \delta_1^h = 0.8 \times (-0.007\,939) \approx -0.006\,351$$

$$\theta_1^h = \theta_1^h + \Delta \theta_1^h = -0.3 - 0.006\,351 = -0.306\,351$$

$$\Delta \theta_2^h = \eta \delta_2^h = 0.8 \times 0.004\,712 \approx 0.003\,770$$

$$\theta_2^h = \theta_2^h + \Delta \theta_2^h = 0.1 + 0.003\,770 = 0.103\,770$$

9. 输出层的偏置调整量和新偏置

$$\Delta \theta_1^y = \eta \delta_1^y = 0.8 \times 0.110\,144 \approx 0.088\,115$$

$$\theta_1^y = \theta_1^y + \Delta \theta_1^y = 0.2 + 0.088\,115 = 0.288\,115$$

第一次迭代完成。

8.2.4 常用的梯度下降法

以上 BP 算法示例展示了一个样本一次迭代过程，如果训练集有 1 万个或更多的样本，该如何计算梯度并更新参数？根据每次学习(更新参数)使用的样本量，常用的梯度下降法分为批量梯度下降(Batch Gradient Descent)、随机梯度下降(Stochastic Gradient Descent, SGD)和小批量梯度下降(Mini-batch Gradient Descent)三类。

1. 批量梯度下降

批量梯度下降核心思想是：在每次更新模型参数时，使用整个训练数据集来计算损失函数的梯度。具体来说，损失函数是所有样本损失的平均值，梯度也是基于所有样本计算的。批量梯度下降的实现过程具体如下。

(1) 对于整个训练数据集，计算损失函数的梯度。

$$\nabla_\theta L(\theta) = \frac{1}{N}\sum_{i=1}^{N}\nabla_\theta L(\theta; x^{(i)}, y^{(i)}) \tag{8-32}$$

其中，$\nabla_\theta L(\theta)$ 是损失函数 $L(\theta)$ 关于参数 θ 的梯度，N 是训练数据集的样本量。

(2) 更新参数。

$$\theta = \theta - \eta\nabla_\theta L(\theta) \tag{8-32}$$

其中，η 是学习率，控制参数更新的步长。

(3) 重复上述过程，直到损失函数收敛或达到预设的迭代次数(epochs)。

批量梯度下降每次学习都使用整个训练集。其优点在于计算得到的梯度是全局的，方向稳定，收敛速度快。理论上，批量梯度下降能够找到损失函数的全局最小值(对于凸函数)或局部最小值(对于非凸函数)。其缺点在于每次学习时间过长，计算成本高，并且如果训练集很大，则需要消耗大量的内存。因此，批量梯度下降适用于数据集规模不大，对收敛精度要求较高的场景。

2. 随机梯度下降

随机梯度下降的核心思想是：每次更新参数时，只随机使用一个样本来计算梯度。这种方法大大减少了每次更新的计算量，从而加快了训练速度。随机梯度下降实现过程具体如下。

(1) 随机选择一个样本。从训练数据集中随机选择一个样本($x^{(i)}, y^{(i)}$)。

(2) 基于该样本，计算损失函数的梯度。

$$\nabla_\theta L(\theta; x^{(i)}, y^{(i)})$$

(3) 更新参数。

$$\theta = \theta - \eta\nabla_\theta L(\theta; x^{(i)}, y^{(i)}) \tag{8-33}$$

(4) 重复上述过程，直到遍历完所有样本或达到预设的迭代次数。

随机梯度下降每次更新只计算一个样本的梯度，计算量小，训练速度快，适合处理大规模数据集。而且，每次更新引入的噪声可以帮助模型跳出局部极小值，找到更优的解。对于类似盆地区域(即很多局部极小值点)，可能会使得优化的方向从当前的局部极小值点跳到另一个更好的局部极小值点，这样对于非凸函数，最终可能收敛于一个较好的局部极值点，甚至全局极值点。但也正因为每次只使用一个样本，梯度方向可能非常不稳定，导致训练过程"震荡"。所以可能需要更多的迭代次数才能收敛，但可能难以精确收敛到全局最优解。据此，随机梯度下降适用于需要快速迭代和动态调整的场景，如在线学习场景。

3. 小批量梯度下降

小批量梯度下降是批量梯度下降和随机梯度下降的折中方案。它每次更新参数时，使用一个小批量(mini-batch)的样本(通常为几十个到几百个样本)来计算梯度。这种方法既保留了随机梯度下降的高效性，又减少了梯度方向的波动。小批量梯度下降的实现过程具体如下。

(1) 随机选择一个小批量(mini-batch)样本。从训练数据集中随机选择一个小批量的样本 $\{x^{(i)}, y^{(i)}\}_{i=1}^{B}$，B 是 mini-batch 的大小。

(2) 基于 mini-batch，计算损失函数的梯度。

$$\nabla_{\theta} L(\theta; \text{mini} - \text{batch}) = \frac{1}{B} \sum_{i=1}^{B} \nabla_{\theta} L(\theta; x^{(i)}, y^{(i)}) \tag{8-34}$$

(3) 更新参数。

$$\theta = \theta - \eta \nabla_{\theta} L(\theta; \text{mini} - \text{batch}) \tag{8-35}$$

其中，$\nabla_{\theta} L(\theta; \text{mini} - \text{batch})$ 是基于 mini-batch 的梯度，mini-batch 通常为 32、64、128 或 256 个样本。

(4) 重复上述过程，直到遍历完所有样本或达到预设的迭代次数。

小批量梯度下降每次更新使用一个小批量的样本，可以通过矩阵运算加速计算。相对于随机梯度下降，使用小批量减少了梯度方向的波动，使训练过程更加平稳。相对于全量梯度下降，其提高了每次学习的速度。但小批量的大小需要根据具体问题进行调整，过大或过小都会影响训练效果。据此，小批量梯度下降适用于无法一次性加载到内存规模较大的数据集，需要快速迭代和稳定训练的场景。

8.3 卷积神经网络

卷积神经网络(convolutional neural network，CNN)也是一种前馈神经网络，对于大规模的模式识别有非常好的表现，广泛应用于图像、语音和视频识别。一个典型的卷积神经网络的结构如图 8.14 所示。除了输入层，典型的卷积神经网络通常包括若干个卷积层、激活层、池化层和全连接层(隐藏层和输出层)。其中，池化层不是必需的，有时候会被省略。

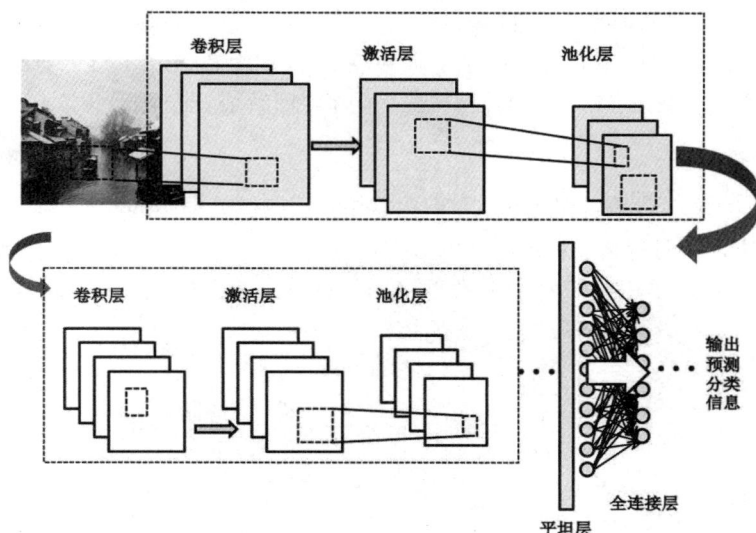

图 8.14 典型卷积神经网络的结构

8.3.1 卷积层

卷积层是卷积神经网络的核心。卷积层通过卷积运算，基于"局部感知"和"参数共享"实现降维处理和提取特征的目的。

1. 卷积的数学定义

卷积的数学定义如式(8-36)所示。

$$h(x) = \int_{-\infty}^{+\infty} f(t)g(x-t)\mathrm{d}t \tag{8-36}$$

式中，函数 f 和函数 g 是卷积对象，t 为积分变量。

式(8-36)所示的积分操作被称为连续域上的卷积操作。这种操作通常也被简记为式(8-37)。

$$h(x) = f(x) * g(x) \tag{8-37}$$

式中，通常把函数 f 称为输入函数，函数 g 称为卷积核或滤波器，星号*表示卷积。

在理论上，输入函数可以是连续的，通过积分可以得到一个连续的卷积。事实上，一般情况下，我们不需要记录所有时刻的数据，只以一定的时间间隔进行采样即可。对于离散信号，卷积操作可用式(8-38)表示。

$$h(x) = f(x) * g(x) = \sum_{t=-\infty}^{+\infty} f(t)g(x-t) \tag{8-38}$$

对于离散卷积的定义可以推广到更高维度的空间上，例如二维的公式可表示为式(8-39)。

$$h(x,y) = f(x,y) * g(x,y) = \sum_m \sum_n f(m,n)g(x-m, y-n) \tag{8-39}$$

如果函数 f 具有某种功能，函数 g 具有另一种功能，那么函数 h 就是函数 f 和函数 g 的加权叠加结果，即两种功能的叠加结果。假设 f 是认知函数，表示对已有事物的感知和理解，g 是遗忘函数，那么 f 和 g 的加权叠加结果就可理解成记忆函数 h。

2. 卷积运算

卷积层进行的处理就是卷积运算。卷积运算相当于图像处理中的滤波器运算，卷积核即为滤波器。CNN 中，有时也将卷积层的输入数据称为输入特征图，输出数据称为输出特征图。

如图 8.15 所示，卷积运算对输入数据应用卷积核。输入数据是一个 4×4 的矩阵，卷积核是一个 3×3 的矩阵，输出是一个 2×2 的矩阵。

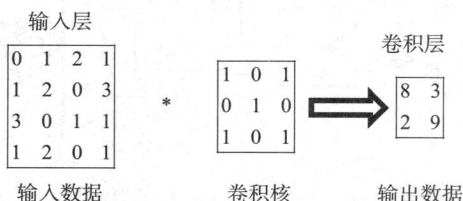

图 8.15 卷积运算示例

图 8.16 展示了卷积运算的实现过程。我们用卷积核矩阵在原始数据上从左到右、从上到下滑动，每次滑动的距离(单元个数)称为步幅(stride)。在每个位置上，卷积核矩阵的元素和输入矩阵的对应元素相乘，并把乘积结果累加保存在输出矩阵对应的每一个单元格中，这样就得到了输出特征矩阵(或称为卷积特征矩阵)。

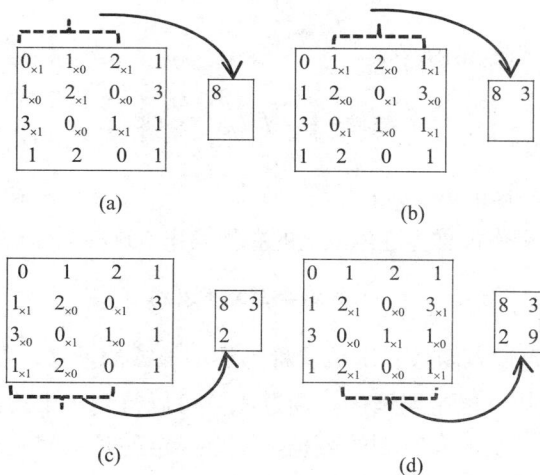

图 8.16 卷积运算实现过程

在全连接的神经网络中，除了权值参数，还存在偏置。在 CNN 中，卷积核矩阵的值对应全连接的神经网络中的权值。CNN 中也有偏置，卷积运算的偏置处理如图 8.17 所示。一个卷积核通常只有一个偏置，这个值会被加到应用了该卷积核的所有元素上。

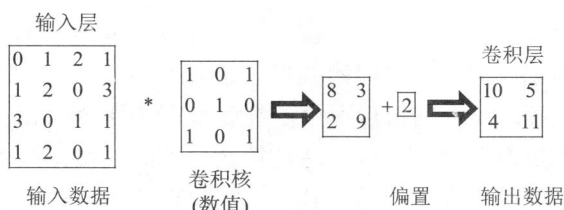

图 8.17　卷积运算的偏置处理

对于图像数据，如果我们采用全连接的神经网络，隐藏层的每个神经元需要与整幅图像的所有输入节点相连，图像的尺寸越大，其连接的权值和偏置也将变得越多，从而导致计算量非常大，整个网络训练的收敛也会非常慢。假如有一幅像素为 28×28 的图像，采用全连接的神经网络，每个像素为一个节点，输入层共有 28×28=784 个节点；如果与输入层相连的隐藏层有 30 个神经元，那么输入层与这个隐藏层之间总共有 784×30 个权值；加上每个神经元的偏置，共有 784×30+30=23 550 个参数。而这仅仅是一组参数，随着全连接神经网络层数的增加及增加的隐藏层神经元个数的变化，参数还将按相同方法增加。

如果我们使用卷积神经网络(CNN)，将卷积核应用到输入的图像数据矩阵上，那么与输入层相连的第一个卷积层中的每个神经元只需要与输入层部分区域相连接。这个局部连接区域称为局部感知域(local receptive fields)，其大小等同于卷积核的大小。如图 8.15 所示，卷积核为 3×3 的矩阵，所以卷积层得到的第一个神经元 8，只与输入矩阵的左上 3×3 区域相连接，如图 8.16(a)所示。由图 8.16 卷积运算过程和图 8.17 卷积运算的偏置处理可知，这个卷积层的 4 个神经元具有相同的权值和偏置，也就是所谓的卷积过程的参数共享。这意味着该卷积层的所有神经元提取了完全相同的特征，只是提取的位置不同。因为这个原因，有时把从输入层到卷积层的映射称为一个特征映射。为了完成图像识别，我们通常需要多个不同的卷积核及偏置以提取图像多个不同的特征。所以，一个完整的卷积层由多个不同的特征映射组成。卷积核的个数称为卷积核的深度。

对于上述像素为 28×28 的图像,如果我们使用 CNN 用于识别,假定卷积核的大小为 5×5 的矩阵，每个卷积核需要 5×5=25 个权值，加上一个共享偏置，每个特征映射需要 26 个参数。如果我们用 20 个不同的卷积核提取不同的特征，那么从输入层到第一个卷积层总共只需要 20×26=520 个参数。CNN 与全连接神经网络相比，大大降低了参数个数，而且由于同一特征映射上的权值相同，可以实现并行学习，所以训练中在达到相同识别率的情况下，其收敛速度明显快于全连接的 BP 网络。

在卷积操作前，还有一个需要注意的操作就是填充(padding)。填充是指用多少个单元来填充输入数据的边界。就像图 8.18 所示，在这四周的区域都进行填充，一般可填上 0 值。

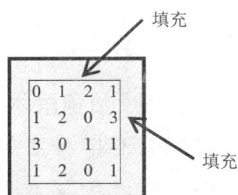

图 8.18　填充操作

填充的目的有三个方面。其一，是保留边界信息。如果不加填充的话，最边缘的数据信息仅仅被卷积核扫描了一遍，而中间的数据信息会被扫描多遍，这在一定程度上降低了边界数据信息的参考程度。填充后可以在一定程度上解决这个问题。其二，补齐输入数据尺寸的差异。如果输入数据尺寸有差异，通过填充补齐后，使得输入的尺寸一致，则可避免频繁调整卷积核和其他层的工作模式。其三，调整输出的大小。每次进行卷积运算，都会缩小空间，那么在某个时刻输出大小就有可能无法满足下一轮卷积的需要，因此，通过填充可以保证下一轮卷积所需的空间大小要求。

综上分析，卷积层的超参数主要包括卷积核的数量(滤波器的数量，filter_num)、卷积核的大小(滤波器的大小，filter_size)、步幅(stride)和填充(padding)。

8.3.2 激活层

CNN 中激活层的作用类似于 BP 神经网络中神经元使用激活函数的作用，其将前一卷积层中的输出，通过非线性的激活函数转换，用以模拟任意函数，从而增强网络的表征能力。在 CNN 中，使用最多的是如式(8-5)所示的 ReLU 函数(rectified linear unit，修正线性单元)。在实际应用中，激活层通常与其他网络模块(如卷积层、池化层)组合使用，以实现更好的性能。

8.3.3 池化层

池化层(池层，pooling layer)，有些资料也将其称为下采样层(subsampling layer)。简单来说，池化就是把小区域的特征通过整合得到新特征的过程。池化函数考察的是在小区域范围内所有元素具有的某一种特性。常见的统计特性包括最大值、均值、累加及 L_2 范数等。池化层函数力图用统计特性反映出来的一个值来代替原来某个区域的所有值。

常用的池化处理有两种方式，一种是最大池化(max pooling)，一种是平均池化(average pooling)。顾名思义，最大池化就是以小区域内的最大值代替该区域的所有值，平均池化就是以小区域内的平均值代替该区域的所有值。在图像识别领域，常被使用的是最大池化方式。

如图 8.19(a)和(b)所示，前一层的输出为 4×4 的矩阵，池化区域为 2×2，经过最大池化和平均池化，结果为 2×2 的矩阵。

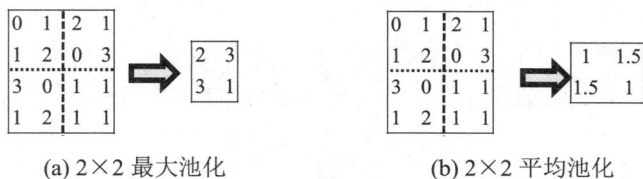

(a) 2×2 最大池化   (b) 2×2 平均池化

图 8.19　2×2 最大池化和平均池化举例 1

所以，池化层实际上在卷积层的基础上又进行了一次特征提取，最直接的结果是降低了下一层待处理的数据量。池化的操作是按卷积层不同特征映射的结果独立进行的，所以池化层的深度(通道数)与前一层的深度一致，不会发生变化。池化层只涉及简单的统计计算(最大值、平均值等)，不涉及权重或偏置的学习。

　　由于这个特征的提取，使得有更大的可能进一步获取更为抽象的信息，减少了参数的数量，从而更好地防止过拟合，提高泛化能力。但是，由于最大池化只保留了局部区域的最大值，所以可能会丢失一些细节信息。同理，平均池化因为对所有值进行了平均处理，所以可能无法捕捉到最显著的特征。

　　池化还能够对输入的少量平移、旋转及缩放等微小变化产生较大的容忍，也就是能保持池化结果的不变性。在图 8.19(a)或者(b)中，前一层的输出变为如图 8.20(a)和(b)所示，其最大池化和平均池化的结果仍然没有变化。

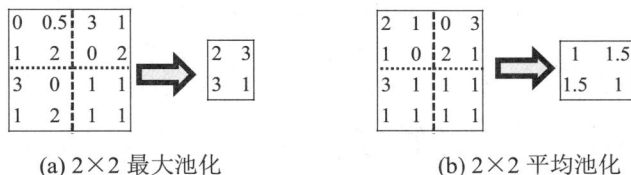

(a) 2×2 最大池化　　　　　　(b) 2×2 平均池化

图 8.20　2×2 最大池化和平均池化举例 2

　　池化层的超参数主要包括池化窗口大小(kernel size)、步长(stride)和填充(padding)。池化窗口大小定义了池化操作的窗口大小，通常是一个正方形(如 2×2、3×3 等)，决定了池化操作在输入数据上滑动时覆盖的区域大小。步长定义了池化窗口在输入数据上滑动的距离。如果步长与窗口大小相同，则池化操作不会重叠；如果步长小于窗口大小，则池化操作会重叠。填充方式常见为"valid"(无填充)和"same"(填充后输出尺寸与输入相同)，但池化层中填充的使用相对较少。这些超参数决定了池化层的输出特征图的尺寸和特性。

8.3.4　全连接层

　　在 CNN 的前面几层，通常是卷积层、激活层和池化层(可以被省略)的多轮交替转换，这些层中的数据通常是多维的。全连接层就是传统的多层感知机，它的拓扑结构就是一个简单的 $n×1$ 的模式。所以，前面的层在接入全连接层前，必须先将多维张量拉平成一维数组($n×1$)，这个额外的多维数据变形工作层，有资料称其为平坦层(flatten layer)。然后，这个平坦层成为全连接层的输入层，其后的网络拓扑就和一般的前馈神经网络一样，后面可以跟若干个隐藏层和一个输出层。所以，全连接层是卷积神经网络中的关键组成部分，负责将卷积层和池化层提取的局部特征整合为全局特征，并输出最终的分类或回归结果。

　　如前分析，全连接的神经网络参数众多，计算量非常大，且容易产生过拟合。因此，在 CNN 的全连接层，通常可采用 Dropout 正则化技术，防止过拟合，以增强模型的泛化能力。Dropout 的核心思想是通过模拟"模型集成"的效果，让网络在每次迭代中只使用部分神经元，从而避免某些神经元对特定训练样本的过度依赖。

　　Dropout 在训练阶段正向传播时，随机丢弃神经元的具体步骤如下。

　　(1) 生成随机掩码(Mask)。对于当前层的输出向量 X(或张量)，生成一个与 X 同维度的二值掩码 r。每个元素以概率 p 被设置为 **1**(保留该神经元)，以概率 $1-p$ 被设置为 **0**(丢弃该神经元)。

假设输入向量 X 的维度为6，保留概率 $p=0.5$，则生成的掩码 r 可能是：[1,0,0,1,0,1]。

(2) 应用掩码。

将输入向量 X 与掩码 r 逐元素相乘，得到 Dropout 后的输出 $X_{dropout}$。

$$X_{dropout} = X \odot r \tag{8-40}$$

式中，$\odot$ 表示逐元素相乘。

假设输入向量 X=[0.1,0.2,0.3,0.4,0.5,0.6]，掩码 r=[1,0,0,1,0,1]，则 Dropout 后的输出为：

$$X_{dropout} = [0.1,0,0,0.4,0,0.6]$$

(3) 逆归一化(scaling)。

为了保持 Dropout 后输出的期望值与原始输出一致，需要将 $X_{dropout}$ 乘以 $\frac{1}{p}$，即

$$X_{dropout} = \frac{X \odot r}{p} \tag{8-41}$$

假设某个神经元的原始输出为 x，保留概率为 p。则在训练阶段，该神经元有 p 的概率被保留，此时输出为 $\frac{x}{p}$，因此，该神经元的期望输出为

$$E(\text{output}) = p \cdot \frac{x}{p} + (1-p) \cdot 0 = x$$

这样，训练阶段的期望输出与原始输出 x 保持一致。

如上 $p=0.5$，则逆归一化后为

$$X_{dropout} = [0.2,0,0,0.8,0,1.2]$$

在反向传播时，计算损失函数对经过 Dropout 处理后的输出 $X_{dropout}$ 的梯度，并将梯度与掩码 r 逐元素相乘，得到丢弃神经元后的梯度。被丢弃的神经元(掩码为 0 的位置)的梯度为 0，因此这些神经元的权重不会在当前迭代中更新。

每次迭代时，掩码 r 都是随机生成的，这意味着每次迭代中被丢弃的神经元是不同的。这种随机性使得模型无法依赖于特定的神经元组合，从而减少了过拟合的风险。

在测试阶段，Dropout 关闭随机丢弃，所有神经元都参与计算。为抵消训练阶段的放大效果，将权重乘以 p，以保持输出的一致性。

8.4　R 实践案例：白葡萄酒品质预测

案例的数据集来自 UCI 机器学习数据仓库(machine learning data repository)，由 P. Cortez、A. Cerdeira、F. Almeida、T. Matos 和 J. Reis 捐赠。本案例选用该数据集中的白葡萄酒数据

Whitewines.csv，共 4898 个白葡萄酒案例，每个案例包含 11 种化学特性信息及葡萄酒专家的质量评分，评分区间从 0(很差)到 10(非常好)。

8.4.1　数据探索

1. 数据集初探

使用 read.csv()函数导入数据，并使用 str()函数显示数据集内部结构。

```
> wine<-read.csv("文件所在路径/Whitewines.csv")
> str(wine)
```

结果如图 8.21 所示，Whitewines.csv 数据集共有 4898 个样本和 12 个变量，其中 11 个为特征变量，分别为：fixed.acidity(非挥发性酸)、volatile.acidity(挥发性酸)、citric.acid(柠檬酸)、residual.sugar(残余糖分)、chlorides(氯化物含量)、free. sulfur. dioxide(游离二氧化硫含量)、total.sulfur.dioxide(总二氧化硫含量)、density(密度)、pH(pH 值)、sulphates(硫酸盐)和 alcohol(酒精度)。quality 为目标变量。所有变量类型均为数值型。

```
'data.frame':    4898 obs. of  12 variables:
$ fixed.acidity       : num  6.7 5.7 5.9 5.3 6.4 7 7.9 6.6 7 6.5 ...
$ volatile.acidity    : num  0.62 0.22 0.19 0.47 0.29 0.14 0.12 0.38 0.16 0.37 ...
$ citric.acid         : num  0.24 0.2 0.26 0.1 0.21 0.41 0.49 0.28 0.3 0.33 ...
$ residual.sugar      : num  1.1 16 7.4 1.3 9.65 0.9 5.2 2.8 2.6 3.9 ...
$ chlorides           : num  0.039 0.044 0.034 0.036 0.041 0.037 0.049 0.043 0.043 0.027 ...
$ free.sulfur.dioxide : num  6 41 33 11 36 22 33 17 34 40 ...
$ total.sulfur.dioxide: num  62 113 123 74 119 95 152 67 90 130 ...
$ density             : num  0.993 0.999 0.995 0.991 0.993 ...
$ pH                  : num  3.41 3.22 3.49 3.48 2.99 3.25 3.18 3.21 2.88 3.28 ...
$ sulphates           : num  0.32 0.46 0.42 0.54 0.34 0.43 0.47 0.47 0.47 0.39 ...
$ alcohol             : num  10.4 8.9 10.1 11.2 10.9 ...
$ quality             : int  5 6 6 4 6 6 6 6 6 7 ...
```

图 8.21　Whitewines.csv 数据集概况

检查数据集中是否存在缺失值，使用 is.na(wine_data)生成一个逻辑矩阵，其中每个元素表示 wine_data 中相应位置的值是否为缺失值 NA；然后，使用 sum()函数计算这个逻辑矩阵中所有 TRUE 值(即 NA 值)的总和。结果为 0，说明数据集不存在缺失值。

```
> sum(is.na(wine))
[1] 0
```

2. 数值型变量探索

我们先使用 summary()函数探索 quality 变量的描述统计量。

```
> summary(wine$quality)
Min.  1st Qu.  Median  Mean  3rd Qu.  Max.
3.000   5.000   6.000  5.878   6.000  9.000
```

专家打的最低分为 3 分，最高分为 9 分，平均数为 5.878，非常接近中位数和四分之三位数。进一步使用 dplyr 包中的 group_by()函数和 summarise()函数探索白葡萄酒质量不同取值的频数分布,此代码用到了管道操作符%>%,它将左侧的值作为右侧函数的第一个参数。以下代码表示先将 wine 数据集传递给 group_by(quality)函数,然后将 group_by()的结果传递给 summarise(Count = n())函数。管道操作符来自 magrittr 包,通常与 dplyr 一起使用。由于 dplyr 会自动加载它所依赖的包(包括 magrittr),所以只需要加载 dplyr。结果显示,评分等级为 6 的样本量最大(2198),其次为 5 和 7,样本量最小的是最高等级 9。

```
> library(dplyr)
> quality_summary <- wine %>%group_by(quality) %>%summarise(Count = n())
> print(quality_summary)
quality Count
  <int> <int>
1     3    20
2     4   163
3     5  1457
4     6  2198
5     7   880
6     8   175
7     9     5
```

使用 ggplot2 中的 geom_histogram()函数,因白葡萄酒质量有 7 个不同取值,bins 参数设为 7,绘制直方图,以便更直观地了解数据集中不同质量评分的分布情况。

```
> library(ggplot2)
> ggplot(wine, aes(x = quality)) +
  geom_histogram(bins = 7, fill = "steelblue", color = "black") +
  xlab("Quality")
```

结果如图 8.22 所示。

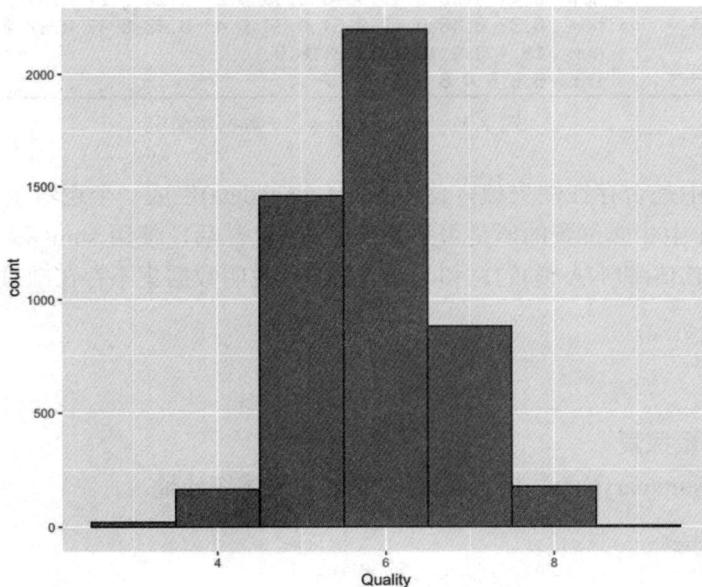

图 8.22 白葡萄酒质量分布直方图

使用 summary()函数探索非挥发性酸、挥发性酸和柠檬酸的描述统计量,结果如下所示:

```
> summary(wine[c("fixed.acidity","volatile.acidity","citric.acid")])
    fixed.acidity    volatile.acidity      citric.acid
 Min.    : 3.800   Min.    :0.0800   Min.    :0.0000
 1st Qu. : 6.300   1st Qu. :0.2100   1st Qu. :0.2700
 Median  : 6.800   Median  :0.2600   Median  :0.3200
 Mean    : 6.855   Mean    :0.2782   Mean    :0.3342
 3rd Qu. : 7.300   3rd Qu. :0.3200   3rd Qu. :0.3900
 Max.    :14.200   Max.    :1.1000   Max.    :1.6600
```

从绝对含量来看，非挥发性酸的含量最高，最小值为 3.8，最大值为 14.2。挥发性酸和柠檬酸的绝对含量相差不大，最小值、最大值及平均值较为接近。

因数据集中所有变量均为数值型变量，所以直接使用 cor() 函数计算变量之间的相关系数矩阵，然后使用 corrplot() 函数绘制相关系数图，method 参数指定使用圆形来表示相关系数的大小，type 参数指定只显示相关系数矩阵的上三角部分，以避免重复显示下三角部分，addCoef.col 参数用于指定在相关系数的圆圈中添加黑色的相关系数数值。如果数据集中包含非数值型变量，那么在计算相关系数矩阵时，可以使用 sapply 函数结合 is.numeric 来筛选出数值型变量的列索引，然后使用这些列索引来提取数值型变量的数据。

```
> library(corrplot)
> cor_matrix <- cor(wine)
#如果 wine 中存在非数值型变量,则可以 cor_matrix<-cor(wine[,sapply(wine,is.numeric)])
> corrplot(cor_matrix, method = "circle", type = "upper", addCoef.col = "black")
```

结果如图 8.23 所示，特征变量之间总体线性相关性较弱，只有 residual.sugar 和 density 两个变量具有较高的线性相关性，两者的 pearson 相关系数为 0.84。目标变量 quality 与 free.sulfur.dioxide、pH 和 sulphates 三个变量之间存在非常弱的正向相关性，与 alcohol 变量存在中等正向线性相关关系，而与其他变量存在负向线性相关关系，且线性相关程度非常低。

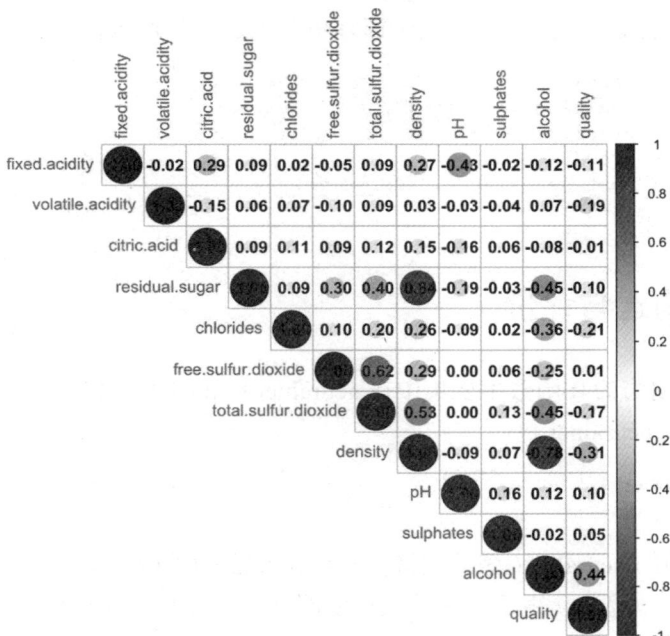

图 8.23　相关系数矩阵图

8.4.2　数据转换与分区

使用最大值最小值规范化方法，自定义规范化函数 normalize()。

```
> normalize<-function(x){return((x-min(x))/(max(x)-min(x)))}
```

执行此代码后，使用 lapply()函数，把定义的 normalize()函数作用于 wine 数据框的每一列。

```
> wine_norm<-as.data.frame(lapply(wine,normalize))
```

使用 summary()函数查看规范化后的 quality 变量的描述统计量。规范化后 quality 的最大值为 1，最小值为 0。

```
> summary(wine_norm$quality)
Min.   1st Qu. Median  Mean   3rd Qu. Max.
0.0000  0.3333  0.5000  0.4797  0.5000  1.0000
```

使用 caret 包中的 createDataPartition()函数，将规范化后的数据集 wine_norm 划分为训练集和测试集，其中训练集占 70%，测试集占 30%，并且设置随机种子以确保结果的可重复性。其中 wine_norm[-splitIndex,] 表示使用负号索引来提取测试集，即从 wine_norm 数据集中排除 splitIndex 中的索引，得到剩余的行作为测试集。

```
> library(caret)
> set.seed(123)
> splitIndex <- createDataPartition(wine_norm$quality, p = 0.7, list = FALSE)
> train_data <- wine_norm[splitIndex, ]
> test_data <- wine_norm[-splitIndex, ]
```

查看训练集和测试集的样本量，显示训练集和测试集分别包含了 3429 和 1469 个样本。

```
> train_size <- nrow(train_data)
> print(paste("Training set size:", train_size))
[1] "Training set size: 3429"
> test_size <- nrow(test_data)
> print(paste("Test set size:", test_size))
[1] "Test set size: 1469"
```

8.4.3　模型构建与评价

BP 反向传播网络的 R 函数主要集中在 neuralnet 和 nnet 两个包中，本示例使用 neuralnet 包。先安装并加载 neuralnet 包。

```
> install.packages("neuralnet")
> library(neuralnet)
```

neuralnet 包中的 neuralnet()函数支持多种优化算法，如传统的反向传播、弹性反向传播及修改后的全局收敛算法，用于训练前馈神经网络。它还允许通过自定义误差和激活函数进行灵活设置，并且实现了广义权重的计算。广义权重的计算是指在神经网络中，除了传统的权重参数外，还可以计算其他与权重相关的参数，如权重的导数等。这些广义权重可以提供更多关于网络性能的信息，有助于模型的分析和优化。输入层节点为输入变量个数，隐藏层的层数和节点数为超参数，需要指定一个输出节点。neuralnet()函数的基本形式为

```
neuralnet(target~predictors,data=mydata,hidden=1,threshold=0.01,stepmax=100000,rep
= 迭代次数,err.fct=误差函数名,linear.output=FALSE,learningrate=学习率, algorithm=算法名)
```

其中：

hidden 用于指定隐藏层的层数和各隐藏层的节点个数，默认值为 1，表示有 1 个隐藏层，包括一个隐节点。若 hidden=c(4，3，1)，则表示有 3 个隐藏层，第 1 个至第 3 个隐藏层分别有 4、3、1 个隐节点。

threshold 用于指定迭代停止的条件，当权值的最大调整小于指定值时迭代停止，默认值为 0.01。

stepmax 用于指定单次训练过程中的最大迭代次数，当迭代次数达到指定次数时迭代停止，默认值为 100 000 次。

rep 用于指定神经网络训练的重复次数，默认值为 1。由于神经网络初始化具有一定的随机性，如果设置 rep > 1，函数将创建多个起始权重，并同时对它们进行训练。这样做的目的是减少随机初始化对结果的影响，使得模型更加稳健。

err.fct 用于指定误差函数的形式，可以是字符串，如 sse 和 ce 分别代表平方和误差和交叉熵，或者自定义的可微分函数。

linear.output 取值为 TRUE 或 FALSE，分别表示输出节点的激活函数为线性函数还是非线性函数，默认为 sigmoid 函数，在 BP 中为 FALSE。

learningrate 用于指定学习率，当参数 algorithm 取值为 backpop 时，应指定该参数为一个常数，否则学习率就是一个动态变化的量。

Algorithm 用于指定计算神经网络的算法类型，可能的类型包括 backprop(传统反向传播)、rprop+和 rprop-(弹性反向传播及其变体)、sag 和 slr(修改后的全局收敛算法)。

neuralnet()函数返回值是一个包含众多计算结果的列表，主要内容包括如下几项。

(1) net.result：预测值结果，包含了神经网络对训练数据和测试数据的预测。

(2) weights：各个节点的权值列表。

(3) result.matrix：终止迭代时各个节点的权值、迭代次数、损失函数和权值的最大调整量。

(4) startweights：各个节点的初始权值，neuralnet 函数令初始权值为(-1，1)的正态分布随机数。

首先，训练一个最简单的只有一个隐节点的二层前馈神经网络。

```
> wine_net1<-neuralnet(quality~.,data= train_data)
```

然后，使用 plot()函数将 wine_net1 网络拓扑结构可视化。

```
> plot(wine_net1)
```

结果如图 8.24 所示。

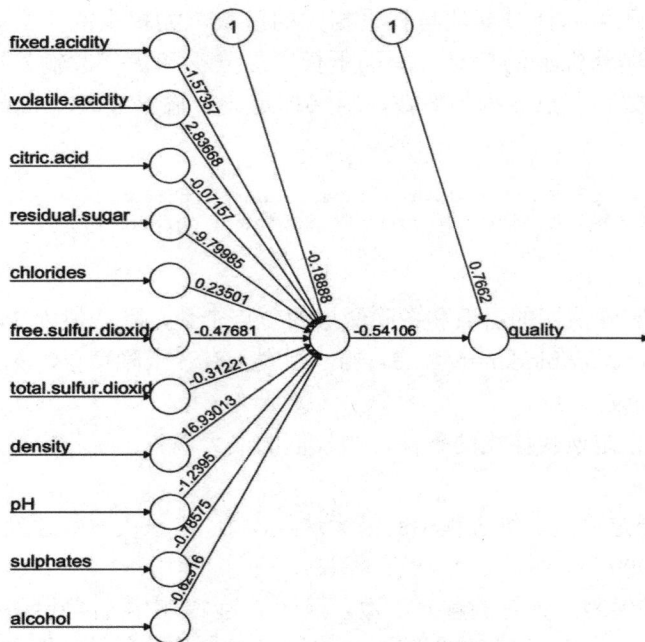

图 8.24 wine_net1 拓扑图

查看 wine_net1 网络误差、迭代次数、迭代终止时的权值和偏置等信息。

```
> wine_net1$result.matrix
```

结果如图 8.25 所示。

	[,1]
error	2.704895e+01
reached.threshold	9.615478e-03
steps	3.026000e+03
Intercept.to.1layhid1	-1.888826e-01
fixed.acidity.to.1layhid1	-1.573569e+00
volatile.acidity.to.1layhid1	2.836684e+00
citric.acid.to.1layhid1	-7.157281e-02
residual.sugar.to.1layhid1	-9.799850e+00
chlorides.to.1layhid1	2.350125e-01
free.sulfur.dioxide.to.1layhid1	-4.768150e-01
total.sulfur.dioxide.to.1layhid1	-3.122130e-01
density.to.1layhid1	1.693013e+01
pH.to.1layhid1	-1.239501e+00
sulphates.to.1layhid1	-7.857548e-01
alcohol.to.1layhid1	-6.291580e-01
Intercept.to.quality	7.661975e-01
1layhid1.to.quality	-5.410610e-01

图 8.25 wine_net1 结果

wine_net1 网络误差平方和为 27.04895，总迭代次数为 3026 次，权值的最大调整量为 0.009615478。result.matrix 中逐一列出的迭代结束时网络的权值和偏置值与图 8.24 中显示一致。

基于测试数据集使用 compute()函数生成预测结果。

```
> wine_net1results<-compute(wine_net1,test_data)
```

compute()函数返回带有两个分量的列表：$neurons 用来存储网络中每一层的神经元；$net.results 用来存储预测值。我们需要的是后者。

```
> predicted_quality1<- wine_net1results$net.result
```

因为 quality 是数值预测问题，所以可通过预测值与实际值的相关性来度量模型的效果。我们使用 cor()函数分析预测值和实际值之间的相关性。

```
> cor(predicted_quality1, test_data$quality)
           [,1]
[1,] 0.5324457
```

结果显示，两者相关系数仅为 0.5324457，属于中等相关程度，模型性能还可进一步提升。通过增加隐含层的节点数，我们构建第二个模型。

```
> wine_net2<-neuralnet(quality~.,data=train_data,hidden=c(5,2))
> plot(wine_net2)
```

使用 plot()函数将 wine_net2 网络拓扑结构可视化，结果如图 8.26 所示。

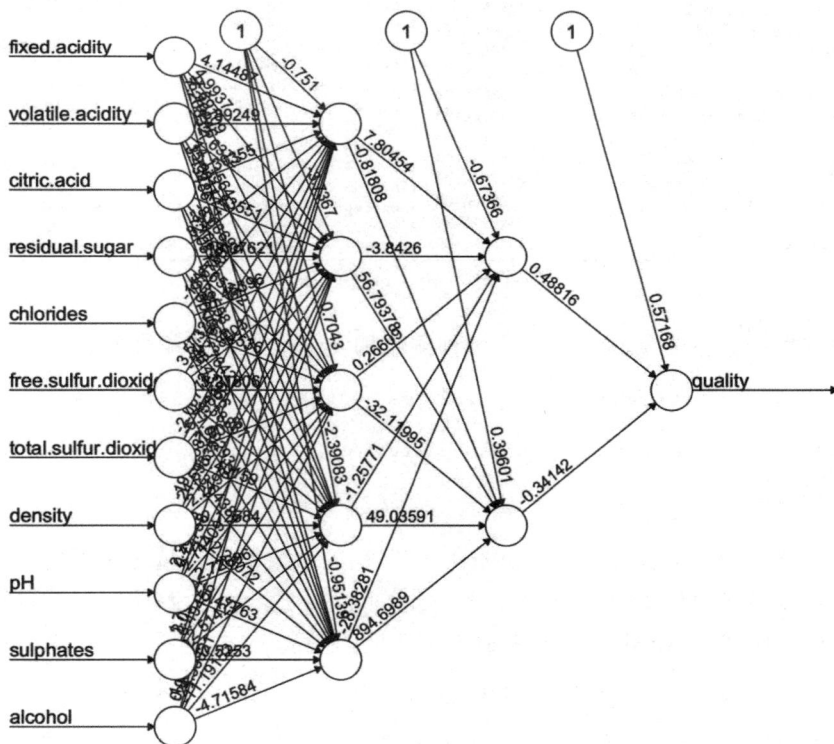

图 8.26   wine_net2 拓扑图

查看 wine_net2 网络误差、迭代次数、迭代终止时的权值和偏置等信息。结果如图 8.27 所示。wine_net2 网络误差平方和为 21.49413，较 wine_net1 网络下降了近 5.6。总迭代次数为 21 049 次，权值的最大调整量为 0.00974947。

```
> wine_net2$result.matrix
```

	[,1]		
error	2.149413e+01	alcohol.to.1layhid3	-2.456821e+01
reached.threshold	9.749470e-03	Intercept.to.1layhid4	-2.390833e+00
steps	2.104900e+04	fixed.acidity.to.1layhid4	-6.102465e+00
Intercept.to.1layhid1	-7.509978e-01	volatile.acidity.to.1layhid4	1.508114e+01
fixed.acidity.to.1layhid1	4.144867e+00	citric.acid.to.1layhid4	-3.106922e+00
volatile.acidity.to.1layhid1	1.892493e+00	residual.sugar.to.1layhid4	4.395584e+00
citric.acid.to.1layhid1	-2.393546e+00	chlorides.to.1layhid4	-2.764211e+00
residual.sugar.to.1layhid1	8.324710e+00	free.sulfur.dioxide.to.1layhid4	3.388872e+00
chlorides.to.1layhid1	-1.167501e+01	total.sulfur.dioxide.to.1layhid4	3.401585e+00
free.sulfur.dioxide.to.1layhid1	3.573253e+00	density.to.1layhid4	1.258406e-01
total.sulfur.dioxide.to.1layhid1	-2.007720e+01	pH.to.1layhid4	2.726965e+00
density.to.1layhid1	-1.919587e+01	sulphates.to.1layhid4	2.514251e+00
pH.to.1layhid1	2.286949e+00	alcohol.to.1layhid4	-1.119152e+01
sulphates.to.1layhid1	1.713196e+00	Intercept.to.1layhid5	-9.513885e-01
alcohol.to.1layhid1	-1.642120e+00	fixed.acidity.to.1layhid5	7.203316e+00
Intercept.to.1layhid2	-3.736702e+00	volatile.acidity.to.1layhid5	3.434857e+00
fixed.acidity.to.1layhid2	4.993703e+00	citric.acid.to.1layhid5	-1.205170e+00
volatile.acidity.to.1layhid2	7.637197e+00	residual.sugar.to.1layhid5	-5.000635e-01
citric.acid.to.1layhid2	-1.835509e+00	chlorides.to.1layhid5	-2.643366e+01
residual.sugar.to.1layhid2	-1.807621e+01	free.sulfur.dioxide.to.1layhid5	1.169293e+01
chlorides.to.1layhid2	-1.446396e+01	total.sulfur.dioxide.to.1layhid5	-3.643838e+00
free.sulfur.dioxide.to.1layhid2	-3.338003e+01	density.to.1layhid5	-1.226072e+01
total.sulfur.dioxide.to.1layhid2	-6.738691e+00	pH.to.1layhid5	4.776349e-01
density.to.1layhid2	2.459335e+01	sulphates.to.1layhid5	5.252979e-01
pH.to.1layhid2	7.275754e-01	alcohol.to.1layhid5	-4.715845e+00
sulphates.to.1layhid2	2.091044e+00	Intercept.to.2layhid1	-6.736617e-01
alcohol.to.1layhid2	9.584185e-01	1layhid1.to.2layhid1	7.804538e+00
Intercept.to.1layhid3	7.042952e-01	1layhid2.to.2layhid1	-3.842596e+00
fixed.acidity.to.1layhid3	-7.691087e+00	1layhid3.to.2layhid1	2.660944e-01
volatile.acidity.to.1layhid3	1.411564e+01	1layhid4.to.2layhid1	-1.257714e+00
citric.acid.to.1layhid3	-8.686985e+00	1layhid5.to.2layhid1	-2.838281e+01
residual.sugar.to.1layhid3	4.653516e+00	Intercept.to.2layhid2	3.960103e-01
chlorides.to.1layhid3	-8.645364e+00	1layhid1.to.2layhid2	-8.180794e+00
free.sulfur.dioxide.to.1layhid3	5.218064e+00	1layhid2.to.2layhid2	5.679378e+01
total.sulfur.dioxide.to.1layhid3	7.001799e+00	1layhid3.to.2layhid2	-3.211995e+01
density.to.1layhid3	2.249636e+00	1layhid4.to.2layhid2	4.903591e+00
pH.to.1layhid3	2.744091e+00	1layhid5.to.2layhid2	8.946989e+02
sulphates.to.1layhid3	3.494561e+00	Intercept.to.quality	5.716829e-01
		2layhid1.to.quality	4.881630e-01
		2layhid2.to.quality	-3.414231e-01

图 8.27 wine_net2 结果

基于测试数据集生成预测结果，分析预测值和实际值之间的相关性。

```
> wine_net2results<-compute(wine_net2,test_data)
> predicted_quality2<-wine_net2results$net.result
> cor(predicted_quality2,test_data$quality)
         [,1]
[1,] 0.5986924
```

结果显示两者的相关性提升到 0.5986924。但相关系数只是度量了预测值和真实值的相关性，而不是度量预测值离真实值有多远。所以，为了进一步反映两模型的预测效果，使用平均绝对误差函数 MAE 来度量预测值与真实值的距离。

```
> MAE<-function(actual,predicted){mean(abs(actual-predicted))}
```

分别计算 wine_net1 和 wine_net2 在测试集上的 MAE 值。

```
> MAE(predicted_quality1,test_data $quality)
[1] 0.09675252
> MAE(predicted_quality2,test_data $quality)
[1] 0.09106916
```

结果显示，两个模型在测试集上的 MAE 值分别为 0.09675252 和 0.09106916，都非常小，模型预测效果较好，而且 wine_net2 在测试集上的预测效果优于 wine_net1。

8.5 Python 实践案例：服饰图片识别

案例数据集 Fashion-MNIST 由 Zalando(一家德国的时尚科技公司)的一个研究团队创建，包含 70 000 张 28×28 灰度图像，涉及 T-shirt/top(T 恤/上衣)、Trouser(裤子)、Pullover(套衫)、Dress(连衣裙)、Coat(外套)、Sandal(凉鞋)、Shirt(衬衫)、Sneaker(运动鞋)、Bag(包)、Ankle boot(踝靴) 10 个类别的服装图像。它与 MNIST 数据集格式相同，但内容更具挑战性，能够更好地测试模型的性能。

导入后续分析所需要的库，即导入 TensorFlow 及其 Keras(模型、层、工具)模块，用于构建神经网络模型；从 sklearn 库的 model_selection 模块中导入 train_test_split 函数，用于划分数据集；导入 Matplotlib 和 NumPy，用于数据可视化和数值计算。

```
import tensorflow as tf
from tensorflow.keras.models import Sequential
from tensorflow.keras.layers import (Conv2D, MaxPooling2D, Flatten, Dense,
                                      Dropout)
from tensorflow.keras.utils import to_categorical
from sklearn.model_selection import train_test_split
import matplotlib.pyplot as plt
import numpy as np
```

8.5.1 Fashion-MNIST 数据集加载及概况分析

先定义了一个名为 class_names 的列表，包含 10 个字符串元素，每个元素代表一种服装类别的名称。然后，从 TensorFlow 的 Keras 模块加载 Fashion MNIST 数据集，并将其分为训练集和测试集。

```
# 定义类别名称
class_names = ['T-shirt/top', 'Trouser', 'Pullover', 'Dress', 'Coat',
               'Sandal', 'Shirt', 'Sneaker', 'Bag', 'Ankle boot']
# 加载 Fashion-MNIST 数据集
(x_train_original, y_train_original), (x_test_original, y_test_original) =(
                                    tf.keras.datasets.fashion_mnist.load_data())
```

查看数据集概况，运行结果如图 8.28～图 8.31 所示。训练集有 60 000 张 28×28 像素的图像，训练标签为(60000,)，表示每个图像对应一个标签。测试集有 10 000 张 28×28 像素的图像，每个图像也对应一个标签。训练与测试集图像像素值范围均为 0 到 255，符合常见的图像数据格式。训练集中各个类别的样本数量均为 6000，测试集中各个类别的样本数量均为 1000，样本类别分布均匀。

```
# 数据集概况分析
def analyze_dataset(x_train, y_train, x_test, y_test):
    print(f"Training data shape: {x_train.shape}")
```

```
print(f"Training labels shape: {y_train.shape}")
print(f"Test data shape: {x_test.shape}")
print(f"Test labels shape: {y_test.shape}")
# 计算训练集和测试集的像素值最小值和最大值
train_min = np.min(x_train)
train_max = np.max(x_train)
test_min = np.min(x_test)
test_max = np.max(x_test)
print(f"\nTraining data min pixel value: {train_min:.4f}")
print(f"Training data max pixel value: {train_max:.4f}")
print(f"Test data min pixel value: {test_min:.4f}")
print(f"Test data max pixel value: {test_max:.4f}")

# 类别分布
unique_train, counts_train = np.unique(y_train, return_counts=True)
class_distribution_train = dict(zip(unique_train, counts_train))
print("\nClass distribution in training set:")
for class_id, count in class_distribution_train.items():
    print(f"Class {class_id} ({class_names[class_id]}): {count} samples")

unique_test, counts_test = np.unique(y_test, return_counts=True)
class_distribution_test = dict(zip(unique_test, counts_test))
print("\nClass distribution in test set:")
for class_id, count in class_distribution_test.items():
    print(f"Class {class_id} ({class_names[class_id]}): {count} samples")

analyze_dataset(x_train_original, y_train_original, x_test_original, y_test_original)
```

```
Training data shape: (60000, 28, 28)
Training labels shape: (60000,)
Test data shape: (10000, 28, 28)
Test labels shape: (10000,)
```

图 8.28　数据形状

```
Training data min pixel value: 0.0000
Training data max pixel value: 255.0000
Test data min pixel value: 0.0000
Test data max pixel value: 255.0000
```

图 8.29　数据的像素值范围

```
Class distribution in training set:
Class 0 (T-shirt/top): 6000 samples
Class 1 (Trouser): 6000 samples
Class 2 (Pullover): 6000 samples
Class 3 (Dress): 6000 samples
Class 4 (Coat): 6000 samples
Class 5 (Sandal): 6000 samples
Class 6 (Shirt): 6000 samples
Class 7 (Sneaker): 6000 samples
Class 8 (Bag): 6000 samples
Class 9 (Ankle boot): 6000 samples
```

图 8.30　训练集数据类别分布

```
Class distribution in test set:
Class 0 (T-shirt/top): 1000 samples
Class 1 (Trouser): 1000 samples
Class 2 (Pullover): 1000 samples
Class 3 (Dress): 1000 samples
Class 4 (Coat): 1000 samples
Class 5 (Sandal): 1000 samples
Class 6 (Shirt): 1000 samples
Class 7 (Sneaker): 1000 samples
Class 8 (Bag): 1000 samples
Class 9 (Ankle boot): 1000 samples
```

图 8.31　测试集数据类别分布

8.5.2　预处理与可视化

　　为提升模型训练的稳定性和收敛速度，将图像像素值从 0 到 255 归一化到 0 到 1 之间。使用 to_categorical() 函数将原始的标签数据转换为 one-hot 编码。为适应卷积神经网络(CNN)的输入要求，调整训练集和测试集数据的形状，将数据从一维数组转换为四维张量(样本数，高度，宽度，通道数)。所以，28, 28 表示图像的高宽，1 表示单通道灰度图像。

```
# 归一化处理
x_train = x_train_original / 255.0
x_test = x_test_original / 255.0

# 将标签转换为 one-hot 编码
y_train = to_categorical(y_train_original)
y_test = to_categorical(y_test_original)

# 调整数据形状以适应 CNN 输入
x_train = x_train.reshape((x_train.shape[0], 28, 28, 1))
x_test = x_test.reshape((x_test.shape[0], 28, 28, 1))
```

定义并调用 visualize_data()函数，用于可视化训练集中前 25 个图像，具体步骤如下：
创建一个 10×10 英寸的图形窗口；使用 for 循环绘制 5×5 子图，每个子图去除坐标轴和网
格，重塑为 28×28 的二维数组，使用二值颜色映射(黑白)显示图像，并标注类别名称；最
后展示整个图形。运行结果如图 8.32 所示。

```
# 可视化
def visualize_data():
    plt.figure(figsize=(10, 10))
    for i in range(25):
        plt.subplot(5, 5, i + 1)
        plt.xticks([])
        plt.yticks([])
        plt.grid(False)
        plt.imshow(x_train[i].reshape(28, 28), cmap=plt.cm.binary)
        plt.xlabel(class_names[y_train.argmax(axis=1)[i]])
    plt.show()
visualize_data()
```

图 8.32　训练集中前 25 个图像

8.5.3　CNN 模型构建与编译

使用 Keras 库中的 Sequential 模型构建一个用于服饰图片识别的卷积神经网络(CNN)，Sequential 模型是 Keras 中的一种线性堆叠模型，即模型中的层按顺序排列，前一层输出是后一层输入。

在这个 CNN 模型中，第一、三、五层是卷积层(Conv2D)，第一层卷积层包含 32 个卷积核，其余两层卷积层均包含 64 个卷积核。每个卷积核的大小均为 3×3，步幅(stride)参数没有显式指定，均取默认值(1，1)，即在两个方向上的步幅都是 1。三层卷积层激活函数都使用 ReLU 函数。输入形状(input_shape)为(28，28，1)，表示输入图像是 28×28 像素的单通道(灰度图)。第二、四层是池化层(MaxPooling2D)，用于降低特征图的维度，减少计算量。MaxPooling2D((2, 2))表示使用 2×2 的窗口进行最大池化。第六层为平坦层，用于将多维的输入特征图展平成一维，以便进行全连接(Dense)操作。第七层为全连接层，有 64 个神经元，使用 ReLU 激活函数。后面为 Dropout 层，用于在训练过程中随机将 50%的神经元"丢弃"，以防止过拟合。最后一层也是一个全连接层，有 10 个神经元，对应 Fashion-MNIST 数据集中 10 个类别，激活函数使用 Softmax 函数。

这个模型通过卷积层和池化层提取图像特征，然后通过全连接层进行分类。Dropout层的添加有助于提高模型的泛化能力。模型的输出是一个概率分布，表示输入图像属于每个类别的可能性。

```
# 构建 CNN 模型
model = Sequential([
    Conv2D(32, (3, 3), activation='relu', input_shape=(28, 28, 1), name='conv1'),
    MaxPooling2D((2, 2)),
    Conv2D(64, (3, 3), activation='relu', name='conv2'),
    MaxPooling2D((2, 2)),
    Conv2D(64, (3, 3), activation='relu', name='conv3'),
    Flatten(),
    Dense(64, activation='relu'),
    Dropout(0.5),
    Dense(10, activation='softmax')
])
```

编译是深度学习模型训练过程中的一个关键步骤，它涉及配置模型的学习过程，包括选择优化器、损失函数和评估指标。这个过程在实际训练模型之前进行，确保模型知道如何优化自身，以及如何评估其性能。

优化器决定了模型如何更新其参数以最小化损失函数，是编译过程中最重要的部分之一。常见的优化器包括 SGD(Stochastic Gradient Descent)、Adam(Adaptive Moment Estimation)、RMSprop(Root Mean Square Propagation)等。其中，Adam 结合了动量和自适应学习率的优点，通常在大多数情况下表现良好，并且收敛速度较快，是目前最流行的优化器之一。分类交叉熵(Categorical_Crossentropy)是多分类问题最常用的损失函数之一，它衡量的是模型输出的概率分布与真实标签的概率分布之间的差异。对于 Fashion-MNIST 这样的多分类问题，使用分类交叉熵可以有效地指导模型学习正确的分类边界。评估指标使用常用的准确率。在训练模型时，这些参数将指导模型的优化过程和性能评估。

```
# 编译模型
model.compile(optimizer='adam',loss='categorical_crossentropy',metrics=['accuracy'])
```

8.5.4　模型训练与评估

训练模型前，使用 sklearn.model_selection 模块中的 train_test_split () 函数，将原始的训练数据集进一步划分为训练集和验证集。test_size 参数设置为 0.2 表示将原始训练集中 20% 的样本用于验证集，80%的样本(即 48 000 个样本)用于训练集训练模型。随机种子 11，用于确保每次运行代码时，数据集的划分结果都是相同的，这有助于保证实验的可重复性。

使用 model.fit() 函数训练模型，model 即为已经定义好的 CNN 模型，然后返回一个 History 对象。epochs=10 表示模型将进行 10 轮训练，即整个训练数据集将被遍历 10 次。batch_size=64 表示每次将使用 64 个样本的小批量来更新模型的权重。所以，每轮训练遍历完整个训练集样本，需要 750 次。validation_data=(x_val, y_val) 用于指定验证集，模型在每轮训练后会在验证集上评估性能，以监控模型的泛化能力。History 对象包含了每个 epoch 的损失值和评估指标(准确率)。

```
# 训练模型
x_train, x_val, y_train, y_val = train_test_split(x_train, y_train,
                                    test_size=0.2, random_state=11)
history = model.fit(x_train, y_train, epochs=10, batch_size=64,
                        validation_data=(x_val, y_val))
```

评估模型在测试集上的表现(损失与准确率)，verbose 参数用于控制输出的详细程度，2 表示在每个 epoch 结束时显示一行日志，包括当前 epoch 的进度、耗时、损失值和准确率。然后，可视化训练和验证过程中的准确率和损失值变化，帮助分析模型训练效果。

```
# 评估模型
test_loss, test_acc = model.evaluate(x_test, y_test, verbose=2)
print(f'\nTest accuracy: {test_acc}')
# 绘制训练和验证的准确率和损失
def plot_history(history):
    acc = history.history['accuracy']
    val_acc = history.history['val_accuracy']
    loss = history.history['loss']
    val_loss = history.history['val_loss']

    epochs = range(1, len(acc) + 1)

    plt.figure(figsize=(12, 4))

    plt.subplot(1, 2, 1)
    plt.plot(epochs, acc, 'bo', label='Training acc')
    plt.plot(epochs, val_acc, 'b', label='Validation acc')
    plt.title('Training and validation accuracy')
    plt.xlabel('Epochs')
    plt.ylabel('Accuracy')
    plt.legend()

    plt.subplot(1, 2, 2)
```

```
    plt.plot(epochs, loss, 'bo', label='Training loss')
    plt.plot(epochs, val_loss, 'b', label='Validation loss')
    plt.title('Training and validation loss')
    plt.xlabel('Epochs')
    plt.ylabel('Loss')
    plt.legend()

    plt.show()
plot_history(history)
```

10 轮训练结果如图 8.33 所示，750/750 表示每个 epoch 中处理的批次(step)数量，即每个 epoch 都处理了 750 个步骤，意味着训练数据集被分成了 750 个小批量。ms/step 表示每个 epoch 的总训练时间和每个步骤的平均时间，如第一个 epoch 总共用了 19 秒，平均每个步骤耗时 25 毫秒。Loss 和 accuracy 表示模型在训练数据集上的损失值和准确率，如在第一个 epoch 中，训练损失值是 0.7883，训练准确率是 70.84%。而在最后一个 epoch 中，训练损失值降低到了 0.2490，训练准确率提高到了 91.18%。这表明模型在训练过程中逐渐学习到了更好的参数。val_loss 和 val_accuracy 表示模型在验证数据集上的损失值和准确率，用于评估模型的泛化能力，如在第一个 epoch 中，验证损失值是 0.4764，验证准确率是82.15%。在最后一个 epoch 中，验证损失值降低到了 0.2598，验证准确率提高到了 90.63%。

```
Epoch 1/10
750/750 [==============================] - 19s 25ms/step - loss: 0.7883 - accuracy: 0.7084 - val_loss: 0.4764 - val_accuracy: 0.8215
Epoch 2/10
750/750 [==============================] - 18s 24ms/step - loss: 0.5048 - accuracy: 0.8176 - val_loss: 0.3788 - val_accuracy: 0.8643
Epoch 3/10
750/750 [==============================] - 18s 24ms/step - loss: 0.4279 - accuracy: 0.8482 - val_loss: 0.3396 - val_accuracy: 0.8708
Epoch 4/10
750/750 [==============================] - 18s 24ms/step - loss: 0.3760 - accuracy: 0.8665 - val_loss: 0.3151 - val_accuracy: 0.8813
Epoch 5/10
750/750 [==============================] - 18s 24ms/step - loss: 0.3426 - accuracy: 0.8789 - val_loss: 0.2906 - val_accuracy: 0.8924
Epoch 6/10
750/750 [==============================] - 18s 24ms/step - loss: 0.3185 - accuracy: 0.8860 - val_loss: 0.2781 - val_accuracy: 0.8947
Epoch 7/10
750/750 [==============================] - 18s 24ms/step - loss: 0.2955 - accuracy: 0.8949 - val_loss: 0.2611 - val_accuracy: 0.9039
Epoch 8/10
750/750 [==============================] - 18s 25ms/step - loss: 0.2805 - accuracy: 0.9006 - val_loss: 0.2669 - val_accuracy: 0.9000
Epoch 9/10
750/750 [==============================] - 18s 24ms/step - loss: 0.2649 - accuracy: 0.9046 - val_loss: 0.2665 - val_accuracy: 0.9025
Epoch 10/10
750/750 [==============================] - 18s 24ms/step - loss: 0.2490 - accuracy: 0.9118 - val_loss: 0.2598 - val_accuracy: 0.9063
```

图 8.33　10 轮训练结果

结合图 8.34，随着训练的进行，模型在训练集上的准确率逐渐上升，在验证集上的准确率总体上也是上升的，且在大多轮次中高于训练集的准确率。准确率不断提高，且没有明显的下降趋势，这表明模型没有出现过拟合的明显迹象。训练集上的损失值也随着训练轮次的增加逐渐下降，验证集上的损失总体上是下降的，且在大多数轮次中低于训练集的损失值。总体来看，模型的训练过程是合理的，模型在训练集和验证集上都表现出了良好的学习能力和泛化能力。

该 CNN 模型在测试集上的性能如图 8.35 所示。313/313 表示总共完成了 313 个 batch。因为测试集有 10 000 个样本，model.evaluate()默认的 batch size 是 32，所以 batch 数量为 10 000/32 = 312.5，向上取整为 313。1s 表示整个评估过程耗时 1 秒。测试集上的平均损失值为 0.2844，准确率为 90.23%。

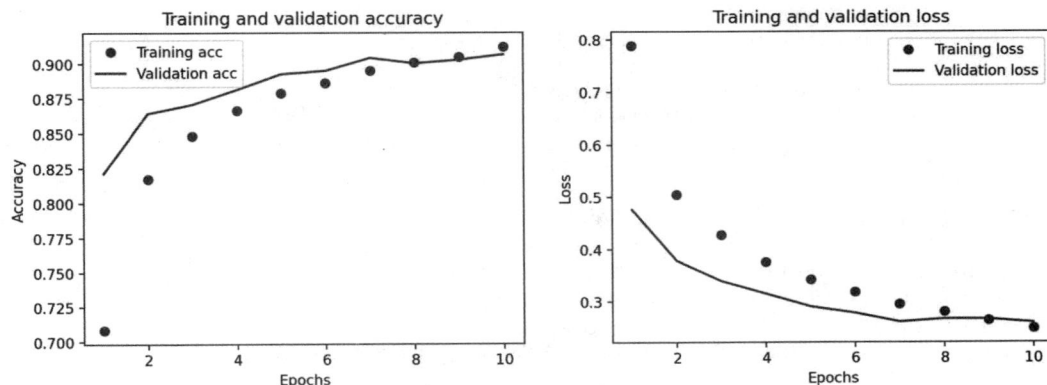

图 8.34　10 个 epoch 性能评估图

```
313/313 - 1s - loss: 0.2844 - accuracy: 0.9023

Test accuracy: 0.9023000001907349
```

图 8.35　测试集性能指标

8.5.5　可视化卷积层特征图

定义 visualize_conv_layer_outputs(model, img, layer_name)函数，可视化指定卷积层的特征图，以便更好地理解模型在不同层的学习特征。model 参数通常是已经训练好的卷积神经网络(CNN)，img 参数为输入的图像数据，通常是经过预处理的图像张量，layer_name 参数用于指定要可视化的卷积层的名称。该函数主要包含 4 个步骤：获取指定层的输出并创建一个新的模型；使用新模型预测输入图像，获取特征图；对特征图进行标准化处理并拼接成网格图像；显示特征图。

```python
# 可视化卷积层输出特征图
def visualize_conv_layer_outputs(model, img, layer_name):
    # 获取指定层的输出
    layer_outputs = [layer.output for layer in model.layers if
                layer.name == layer_name]
    activation_model = tf.keras.models.Model(inputs=model.input,
                                 outputs=layer_outputs)

    # 获取特征图
    activations = activation_model.predict(img)

    # 准备特征图网格
    n_features = activations.shape[-1]
    size = activations.shape[1]
    n_cols = n_features // 8
    display_grid = np.zeros((size * n_cols, 8 * size))

    # 处理特征图
    for col in range(n_cols):
        for row in range(8):
            channel_image = activations[0, :, :, col * 8 + row]
            # 标准化特征图
            channel_image -= channel_image.mean()
```

```
channel_image /= channel_image.std()
channel_image *= 64
channel_image += 128
channel_image = np.clip(channel_image, 0, 255).astype('uint8')
# 将特征图添加到显示网格中
display_grid[col * size: (col + 1) * size, row * size: (row + 1) * size] =(
    channel_image)

# 显示特征图
scale = 1. / size
plt.figure(figsize=(scale * display_grid.shape[1], scale * display_grid.shape[0]))
plt.title(f'Feature maps of {layer_name}')
plt.grid(False)
plt.imshow(display_grid, aspect='auto', cmap='viridis')
plt.show()
```

　　选择索引为 1 的测试图像并显示，如图 8.36 所示，是一件套衫，然后分别可视化卷积层 conv1、conv2 和 conv3 的特征图，如图 8.37～图 8.39 所示。每张图展示的特征图数量取决于每层卷积层中卷积核的数量，conv1 的特征图包含 32 张小图，conv2 和 conv3 的特征图包含 64 张小图。每张小图对应一个卷积核，用于捕捉输入图像的不同特征(如水平边缘、垂直边缘、特定纹理等)。每张小图的大小取决于卷积、池化后的结果。在 conv1 中，每张小图代表原始输入 28×28 经过 3×3 卷积核卷积操作后的结果。由于步幅为默认值(1，1)且未应用填充，因此输出大小为 26×26。32 张小图排列成 4 行 8 列，所以横坐标的范围从 0 到 208，纵坐标的范围从 0 到 104，分别表示每张特征小图在宽度和高度方向上的索引。在 conv2 和 conv3 中，每张小图代表对上一层卷积层进行 2×2 最大池化与 3×3 卷积操作后的结果。从 conv1 到 conv3，特征图捕捉的特征复杂度逐渐增加。第一层(conv1)通常捕捉最基本的特征，如边缘和纹理。随着网络的加深，后续层(conv2、conv3)会在这些基础特征上提取更复杂的模式和抽象特征，这些特征对于最终的分类任务更有帮助。特征图中的颜色表示特征值的大小。通常，颜色越亮(如黄色)表示特征值越大，颜色越暗(如蓝色)表示特征值越小。这种可视化方法有助于我们理解哪些特征在特定层中被强烈激活。通过可视化这些特征图，我们可以更好地理解模型的内部工作机制，并据此进行模型的优化和调整。例如，如果某一层的特征图看起来没有明显的结构，这可能表明该层没有从前面的层学习到有用的特征，可能需要调整网络结构或训练过程。

```
# 选择一个测试图像
img_index = 1
img = x_test[img_index:img_index + 1]
plt.imshow(img.reshape(28, 28), cmap=plt.cm.binary)
plt.title(f'Original Image: {class_names[y_test.argmax(axis=1)[img_index]]}')
plt.show()

# 可视化卷积层 'conv1' 的特征图
visualize_conv_layer_outputs(model, img, 'conv1')
# 可视化卷积层 'conv2' 的特征图
visualize_conv_layer_outputs(model, img, 'conv2')
# 可视化卷积层 'conv3' 的特征图
visualize_conv_layer_outputs(model, img, 'conv3')
```

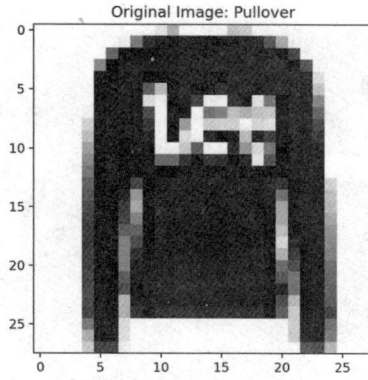

图 8.36　索引为 1 的原图

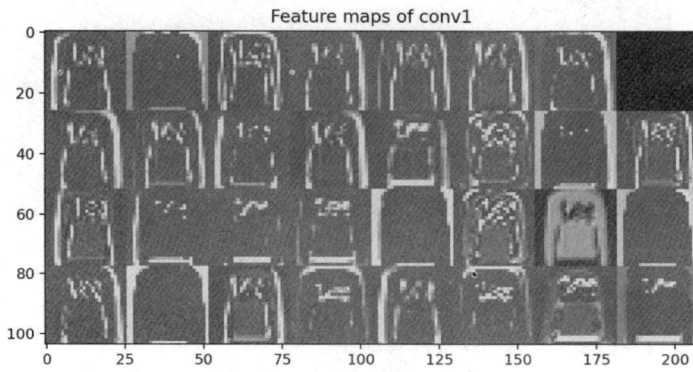

图 8.37　conv1 特征图

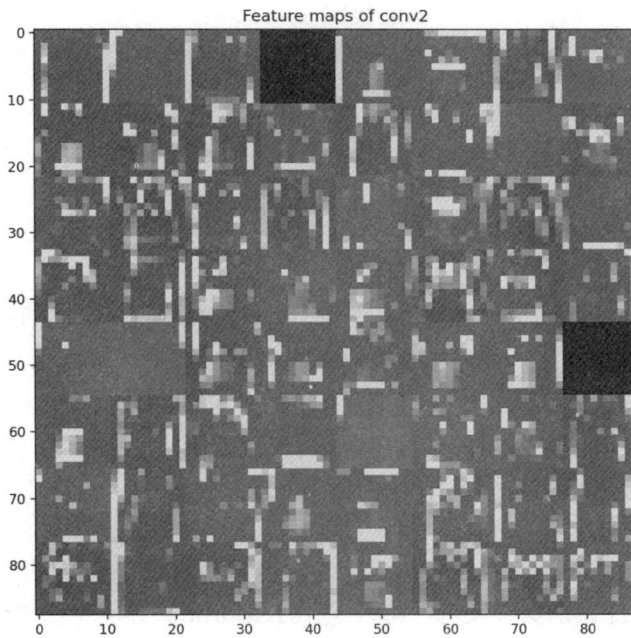

图 8.38　conv2 特征图

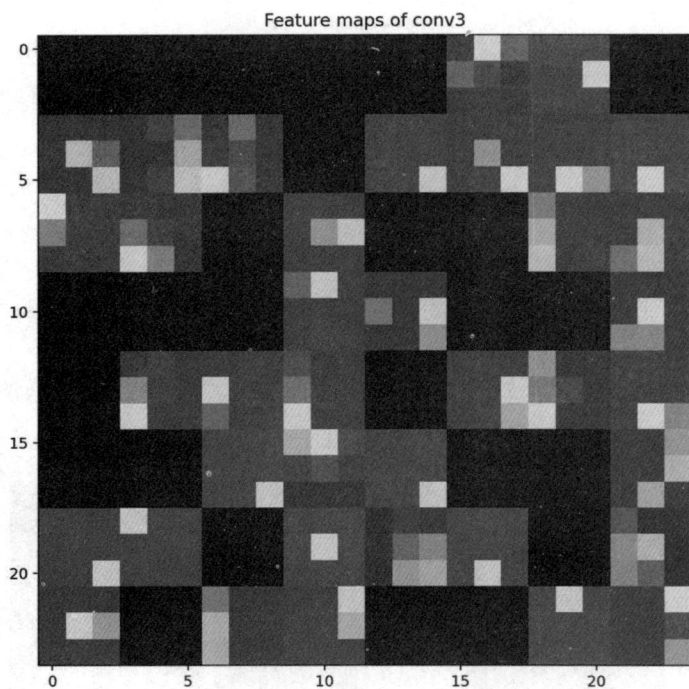

图 8.39　conv3 特征图

8.6　练习与拓展

◀ 即测即评

扫右侧二维码，完成客观题自测题。

◀ 练习

1. 简述神经元的特点。
2. 常用的激活函数有哪些？各有什么特点？
3. 神经网络的拓扑结构包含哪些元素？从信息传播的方向分，可以分为哪些类型？
4. 前馈神经网络训练时，常用的迭代结束条件有哪些？
5. 以二层前馈神经网络为例，简述 BP 算法的学习过程。
6. 什么是梯度下降法？常用的梯度下降法有哪些？
7. 简述卷积神经网络的结构及每个组成部分的作用。
8. 解释卷积核、步长及填充，举例说明卷积运算的实现过程。
9. 结合白葡萄酒品质预测实践案例，练习使用 R 语言实现神经网络分析。
10. 结合服饰图片识别实践案例，练习使用 Tensorflow 实现卷积神经网络分析。

即测即评

拓展

1. 查阅相关资料，了解循环神经网络(recurrent neural network，RNN)的结构与基本原理。

2. 查阅相关资料，了解长短期记忆网络(LSTM)的工作原理。

3. 查阅相关资料，了解门控循环单元(GRU) 的工作原理。

4. 查阅相关资料，了解双向 RNN(Bi-RNN)的工作原理。

教学视频

5. 扫右侧二维码，观看视频，学习使用 IBM SPSS Modeler 实现神经网络分析。

参考文献

[1] Robert Grossman. Supporting the Data Mining Process with Next Generation Data Mining Systems[J/OL]. Enterprise Systems, 1998, 12(3): 123-145. https://esj.com/articles/1998/08/13/supporting-the-data-mining-process-with-next- generation-data-mining-systems.aspx.

[2] JiaWei Han, Jenny Y. Chiang, Sonny Chee, etc. DBMiner:A System for Data Mining in Relational Database and Data Warehouses[J]. Proc.CASCON'97:Meeting of Minds, Toronto, Canada, 1997.

[3] 朱建秋. 数据挖掘系统发展综述[EB/OL]. (2014-08-21)[2019-03-04]. http://read.pudn.com/downloads91/ebook/351494/01.pdf.

[4] Tim Mather, Subra Kumaraswamy, Shahed Latif. 云计算安全与隐私[M]. 北京：机械工业出版社，2011.

[5] Luis M. Vaquero, Luis Rodero-Merino, Juan Caceres, etc. A Break in the Clouds: Towards a Cloud Definition[J]. ACM SIGCOMM Computer Communication Review, 2009(1): 50-55.

[6] Lizhe Wang, Jie Tao, Marcel. Kunze, etc. Scientific Cloud Computing: Early Definition and Experience [C]. 10th IEEE International Conference on High Performance Computing and Communications, 2008:825-830.

[7] Peter Fingar. 云计算：21 世纪的商业平台[M]. 北京：电子工业出版社，2009.

[8] Michael Armbrust, Armando Fox, Rean Griffith, etc. Above the Clouds: A Berkeley View of Cloud Computing[EB/OL]. (2009-10-08)[2019-03-20]. http://www.eecs.berkeley.edu/Pubs/TechRpts/2009/EECS-2009-28.pdf.

[9] 姚宏宇，田溯宁. 云计算大数据时代的系统工程[M]. 北京：电子工业出版社，2013.

[10] Usama Fayyad, Gregory Piatetsky-Shapiro, Padhraic Smyth. From Data Mining To Knowledge Discovery in Databases[J]. AI Magazine, 1996(17)：37-54.

[11] CRISP-DM 联盟. CRISP-DM1.0 循序渐进数据挖掘指南[EB/OL]. (2010-10-06)[2019-04-21]. http://image.sciencenet.cn/olddata/kexue.com.cn/upload/blog/file/2010/11/20101161113321210346.0%E3%80%8B.pdf.

[12] JiaWei Han，Michelline Kamber，Jian Pei. 数据挖掘概念与技术[M]. 北京：机械工业出版社，2012.

[13] Siva Ganesh. Data Mining: Should It Be Included In the 'Statistics' Curriculum? [EB/OL]. (2011-03-04)[2019-02-18]. https://iase-web.org/documents/papers/icots6/3l4_gane.pdf.